中小企业税务与会计实务

第2版

张海涛 / 著

机械工业出版社
China Machine Press

图书在版编目（CIP）数据

中小企业税务与会计实务/张海涛著. —2版. —北京：机械工业出版社，2021.11
（2024.11重印）

ISBN 978-7-111-69322-2

I.①中… II.①张… III.①中小企业–税务会计 ②中小企业–财务会计 IV.①F810.42
②F276.3

中国版本图书馆CIP数据核字（2021）第205235号

　　本书是一本关于中小企业财税实操的专业书，内容涉及公司设立、销售业务、采购业务、发票管理、资产管理、个人所得税、税收优惠、税务稽查及策划。每章均从中小企业日常经营经常遇到的现实业务，而不是财税专业术语入手，按实际业务划分不同的节，对每项业务执行中通常可能会遇到的财务问题和涉税问题进行分析，并有针对性地提供解决方案。

中小企业税务与会计实务　第2版

出版发行：机械工业出版社（北京市西城区百万庄大街22号　邮政编码：100037）

责任编辑：石美华　　　　　　　　　　　　责任校对：马荣敏

印　　刷：北京捷迅佳彩印刷有限公司　　　版　　次：2024年11月第2版第5次印刷

开　　本：170mm×230mm　1/16　　　　　印　　张：20.5

书　　号：ISBN 978-7-111-69322-2　　　　定　　价：59.00元

客服电话：（010）88361066　68326294

前 言
Preface

税务和会计实务，虽然有一定的法律、法规和规章可循，但在具体操作时，由于需要结合具体的交易实质、当事人的想法、税务机关可能的理解等各项因素，故而变成了一件比较有挑战性的工作。百度贴吧、中国会计视野论坛上的大量询问，就是一个例证。

本书的目的 本书为了帮助中小企业财会人员厘清常见经济事项的会计和税务处理，对他们在日常工作中容易遇到的财税事项的重点和难点，结合案例进行了详细阐释。

本书的特点 本书以财税从业者的视角写作，素材来自大量的财税工作实务，每一章都从企业经营实际，而不是教科书的财税理论出发。本书运用最新的财税政策，对实务中最基础、最常见、最容易混淆的常识问题进行了深入剖析，并提出合理的解决方法，以最大程度达到读者"看了就懂，懂了就会，会了就用，用了就好"的效果。

本书的适用群体 本书是一本帮助中小企业合理纳税和做会计处理的辅导工具。适用的群体包括中小企业的财税从业人员、创业人员、公司决策人以及拟对中小企业投资的投资人。通过阅读本书，财税从业人员可以有效规避日常财税处理中的问题，提升自身专业水平；创业人员可以在公司设立前提前做好规划，避免盲目创业带来的先天财税风险；公司决策人可以在业务决策时提前考虑财税风险，避免以往只考虑市场不考虑财税所带来的潜在风险；拟对中小企业投资的投资人在对目标公司进行调研时，可以非常容易地发现目标公司的财税风险，从而判定其是否值得投资。

本书的结构　本书共分为八章，分别从公司设立、销售业务、采购业务、发票管理、资产管理、个人所得税、税收优惠以及税务稽查及策划八个方面，对企业经营过程中经常遇到的财务问题和涉税问题，有针对性地进行分析并提出接地气的解决方案。

本书中的内容，除法律、法规、规章、解释、指南及法院判例外，均为作者本人撰写。

和第1版初次印刷时相比，第2版书稿的主要修订内容如下：

（1）自然人股东将认缴的股权转让，交易价格如何判定；在实缴股权和认缴股权共存的情况下，转让认缴股权会在实务中遇到什么障碍；转让认缴股权后，股东是否还需要对公司的债务承担连带责任。

（2）对于公司注销后产生的税款，原股东是否还需要承担责任。

（3）软件企业和重点软件企业的政策调整后，与软件及软件企业有关的税收优惠如何正确理解，如何合理适用。

（4）在充分考虑增值税因素的情况下，固定资产的价格标准如何合理确定；通过拍卖取得的资产，在实务中如何处理。

（5）自然人向公司提供非雇用性质的服务，公司向个人付款后，在什么情况下必须取得发票，什么情况下可以取得增值税专用发票。

（6）小规模纳税人的销售额达到一般纳税人标准的当月，企业如何对外开具发票。

（7）计算福利费扣除限额时，工资总额如何准确统计。

（8）"三流"不一致时，一般纳税人取得的进项税发票是否可以抵扣。

（9）各章节的案例根据财税政策进行了修订、完善，个别章节的结构进行了调整。

（10）根据财税政策变化及实务的需要，对相关会计和税务处理进行了细化和调整。

感谢机械工业出版社编辑石美华在本书写作和出版过程中给予的大量支持和帮助。由于时间仓促，加之水平有限，书中难免有错漏之处，敬请读者指正。如有疑问，可关注公众号"张海涛财税政策解析"后留言，笔者将第一时间回复。

目 录

Contents

第一章

公司设立的财税问题

第一节 认缴出资的现实问题

开公司，第一件事就是确定注册资本的多少。注册资本是不是越高越好？注册资本需要在多长时间内缴纳？

一、法律对注册资本的规定

按照《中华人民共和国公司法》（以下简称《公司法》）的规定，如果投资人设立有限责任公司，除法律、行政法规以及国务院决定对有限责任公司注册资本实缴、注册资本最低限额、股东出资期限另有规定外，有限责任公司的注册资本为在公司登记机关登记的全体股东认缴的出资额。全体股东认缴的出资额由股东按照公司章程的规定自公司成立之日起五年内缴足。

如果投资人设立股份有限公司，发起人应当在公司成立前按照其认购的股份全额缴纳股款。

因此，如果投资人是自然人，在选择经营主体时，一定要提前考虑清楚。如果没有上市的考虑，设立有限责任公司更合适，注册资本可以在五年内缴足；如果有上市的打算，则设立股份有限公司更合适，尽管注册资本需要在公司设立时实缴，但可以有效规避有限责任公司改制为股份有限公司时所涉及的个人所得税风险（具体内容参见本书第六章第四节"权益转增注册资本或股本涉及的个税风险"）。

二、认缴注册资本是否不需要承担赔偿责任

较高的注册资本确实会给公司经营带来正面帮助，对于股东而言，他们也能从公司的发展过程中获取相应的红利。那么，股东是否不会有任何其他风险？

【例1-1】 张某和妻子拟共同投资设立 A 有限责任公司，公司主要从事节能、环保技术的研发及配套产品的生产和销售。20X4 年 11 月公司设立时，张某夫妇将注册资本确定为 1 000 万元，全部认缴，章程约定，认缴的注册资本在 20X9 年 10 月 31 日前缴足。

20X6 年 3 月，公司基于生产经营需要，从其他企业和个人共借入资金800 万元。20X7 年 2 月，由于市场环境恶化，公司已经资不抵债，生产经营无法持续。

债权人了解到这一信息后，纷纷要求张某还款。

张某称，公司已经资不抵债，正在申请破产清算，因为公司是有限责任公司，各债权人只能就账面上剩余的资产经拍卖后按规定的程序获取相应补偿。

张某还坚称，夫妻两人当下没有富余资金（但有多处房产和证券资产），并且公司的注册资本还未到实缴期限，现在公司要破产，已经无须再缴纳，自己也不会再拿出任何资金去偿还债务。

张某的说法能得到法院的认可吗？债权人能得到赔偿吗？

按照《公司法》第三条第（二）款的规定，有限责任公司的股东以其认缴的出资额为限对公司承担责任；股份有限公司的股东以其认购的股份为限对公司承担责任。

因此，张某夫妇需要对认缴的 1 000 万元出资承担责任，即便没有现金，也需要用自己的其他资产承担责任。

本案中，若张某夫妇在设立公司时将注册资本设定为 100 万元，且后续的亏损属于正常经营造成的，在此情况中，张某夫妇需要承担的责任仅为认缴的 100 万元。

三、认缴和实缴的注册资本如何记账

公司设立时，若全部注册资本均属于认缴，无须进行会计处理。

收到股东实缴的出资时，根据股东实际缴纳的金额，会计处理如下[⊖]：

借：银行存款

  贷：实收资本——股东 A

      ——股东 B

四、公司注销后，股东的责任是否"清零"

实务中投资人还需要注意以下问题，在公司注销后，无论注册资本是多少，无论是否实缴，股东的责任是否能"一了百了"？如果税务机关发现该公司有欠税行为，原股东是否还需要承担连带赔偿责任？

中国裁判文书网刊登的一个案例可以给大家提供很好的借鉴。

案号：（2020）京 02 行终 1464 号（北京市第二中级人民法院行政判决书）

案件事实：某顾问咨询（北京）有限公司（以下简称 A 公司）开具领购方与开具方不符的发票，取得收入未按规定申报缴纳企业所得税。

（1）2009 年 7 月，A 公司向 B 证券公司提供中介服务，取得收入 1 100 000.00 元，使用北京某技术服务有限公司向税务机关领购的发票开具给 B 证券公司。

（2）2009 年 11 月，A 公司向 C 证券公司提供中介服务，取得收入 1 000 000.00 元，使用北京某技术服务有限公司向税务机关领购的发票开具给 C 证券公司。

（3）2010 年 6 月，A 公司向 D 信托公司提供中介服务，取得收入 250 000.00 元，使用北京某信息咨询有限公司领购的发票开具给 D 信托公司。

（4）2011 年 4 月至 6 月，A 公司向 D 信托公司提供中介服务，取得收入

⊖ 为便于说明问题，本书涉及的会计处理均不考虑印花税及其他费用。

5 546 400.52 元，使用北京某安信咨询有限公司领购的发票开具给 D 信托公司。

A 公司通过上述业务共计取得营业收入 7 896 400.52 元（其中 2009 年度取得营业收入 2 100 000.00 元；2010 年度取得营业收入 250 000.00 元；2011 年度取得营业收入 5 546 400.52 元），均未按规定申报缴纳企业所得税。

2012 年 5 月，A 公司在未向税务机关如实申报缴纳税款的情况下，向原工商部门提供虚假清算报告等资料，骗取注销登记。

税务处理：（1）追缴企业所得税。根据《中华人民共和国税收征收管理法》（以下简称《税收征收管理法》）第六十三条、第五十二条和《中华人民共和国企业所得税法》（以下简称《企业所得税法》）第一条、第四条、第六条、第二十二条、第五十三条、第五十四条之规定，经计算追缴 2009 年企业所得税 496 125.00 元，追缴 2010 年企业所得税 59 062.50 元，追缴 2011年企业所得税 1 308 451.48 元，共计追缴税款 1 863 638.98 元。

（2）加收滞纳金。根据《税收征收管理法》第三十二条、《中华人民共和国税收征收管理法实施细则》第七十五条之规定，对 A 公司少缴的企业所得税 1 863 638.98 元从滞纳税款之日起，按日加收滞纳税款万分之五的滞纳金。

鉴于 A 公司已于 2012 年 5 月 16 日注销登记，其企业法人作为责任承担主体的法律地位已不存在。丁某作为公司唯一股东，骗取注销登记，从而逃避缴纳税款，已对国家税收权益造成实质性侵害。根据《公司法》第二十条、第一百八十九条和《最高人民法院关于适用〈中华人民共和国公司法〉若干问题的规定（二）》（2014 年修正）第十九条之规定，决定向丁某个人追缴 A 公司应缴纳的税款及滞纳金。

丁某不服，向法院提起诉讼。

法院判决：丁某作为 A 公司的唯一股东，在公司清算时作为该公司的清算组负责人理应按照《公司法》的规定，如实进行公司清算，其中当然包括清缴所欠税款以及清算过程中产生的税款，并在公司清算结束后，制作清算报告并报送公司登记机关，申请注销公司登记。但丁某在《企业注销登记申请书》《注销清算报告》中签字确认"公司债权债务已清理完毕，各项税款及职工工资已结清"，由此致使 A 公司于 2012 年 5 月 16 日经原工商登记部门核准予以注销。

《最高人民法院关于适用〈中华人民共和国公司法〉若干问题的规定（二）》（2014 年修正）第十九条规定：有限责任公司的股东、股份有限公司的董事和控股股东，以及公司的实际控制人在公司解散后，恶意处置公司财产给债权人造成损失，或者未经依法清算，以虚假的清算报告骗取公司登记机关办理法人注销登记，债权人主张其对公司债务承担相应赔偿责任的，人民法院应依法予以支持。

本案中，A 公司通过提供虚假清算资料的方式办理了注销登记，导致其法律主体地位不存在，但丁某作为 A 公司的唯一股东，应当对 A 公司注销后不能承担缴纳税款责任而给国家造成的税款损失承担相应的法律责任，税务机关将丁某作为追缴税款的责任承担主体符合法律规定。

第二节　初始营运资金如何组合

公司设立后，股东前期投入的资金作为入资进行处理。但为了确保公司正常经营，股东前期投资额可能会远远超过注册资本，那么超过注册资本的部分，对于被投资公司而言，是作为借款处理合适还是作为股东增资合适？我们可通过一个案例进行具体分析。

【例 1-2】 张某和李某拟共同设立 A 公司，均以货币出资，其中张某出资 60%，李某出资 40%。根据测算，公司从设立到实现盈利共需 500 万元周转资金。目前两人正好有 500 万元资金。

经过前期调研，张某和李某了解到，A 公司要正常经营，客户对 A 公司的注册资本并无特别要求。只要注册资本不低于 100 万元，注册资本的高低对公司经营无实质影响。

如果由你来决策，你认为张某和李某是把 A 公司的注册资本直接确定为 500 万元呢，还是把注册资本确定为 100 万元，其余 400 万元以公司借款形式投入？

一、股权投资（单纯注资）在未来会有什么障碍

若张某和李某将注册资本设定为 500 万元，未来他们个人需要大额资金时，有三种方式可以选择：要么从公司借款，要么公司对两人分红，要么对公司减资。

按照《财政部 国家税务总局关于规范个人投资者个人所得税征收管理的通知》（财税 [2003]158 号）的规定，纳税年度内个人投资者从其投资企业（个人独资企业、合伙企业除外）借款，在该纳税年度终了后既不归还，又未用于企业生产经营的，其未归还的借款可视为企业对个人投资者的红利分配，依照"利息、股息、红利所得"项目计征个人所得税。

因此，张某和李某从公司借出款项，只要在借款当年年末未将该款项偿还公司，就会涉及个人所得税的问题。这显然不是张某和李某所期望的。

既然借款不行，让 A 公司对张某和李某分红是否合适？

按照《中华人民共和国个人所得税法》（以下简称《个人所得税法》）的规定，股息、红利所得适用比例税率，税率为 20%。

如此看来，分红也是有代价的，必须先交税！这也不是张某和李某所期望的。

如果采取减资的方式。按照《公司法》的规定，结合实务操作，公司减资需要 45 天的公告期。公告期结束后，具体办理减资时，还需要向监管机关提交一系列的资料。时间长，流程复杂，同样不是张某和李某所期望的。

因此，无论从公司借款还是从公司取得分红，个人股东想要从公司直接拿钱，显然是不可以的，只有在缴纳 20% 的个人所得税后，才可以取得属于自己的款项。

通过减资只拿回本金部分，不涉及个人所得税问题（若个人股东收回金额超过本金，则超出金额仍需要缴纳 20% 的个人所得税），但周期较长，操作烦琐。

二、股债混投（入资和借款共存）在未来会有什么风险

若张某和李某将注册资本设定为 100 万元，其余 400 万元以债权形式投入 A 公司，未来他们需要大额资金时，只要不超过 400 万元，A 公司将款项偿还两人即可。有关会计处理如下。

（1）公司设立时：

借：银行存款　　　　　　　　　　　　　1 000 000

　　贷：实收资本　　　　　　　　　　　　　　　1 000 000

（2）公司向股东借款时：

借：银行存款　　　　　　　　　　　　　4 000 000

　　贷：其他应付款　　　　　　　　　　　　　　4 000 000

（3）公司向股东还款时：

借：其他应付款　　　　　　　　　　　　4 000 000

　　贷：银行存款　　　　　　　　　　　　　　　4 000 000

在该模式下，如果 A 公司把原来向股东借的款项在后续经营中进行偿还，就不存在纳税问题。唯一存在的风险就是，张某和李某将 400 万元以债权形式投资到 A 公司，一般都不会约定利率，即 A 公司无偿使用股东张某和李某的资金，这是否存在税收风险？

（一）合法性风险

自然人股东将资金无偿借给自己投资的公司，签订无偿借款合同，这种合同受法律保护吗？

按照《最高人民法院关于审理民间借贷案件适用法律若干问题的规定》（法释 [2020]17 号）的规定，个人和非金融机构之间可以发生借贷行为，如果借贷双方没有约定利息，出借人主张支付利息的，人民法院不予支持。

因此，自然人股东将资金无偿借给自己投资的公司使用，只要该约定是双方真实意思表示，该约定就不违法。换句话说，即便出借方股东反悔，向法院提起诉讼，要求公司向个人支付利息，法院也不支持。

（二）所得税风险

自然人股东将资金无偿借给自己投资的公司，属于关联交易，该关联交易会对所投资公司的企业所得税产生什么影响呢？

股东将资金无偿提供给 A 公司使用，显然不符合独立交易原则。如果要进行纳税调整，由于 A 公司未支付利息，因此就要调减 A 公司的应纳税所得额，需要退回 A 公司原来多缴纳的企业所得税。既然是退税，而不是补税，对 A 公司而言，自然不存在所得税风险。

张某和李某将资金无偿提供给 A 公司使用，张某和李某是否要缴纳个人所得税呢？在 2018 年 12 月 31 日前，我国个人所得税的税收政策中没有对于个人无偿提供资金要按视同销售缴纳个人所得税的规定。

但是，从 2019 年 1 月 1 日起，修订后的《个人所得税法》正式实施。按照修订的法律规定，个人与其关联方之间的业务往来不符合独立交易原则而减少本人或者其关联方应纳税额，且无正当理由的，税务机关有权按照合理方法进行纳税调整。

什么理由是正当理由？什么理由是不正当理由？税务机关会按哪些方法调整？目前还没有具体政策，但至少从理论上讲，在 2019 年 1 月 1 日之后，个人将资金无偿提供给公司使用，就可能存在个人所得税的风险。

（三）增值税风险

股东张某和李某将资金提供给 A 公司使用，对于张某和李某而言，属于贷款行为，张某和李某是增值税纳税主体，A 公司对该业务无须缴纳增值税。

那么张某和李某将资金无偿提供给自己的公司使用，张某和李某是否需要缴纳增值税呢？

按照《营业税改征增值税试点实施办法》（财税 [2016]36 号）的有关规定，单位或者个体工商户向其他单位或者个人无偿提供服务，视同销售，但用于公益事业或者以社会公众为对象的除外。

上述政策并未规定其他个人（自然人）对外无偿提供服务也要做视同销售处理。因此，张某和李某将资金无偿提供给自己的公司使用，他们无须缴纳增值税。

小提示

在股权投资和股权债权混合投资两种模式下，如果注册资本的高低对公司经营无实质影响，股权债权混合投资对股东是最有利的。

第三节　技术投资有哪些陷阱

想设立公司，没有更多的资金，但是有技术，单纯用技术入资能否设立公司呢？

按照《公司法》的规定，股东可以用货币出资，也可以用实物、知识产权、土地使用权等可以用货币估价并可以依法转让的非货币财产作价出资。但是，法律、行政法规规定不得作为出资的财产除外。

因此，股东在设立公司时，只要法律、行政法规没有例外规定，就可以直接用技术（非货币资产）出资，不需要货币资金。需要注意的是，用技术出资，必须办理财产权转移手续。

一、技术投资是否缴纳增值税

股东将技术投入公司，需要办理技术的所有权转移手续，相当于发生了

⊖ 《财政部 国家税务总局关于全面推开营业税改征增值税试点的通知》（财税 [2016]36 号）中包含 4 个附件，即《营业税改征增值税试点实施办法》《营业税改征增值税试点有关事项的规定》《营业税改征增值税试点过渡政策的规定》《跨境应税行为适用增值税零税率和免税政策的规定》。

一次技术转让行为。该转让行为需要缴纳增值税吗?

按照《营业税改征增值税试点过渡政策的规定》(财税 [2016]36 号)的规定,纳税人提供技术转让、技术开发和与之相关的技术咨询、技术服务,免征增值税。

纳税人申请免征增值税时,须持技术转让、开发的书面合同,到纳税人所在地省级科技主管部门进行认定,并持有关的书面合同和科技主管部门审核意见证明文件报主管税务机关备查。

因此,股东(无论是自然人股东、法人股东还是其他性质的股东)以技术入资,按规定在所在地(自然人股东需到户口所在地)省级科技主管部门履行备案手续后即可到主管税务机关申请增值税免税优惠。如果单纯以技术入资,忽略了上述科技主管部门的认定程序,则无法享受增值税免税优惠政策。

二、法人企业以技术投资是否缴纳企业所得税

【例 1-3】 A 公司和 B 公司拟共同设立一家新的公司。A 公司用技术入资,B 公司用货币入资。A 公司目前有一项专利技术,账面价值 100 万元(与该无形资产的计税基础减除在资产使用期间按照规定计算的摊销额后的余额相同),评估后价值 1 000 万元。B 公司现金入资 1 500 万元。A 公司将技术投资协议在所在地省级科技主管部门履行了认定手续,并向主管税务机关履行了备查手续。

A 公司技术投资时会计分录如下(按成本法核算):

借:长期股权投资　　　　　　　　　　　　10 000 000
　贷:无形资产　　　　　　　　　　　　　　　　　　 1 000 000
　　营业外收入(或资产处置收益⊖)　　　　　　　　 9 000 000

⊖ 按照《财政部关于修订印发 2019 年度一般企业财务报表格式的通知》(财会 [2019]6 号)的规定,执行《企业会计准则》的企业,处置无形资产产生的利得或损失计入"资产处置收益"科目;按照《企业会计制度》和《小企业会计准则》的规定,非流动资产处置净收益计入"营业外收入"科目。

（一）法人企业在 2016 年 9 月 1 日之后的技术投资

按照《财政部 国家税务总局关于完善股权激励和技术入股有关所得税政策的通知》（财税 [2016]101 号）的规定，自 2016 年 9 月 1 日起，企业或个人以技术成果投资入股到境内居民企业，被投资企业支付的对价全部为股票（权）的，企业或个人可选择继续按现行有关税收政策执行，也可选择适用递延纳税优惠政策。

选择技术成果投资入股递延纳税政策的，经向主管税务机关备案，投资入股当期可暂不纳税，允许递延至转让股权时，按股权转让收入减去技术成果原值和合理税费后的差额计算缴纳所得税。

因此，企业在 2016 年 9 月 1 日之后用技术对外投资，在符合政策要求的情况下，可在投资环节选择递延纳税优惠（注意不是免税，而是推迟纳税）。在例 1-3 中，A 公司投资当年虽然在账簿上记录了 900 万元的营业外收入，但在年度汇算清缴时，可将该部分收入做纳税调减处理。在满足纳税条件（股权转让）时，如果发生增值，再做纳税调增处理。

按照上述规定，如果 A 公司投资若干年后将该股权转让，取得转让收入 3 000 万元，企业在转让股权当年适用的企业所得税税率为 25%，则在股权转让当年，A 公司就该股权转让所得应缴纳的企业所得税如下（不考虑转让过程中的印花税及相关费用）：

A 公司转让股权应缴纳的企业所得税 =（3 000 - 100）× 25% = 725（万元）

如果 A 公司在投资时不采用技术入资，而是采用现金入资，结果会如何呢？

具体操作方式如下：

B 公司先以现金入资 1 500 万元设立 C 公司。A 公司将专利技术进行评估后和 C 公司签订技术转让协议，将该专利技术以 1 000 万元的价格卖给 C 公司。合同签订后在省级科技主管部门进行技术合同认定，并向主管税务机关履行备案手续。C 公司支付 A 公司货币 1 000 万元，A 公司收到 1 000 万元货币后再对 C 公司增资。这仍然达到了 A 公司和 B 公司共同设立 C 公司，A 公司出资 1 000 万元，B 公司出资 1 500 万元，且 A 公司专利技术所有权转移至 C 公司的目的。

按照《中华人民共和国企业所得税法实施条例》（以下简称《企业所得税法实施条例》）的规定，一个纳税年度内，居民企业技术转让所得不超过500万元的部分，免征企业所得税；超过500万元的部分，减半征收企业所得税。[⊖]

因此，A公司将该技术卖给C公司时，A公司就该技术转让所得应缴纳的企业所得税为：

$$A公司转让技术应缴纳的企业所得税$$
$$=（1\,000-100-500）\times 25\%\times 50\%=50（万元）$$

若干年后A公司转让该股权，仍取得股权转让收入3 000万元，企业在转让股权当年适用的企业所得税税率为25%，则在股权转让当年，A公司就该股权转让所得应缴纳的企业所得税如下（不考虑转让过程中的印花税及相关费用）：

$$A公司转让股权应缴纳的企业所得税=（3\,000-1\,000）\times 25\%=500（万元）$$

通过将技术投资转换为货币出资，直至最后股权转让，A公司共缴纳企业所得税如下：

$$A公司技术转让及转让股权共应缴纳的企业所得税=50+500=550（万元）$$

转换出资形式后，A公司少缴纳的企业所得税为：

$$A公司少缴纳企业所得税=725-550=175（万元）$$

（二）法人企业在 2014 年 1 月 1 日至 2016 年 8 月 31 日之间的技术投资

按照《财政部 国家税务总局关于非货币性资产投资企业所得税政策问题的通知》（财税 [2014]116 号）的规定，自 2014 年 1 月 1 日起，居民企业以非货币性资产对外投资确认的非货币性资产转让所得，可在不超过 5 年期限

⊖　按照《财政部 税务总局 科技部 知识产权局关于中关村国家自主创新示范区特定区域技术转让企业所得税试点政策的通知》（财税 [2020]61 号）的规定，自 2020 年 1 月 1 日起，在中关村国家自主创新示范区特定区域内（包括朝阳园、海淀园、丰台园、顺义园、大兴—亦庄园和昌平园）注册的居民企业，符合条件的技术转让所得，在一个纳税年度内不超过 2 000 万元的部分，免征企业所得税；超过 2 000 万元部分，减半征收企业所得税。

本案例假设 A 公司不是在上述特定园区内注册的企业。

内，分期均匀计入相应年度的应纳税所得额，按规定计算缴纳企业所得税。

因此，居民企业法人股东在 2014 年 1 月 1 日至 2016 年 8 月 31 日之间以技术对外投资的，只能享受 5 年内均匀纳税的优惠，不能享受递延至未来转让股权再纳税的优惠。而且，法人股东在 5 年内就该技术入资所要缴纳的企业所得税是在 5 个纳税年度均匀缴纳的，每年针对技术入资所得的纳税额是一致的。

（三）法人企业在 2013 年 12 月 31 日之前的技术投资

按照《关于企业取得财产转让等所得企业所得税处理问题的公告》（国家税务总局公告 2010 年第 19 号）的规定，企业取得财产（包括各类资产、股权、债权等）转让收入，除另有规定外，均应一次性计入确认收入的年度计算缴纳企业所得税。

因此，法人股东在 2013 年 12 月 31 日之前⊖以技术投资，相当于以非货币形式（股权）取得了一笔财产转让收入，应一次性确认收入并在当年计算缴纳企业所得税。

三、个人以技术投资是否缴纳个人所得税

如果股东是个人，同样拥有一项专利技术，其评估后价值 1 000 万元，无法取得原值凭证，个人股东需要缴纳个人所得税吗？该如何缴纳？

（一）个人在 2016 年 9 月 1 日之后的技术投资

按照《财政部 国家税务总局关于完善股权激励和技术入股有关所得税政策的通知》（财税 [2016]101 号）的规定，自 2016 年 9 月 1 日起，企业或个人以技术成果投资入股到境内居民企业，被投资企业支付的对价全部为股票（权）的，企业或个人可选择继续按现行有关税收政策执行，也可选择适用递延纳税优惠政策。

⊖　且该技术入资在 2008 年 1 月 1 日《企业所得税法》实施之后，《企业所得税法》实施前适用原企业所得税政策的不在本书讨论范围之内。

选择技术成果投资入股递延纳税政策的，经向主管税务机关备案，投资入股当期可暂不纳税，允许递延至转让股权时，按股权转让收入减去技术成果原值和合理税费后的差额计算缴纳所得税。

因此，个人在 2016 年 9 月 1 日之后用技术对外投资，在符合政策要求的情况下，可在投资环节选择递延纳税优惠。在满足纳税条件（股权转让）时，如果发生增值，再计算缴纳个人所得税。

计算方法为，按股权转让收入减去技术成果原值和合理税费后的差额计算缴纳所得税。

问题是，如果个人投资者不能提供技术原值凭证，应当如何合理确认原值呢？

按照《财政部 国家税务总局关于完善股权激励和技术入股有关所得税政策的通知》（财税 [2016]101 号）的规定，个人因技术成果投资入股取得股权后，非上市公司在境内上市（指其股票在上海证券交易所、深圳证券交易所上市交易）的，处置递延纳税的股权时，按照现行限售股有关征税规定执行。

现行限售股的征税政策是《财政部 国家税务总局 证监会关于个人转让上市公司限售股所得征收个人所得税有关问题的通知》（财税 [2009]167 号）。依据该文件的规定，如果纳税人未能提供完整、真实的限售股原值凭证，不能准确计算限售股原值，主管税务机关一律按限售股转让收入的 15% 核定限售股原值及合理税费。

如果被投资公司没有上市呢？个人股东转让技术投资形成的股权，如何合理确定原值呢？

目前这还是个谜……

（二）个人在 2011 年 1 月 4 日至 2016 年 8 月 31 日之间的技术投资

按照《财政部 国家税务总局关于个人非货币性资产投资有关个人所得税政策的通知》（财税 [2015]41 号）的规定，个人以非货币性资产投资，属于个人转让非货币性资产和投资同时发生。对个人转让非货币性资产的所得，应按照"财产转让所得"，依法计算缴纳个人所得税。

在发生技术投资后，该财产转让所得该如何计算？如何缴纳个人所得税？

按照《关于个人非货币性资产投资有关个人所得税征管问题的公告》（国家税务总局公告 2015 年第 20 号）的规定，纳税人非货币性资产投资应纳税所得额为非货币性资产转让收入减除该资产原值及合理税费后的余额。

文件同时规定，纳税人无法提供完整、准确的非货币性资产原值凭证，不能正确计算非货币性资产原值的，主管税务机关可依法核定其非货币性资产原值。

现实情况是，在个人以技术投资的情况下，纳税人基本都无法提供完整、准确的技术原值凭证，在这种情况下，就需要主管税务机关依法核定原值。可税务机关应该依据什么法，又该怎么核定呢？

按照《税收征收管理法》的规定，税务机关核定应纳税额的具体程序和方法由国务院税务主管部门规定。

因此，如果主管税务机关核定个人股东的技术原值，也必须根据国务院税务主管部门规定的程序和方法执行。但国务院税务主管部门，也就是国家税务总局还没有制定有关个人以非货币性资产投资如何核定其原值的程序和方法。

在国家税务总局没有制定相关程序和方法的前提下，各主管税务机关又如何依法核定非货币性资产原值呢？如果不能核定原值，在大量个人投资者不能提供技术原值凭证的情况下，主管税务机关又该如何征税呢？

这同样是一个谜……

（三）个人在 2011 年 1 月 3 日之前的技术投资

按照《国家税务总局关于非货币性资产评估增值暂不征收个人所得税的批复》（国税函 [2005]319 号）⊖的规定，个人将非货币性资产进行评估后投资于企业，其评估增值取得的所得在投资取得企业股权时，暂不征收个人所得税。在投资收回、转让或清算股权时如有所得，再按规定征收个人所得

⊖ 2011 年 1 月 4 日，《国家税务总局关于公布全文失效废止 部分条款失效废止的税收规范性文件目录的公告》（国家税务总局公告 2011 年第 2 号），将国税函 [2005]319 号全文废止。

税，其"财产原值"为资产评估前的价值。

因此，个人在 2011 年 1 月 3 日前以技术投资，只要未发生投资收回、转让或清算，个人就不需要缴纳技术投资环节的个人所得税。即便发生了投资收回、转让或清算，只要没有增值所得，也不需要缴纳投资环节的个人所得税。

如果发生了需要征收个人所得税的情形，在个人无法提供技术原值凭证的情况下，如何确定原值依然是税收征管的一个难题。

四、哪些技术可享受税收优惠

根据上面的分析，用技术投资，无论是法人企业还是个人，只要履行了正常的报备手续，都可以享受增值税免税优惠。对于企业法人而言，如果通过技术转让进行策划，还可以直接享受技术转让所得的企业所得税优惠。那么，两类优惠所涉及的技术都包括哪些呢？

（一）增值税优惠涉及的技术

按照《营业税改征增值税试点过渡政策的规定》(财税 [2016]36 号）的规定，技术转让中的技术，包括专利技术和非专利技术。

专利技术包括哪些？非专利技术又包括哪些？文件中没有进一步列举。实务中建议参考企业所得税优惠政策对于技术的界定执行。

（二）企业所得税优惠涉及的技术

按照《财政部 国家税务总局关于居民企业技术转让有关企业所得税政策问题的通知》(财税 [2010]111 号）的规定，技术转让的范围，包括居民企业转让专利技术、计算机软件著作权、集成电路布图设计权、植物新品种、生物医药新品种，以及财政部和国家税务总局确定的其他技术。

其中，专利技术是指法律授予独占权的发明、实用新型和非简单改变产品图案的外观设计。

按照《财政部 国家税务总局关于完善股权激励和技术入股有关所得税政策的通知》(财税 [2016]101 号）的规定，技术成果是指专利技术（含国防专利）、计算机软件著作权、集成电路布图设计专有权、植物新品种权、生物医药新品种，以及科技部、财政部、国家税务总局确定的其他技术成果。

科技部、财政部、国家税务总局确定的其他技术成果包括什么呢？目前尚无明确的界定。如果股东拥有的是一项专有技术（如技术秘密等），该非专利技术评估后入股，是否可以享受上述优惠政策呢？在科技部、财政部、国家税务总局尚未确定政策的情况下，还是要慎重对待。从税收安全的角度看，最好先申请并取得文件列举的知识产权后再进行投资。

五、被投资方接受技术投资发生的摊销额可否税前扣除

被投资方企业取得投资人投入的技术后，开始按规定年限进行摊销，该摊销额可否正常在企业所得税税前扣除呢？

按照《财政部 国家税务总局关于完善股权激励和技术入股有关所得税政策的通知》（财税 [2016]101 号）的规定，允许被投资企业按技术成果投资入股时的评估值入账并在企业所得税前摊销扣除。

如果仅看上述文件，被投资方企业是否只需要有一份评估报告就可以作为该技术成果计税基础的依据？

按照《国家税务总局关于发布〈企业所得税税前扣除凭证管理办法〉的公告》（国家税务总局公告 2018 年第 28 号）的规定，企业发生支出，应取得税前扣除凭证，作为计算企业所得税应纳税所得额时扣除相关支出的依据。

企业在境内发生的支出项目属于增值税应税项目的，对方为已办理税务登记的增值税纳税人，其支出以发票（包括按照规定由税务机关代开的发票）作为税前扣除凭证；对方为依法无须办理税务登记的单位或者从事小额零星经营业务的个人，其支出以税务机关代开的发票或者收款凭证及内部凭证作为税前扣除凭证，收款凭证应载明收款单位名称、个人姓名及身份证号、支出项目、收款金额等相关信息。

小额零星经营业务的判断标准是个人从事应税项目经营业务的销售额不超过增值税相关政策规定的起征点。

按照《财政部 国家税务总局关于全面推开营业税改征增值税试点的通

知》（财税 [2016]36 号）附件 1《营业税改征增值税试点实施办法》的规定，增值税起征点幅度为：按期纳税的，为月销售额 5 000～20 000 元（含本数）；按次纳税的，为每次（日）销售额 300～500 元（含本数）。

按照上述规定，如果投资人用技术入资的行为属于增值税应税项目，则无论投资人是公司、事业单位、合伙企业、个人独资企业还是自然人（技术投资的评估值均会超过增值税起征点），均应向被投资方开具发票（自然人可到税务机关代开发票），被投资方取得发票和评估报告后，再按照评估值入账并逐年摊销，基本上就消除了税收风险。

问题是，投资人用技术入资的行为是否属于增值税应税项目呢？

（一）"营改增"之前接受的投资

"营改增"之前，技术转让属于营业税征税范围，按照《财政部 国家税务总局关于股权转让有关营业税问题的通知》（财税 [2002]191 号）的规定，以无形资产、不动产投资入股，参与接受投资方利润分配，共同承担投资风险的行为，不征收营业税。

因此，投资人（无论企业还是个人）以技术投资，参与接受投资方利润分配，共同承担投资风险的行为，均不征收营业税。

注意，不征收营业税不同于免征营业税。不征收营业税指该行为不在营业税征税范围内，不需要缴纳营业税，同时也不需要开发票⊖。而免征营业税则指该行为在营业税征税范围内，只是因为满足特定的条件，营业税免予征收，但纳税人仍需要给购买方开具发票。

⊖ 对于哪些不征营业税的项目需要开具发票，没有明确的政策规定。可以比照参考的政策是，不征增值税的项目但需开发票的情形——按照《国家税务总局关于增值税发票管理若干事项的公告》（国家税务总局公告 2017 年第 45 号）附件《商品和服务税收分类编码表》的规定，不征税项目但需开具发票包括以下情形：预付卡销售和充值、销售自行开发的房地产项目预收款、已申报缴纳营业税未开票补开票、代收印花税、代收车船使用税、融资性售后回租承租方出售资产、资产重组涉及的不动产、资产重组涉及的土地使用权、代理进口免税货物货款、有奖发票奖金支付、不征税自来水、建筑服务预收款、代收民航发展基金。比照上述政策，投资人在"营改增"之前的技术入资行为，无须向投资人开具发票。

因此，"营改增"之前发生技术投资行为，由于该行为不在营业税征税范围内，投资人无须给被投资方开具发票。被投资方取得的技术评估报告可以作为企业所得税税前扣除的合法有效凭证。

（二）"营改增"之后接受的投资

"营改增"后，营业税退出了历史舞台，《财政部 国家税务总局关于股权转让有关营业税问题的通知》（财税 [2002]191 号）就不存在执行的基础。

按照"营改增"的政策，股东以技术投资，属于增值税征税范围吗？

按照《营业税改征增值税试点实施办法》（财税 [2016]36 号）的规定，纳税人的一项行为在增值税征税范围内应同时满足三个条件：一是境内发生；二是有偿行为；三是销售了服务、无形资产或不动产。

那么，这是否意味着所有满足上述三个条件的行为都在增值税征税范围呢？答案是不一定。

《营业税改征增值税试点实施办法》（财税 [2016]36 号）列举了满足上述三个条件但不在增值税征税范围的非经营活动，这些非经营活动包括：

（1）行政单位收取的同时满足特定条件的政府性基金或者行政事业性收费。

（2）单位或者个体工商户聘用的员工为本单位或者雇主提供取得工资的服务。

（3）单位或者个体工商户为聘用的员工提供服务。

（4）财政部和国家税务总局规定的其他情形。其他不征收增值税项目包括：

1）根据国家指令无偿提供的铁路运输服务、航空运输服务，属于《营业税改征增值税试点实施办法》（财税 [2016]36 号）第十四条规定的用于公益事业的服务。

2）存款利息。

3）被保险人获得的保险赔付。

4）房地产主管部门或者其指定机构、公积金管理中心、开发企业以及物业管理单位代收的住宅专项维修资金。

5）在资产重组过程中，通过合并、分立、出售、置换等方式，将全部或者部分实物资产以及与其相关联的债权、负债和劳动力一并转让给其他单位和个人，其中涉及的不动产、土地使用权转让行为。

投资人在中国境内以无形资产出资，资产的所有权发生变更，投资人获取了被投资企业的权益。该行为满足了增值税征税范围的三个条件，同时也不属于文件所列举的不征收增值税范围的非经营活动。

因此，投资人用技术投资的行为属于增值税征税范围，投资方应向被投资方开具符合规定的发票。被投资方只有取得发票和技术评估报告，才能作为企业所得税税前扣除的合法有效凭证。

（三）被投资方有关的会计处理

被投资方接受技术投资（评估值 1 000 万元）后，有关会计处理如下。

（1）接受投资时：

借：无形资产　　　　　　　　　　　　10 000 000

　　贷：实收资本 / 资本公积　　　　　　　　　　　10 000 000

（2）每年摊销时（假设 10 年摊销）：

借：管理费用——无形资产摊销　　　　1 000 000

　　贷：累计摊销　　　　　　　　　　　　　　　　1 000 000

第四节　股权如何分配

公司设立时，各股东的股权比例应如何设定？一定要和出资比例保持一致吗？

一、同股是否一定同权

持股比例、分红比例、表决权比例和剩余财产分配比例是四个非常容易混淆的概念。如果不做深入了解，很多人就会理所当然地认为：这不是一样的吗？

当然不一样！

（一）持股比例

持股比例是按照各股东认缴的出资额占注册资本的比例直接计算得出的，认缴的金额和注册资本额一旦确定，持股比例自然就确定了。

（二）分红比例

分红比例是指公司在对税后利润进行分配时，各股东可享受的用于计算分红金额的比例。

按照《公司法》第三十四条的规定，股东[⊖]按照实缴的出资比例分取红利；公司新增资本时，股东有权优先按照实缴的出资比例认缴出资。但是，全体股东约定不按照出资比例分取红利或者不按照出资比例优先认缴出资的除外。

按照《公司法》第一百六十六条第四款的规定，公司弥补亏损和提取公积金后所余税后利润，股份有限公司按照股东持有的股份比例分配，但股份有限公司章程规定不按持股比例分配的除外。

因此，无论是有限责任公司还是股份有限公司，均可在章程中单独约定各股东的分红比例，该比例可以和持股比例不一致。

（三）表决权比例

表决权比例是指公司对重大事项进行表决，各股东投票时，该投票权占全部投票权的比例。

按照《公司法》第四十二条的规定，股东[⊖]会会议由股东按照出资比例行使表决权；但是，公司章程另有规定的除外。

按照《公司法》第一百零三条第一款的规定，股东[⊜]出席股东大会会议，所持每一股份有一表决权。但是，公司持有的本公司股份没有表决权。

⊖⊜ 指有限责任公司股东。

⊜ 指股份有限公司股东。

因此，有限责任公司可以在章程中约定各股东的表决权比例，该比例可以和持股比例不一致，而股份有限公司则不可以单独约定。对于股份有限公司的股东而言，他们的持股比例一旦确定，其表决权比例自然确定，与持股比例保持一致。

（四）剩余财产分配比例

剩余财产分配比例是指公司清算完成后，股东对剩余资产进行分配时，用于计算各股东应分配剩余财产的比例。

按照《公司法》第一百八十六条的规定，公司财产在分别支付清算费用、职工的工资、社会保险费用和法定补偿金，缴纳所欠税款，清偿公司债务后的剩余财产，有限责任公司按照股东的出资比例分配，股份有限公司按照股东持有的股份比例分配。

因此，对于剩余财产的分配比例，无论是有限责任公司还是股份有限公司，该比例均与股东的持股比例一致，各股东不能在章程中做出与持股比例不一致的约定。

二、口头约定利益分配有什么风险

按照上面的分析，公司在设立之初，对于各自的诉求，完全可以按照法律的规定在公司章程中做好特殊约定。不过，在实务操作中，设立公司基本都是通过中介代为操作，而中介机构在帮助股东设立公司的过程中，所使用的公司章程基本都是模板，无法体现股东之间的特殊安排。各股东往往在公司设立之初，都会基于原始的信任，对章程不闻不问。即便有特殊事项基本也是口头协商，很多时候碍于面子，更不会形成文字让大家签字确认。这些行为都会给公司的后续经营埋下隐患。

【例1-4】 王某和李某拟共同设立一家有限责任公司，双方商定注册资本暂定为100万元。王某以现金出资90万元，李某以现金出资10万元。由于李某掌握关键技术，虽然出资较低，但希望能够享受40%的分红权，王某无异议。王某善于管理，希望能够按出资比例行使表决权，李某也无异议。上述约定只是双方的口头协商，未在公司章程中体现。事后双方聘请一家中介机构完成公司设立。

公司设立当年即获利，分红时，王某只给李某分了10%的红利。李某提出异议，但王某不承认当时的口头约定。

如果你是李某，你会如何解决这个问题？

本例中，李某持股比例为10%，要求享受40%的分红权并不违法。但由于该约定只是口头约定，如果李某不能提供足够的证据来证明该约定属于双方的真实意思表示，就无法得到法院的认可，也就无法享受到40%的分红权利。

基于上述事实，若王某坚持不给李某40%的分红，则李某可考虑如下解决方案。

（一）协商解决

放弃初次分红，与王某协商以后年度分红原则，在公司章程中明确约定各自的分红比例和表决权比例，并将修改后的章程在主管市场监管部门备案。

（二）撤资

"患难容易富贵难"，这是合伙做生意最常见的问题。所谓"路遥知马力，日久见人心"，既然初始的约定都可以矢口否认，那就很难保证类似的事情不再出现。长痛不如短痛，快刀斩乱麻，及早撤资，另起炉灶。只要技术仍在，只要干劲还在，一人经营，也许还会开拓出一片新天地！

三、"亡羊"后如何"补牢"

设立时"你好、我好、大家好"，很多事情都是靠哥们义气，吃吃饭、喝喝酒就算定了。所有的事情，在没有落实到纸面前，都是空话（除非合作各方真的都很君子，即便如此，在未来涉及利益分配时，也可能会出现在回忆当初约定时，各人记忆的信息千差万别，甚至是相互矛盾的情况）。

因此，不要为了图省事，把设立公司的事情一揽子交给中介代办，各股东对公司的章程不闻不问。即便是前期完全交给中介办理，也应在公司设立后赶快"补牢"，对于章程约定不清的事项（尤其是涉及分红和表决的问题）及时召开股东大会进行协商，形成书面文字由各股东签字确认，并将需要修改的事项及时报市场监管部门备案。

公司章程是规范各股东权利义务的"最高准则"，"先小人，后君子"，先把"小人"做好了，后续公司的经营才能更顺利，各股东的磨合才能更容易，日后的纠纷才能更少！

第五节　异地设立公司的税收风险

多年来，招商引资成了各地方政府的头等大事，无论是经济落后地区还是相对富裕地区，在这方面的竞争从来没有停止过。为了能把资质好、税收贡献大的企业吸引到本地区，各地区展开了激烈的明争暗斗，甚至还会为个别特殊企业专门出台特殊政策，以显示本地政府对优秀企业的青睐。

另外，对于许多盈利能力强的企业而言，与其固守在一个地区纳税，还不如分散风险，在异地设立分支机构，在正常纳税的同时还能享受到地方财政补助的好处，何乐而不为？

一、异地优惠政策是否合规

对于各地变相的税收返还，国家其实是心知肚明的。为了刹住这股风气，国务院在 2014 年 11 月专门发布《国务院关于清理规范税收等优惠政策的通知》（国发 [2014]62 号）进行清理。该文件规定，未经国务院批准，各地区、各部门不得对企业规定财政优惠政策。对违法违规制定与企业及其投资者（或管理者）缴纳税收或非税收入挂钩的财政支出优惠政策，包括先征后返、列收列支、财政奖励或补贴、以代缴或给予补贴等形式减免土地出让收入等，坚决予以取消。其他优惠政策，如代企业承担社会保险缴费等经营成本、给予电价水价优惠、通过财政奖励或补贴等形式吸引其他地区企业落户本地或在本地缴纳税费，对部分区域实施的地方级财政收入全留或增量返还等，要逐步加以规范。

但是，要清理，阻力何其大也！

文件发布不到半年，2015 年 5 月，国务院又发布了《国务院关于税收等优惠政策相关事项的通知》（国发 [2015]25 号），文件规定，各地区、各部门已经出台的优惠政策，有规定期限的，按规定期限执行；没有规定期限又确需调整的，由地方政府和相关部门按照把握节奏、确保稳妥的原则设立过渡期，在过渡期内继续执行。

文件同时规定，《国务院关于清理规范税收等优惠政策的通知》（国发 [2014]62 号）规定的专项清理工作，待今后另行部署后再进行。

从上述文件发布的先后顺序及措辞可以得出以下结论：一是各地已经制定的优惠政策可以继续执行，原来承诺的，继续有效；二是在未经国务院批准的情况下，各地不得再出台新的优惠政策。

所以，具体去哪里设立公司，优惠政策还能用多久，企业一定要先识别清楚，三思而后行。

二、异地设立的公司经营是否合规

相当一部分企业在优惠地设立的公司，基本都是"开票公司"，实质上根本没有人在当地运营，也没有人或只有很少人在当地公司领取工资，所有的业务都是总部"远程遥控"。此类公司常见的税务风险有以下几点。

（一）收支不匹配

由于异地公司有财政返还，因此公司的大量成本费用都在原公司列支，而异地公司只有少量成本费用。在这种情况下，实质上是原公司承担了很多本该由异地公司承担的费用，一旦被税务稽查，原公司多承担的成本费用将很可能被要求做纳税调整，补缴税款。

（二）关联交易

原公司承接业务后，为了能充分享受异地优惠，原公司会和异地公司按原价签订转包合同，这就意味着原公司针对该类合同根本就是无利可图！如果不是关联交易，企业和非关联方之间发生的转包业务，在一般情况下，基本不可能原价转包。所以一旦被税务稽查，此类关联交易也很容易被要求做纳税调整。

（三）不合理支出

由于异地公司基本处于"无人"状态，没有人在公司领取工资，但许多公司为了在账面上显示公司处于"正常经营"状态，会做一些"掩耳盗铃"的账务处理，让一些在原公司领取工资的员工发生的费用在异地公司报销。在这种情况下，无法证明该类费用与异地公司收入的相关性，一旦被税务稽查，也可能被要求做纳税调整，补缴税款。

小提示

异地设立公司，固然能满足企业"省税"的美好愿望，但在实际操作时，如果没有充分合理考虑公司的架构和业务模式，那么后续的经营仍然会面临较大的税务风险，甚至可能会鸡飞蛋打两头落空！

第二章

销售业务的财税问题

第一节 卖什么：以科技企业为例

公司设立完成，接着就要开始把销售提上重要议事日程。如果仅销售一种简单的产品或服务，一般无须纠结卖什么，反正卖就是了，挣钱就是王道。

然而，当企业销售的产品比较复杂，或同时销售不同类型的产品（服务），而且不同产品或服务间还存在错综复杂的关系，这个时候，卖什么就成为一个非常重要的问题。稍有不慎，就很可能让企业无端多缴纳税款。

一、产品嵌有软件如何卖

【例 2-1】 甲企业（一般纳税人）是一家科技型企业，研发、生产、销售一款目前比较流行的儿童机器人产品，对外零售价 1 130 元/台。企业为生产该机器人购进的材料均取得增值税专用发票，生产每台机器人的硬件材料成本为 300 元。某月，甲企业共销售 10 台机器人，所需硬件材料均在当月购进并取得增值税专用发票。当月缴纳房租 10 500 元，取得 5% 的增值税专用发票，进项税额为 500 元，该房屋系甲企业生产和办公共用。

如不考虑其他进项税事项，该公司当月需缴纳增值税如下：

应纳增值税 = 1 130×10÷（1+13%）×13% − 300×10×13% − 500 = 410（元）

请问甲企业是否有增值税的策划空间？如果你是甲企业的财务负责人，你会给公司老板提供什么合理建议？

按照《财政部 国家税务总局关于软件产品增值税政策的通知》（财税
[2011]100号）的规定，增值税一般纳税人销售其自行开发生产的软件产品，
对其增值税实际税负超过3%的部分实行即征即退政策。

因此，若甲企业将每台机器人中软件的价值进行剥离，在销售硬件产品
的同时销售软件产品，则软件收入就可以享受实际税负超过3%的部分实行
即征即退优惠政策。在实务操作时，以下几个问题需要特别关注。

（一）一般纳税人

上述文件中对软件产品的增值税优惠政策并非针对软件企业一般纳税
人，非软件企业一般纳税人只要销售的是自行开发生产的软件产品，同样可
以享受上述优惠。

（二）软件著作权申请

增值税一般纳税人销售的必须是自行开发生产的软件产品或本地化改造
后的进口软件产品才可以享受该优惠，如果销售的是从他人购买的软件产
品，则无法享受该优惠。同时，在享受优惠政策前，企业需要将该软件到国
家版权主管机关申请软件著作权，并将该软件到主管税务机关进行报备。

（三）软件产品价格

理论上讲，在总价保持不变的情况下，软件产品价格越高，企业享受的
优惠就越多。这是否意味着企业可以把没有税收优惠的硬件产品的价格无限
压缩，甚至接近于零？

理论上确实可以，但是按照《中华人民共和国增值税暂行条例实施细则》
（中华人民共和国财政部令第65号，以下简称《增值税暂行条例实施细则》）
第十六条的规定，纳税人销售商品价格明显偏低并无正当理由或者有视同销
售货物行为而无销售额者，税务机关会核定纳税人的销售价格。销售价格的
核定顺序如下：

（1）按纳税人最近时期同类货物的平均销售价格确定。

（2）按其他纳税人最近时期同类货物的平均销售价格确定。

（3）按组成计税价格确定。组成计税价格的公式为：

$$组成计税价格 = 成本 \times （1 + 成本利润率）$$

因此，如果企业将硬件产品的价格降低，直至低于其成本价格时，该价格就属于明显偏低且无正当理由的情形，税务机关会按照上述规定核定硬件产品的销售价格。为了避免这种事情的发生，企业在对产品定价时就需要把硬件产品的价格确定在一个合理范围内。那么什么样的价格才是合理价格呢？

实务中可以考虑按上述政策所规定的组成计税价格确定硬件产品价格。用该办法确定价格时，企业又会面临一个问题：成本利润率应该定多少？自己可以随意设定吗？太高了，企业吃亏；太低了，又无法找出正当理由。必须寻找其中非常适合的平衡点。这个平衡点该如何确定？

按照《财政部　国家税务总局关于软件产品增值税政策的通知》（财税[2011]100号）的规定，计算机硬件、机器设备销售额按照下列顺序确定：

（1）按纳税人最近同期同类货物的平均销售价格计算确定。

（2）按其他纳税人最近同期同类货物的平均销售价格计算确定。

（3）按计算机硬件、机器设备组成计税价格计算确定。

$$计算机硬件、机器设备组成计税价格$$
$$= 计算机硬件、机器设备成本 \times （1 + 10\%）$$

因此，在没有同期同类货物销售的情况下，只能按10%的成本利润率确定硬件价格！

总价确定后，总价减去硬件产品价格，剩下的自然就是软件产品价格。以此对外销售，就可以合理合法享受软件产品的增值税税收优惠政策。

因此，甲企业可按下列公式计算硬件设备和软件产品的销售价格、应纳增值税额及退税额（甲企业按销售收入比例分摊公共支出涉及的进项税额）。

硬件产品不含税单价 = $300 \times （1 + 10\%） = 330$（元）

当月硬件产品增值税销项税额 = $330 \times 10 \times 13\% = 429$（元）

软件产品不含税单价 = $1\,130 \div （1 + 13\%） - 330 = 670$（元）

当月软件产品增值税销项税额 = 670×10×13% = 871（元）

当月软件产品应分摊的进项税额 = 500×（670×10）÷（1 000×10）= 335（元）

软件产品销售应纳增值税额 = 670×10×13% - 335 = 536（元）

软件产品应退税额 = 536 - 670×10×3% = 335（元）

（四）会计分录

（1）购买材料：

借：原材料（硬件）	3 000	
应交税费——应交增值税——进项税额	390	
贷：银行存款		3 390

（2）支付房租：

借：营业成本（管理费用）	10 000	
应交税费——应交增值税——进项税额	500	
贷：银行存款		10 500

（3）销售机器人：

借：银行存款⊖	11 300	
贷：营业收入		10 000
应交税费——应交增值税——销项税额（硬件）		429
应交税费——应交增值税——销项税额（软件）		871

（4）结转硬件成本：

借：营业成本	3 000	
贷：库存商品		3 000

（5）收到软件退税：

借：银行存款	335	
贷：营业外收入（或递延收益、其他收益）		335

⊖　企业也可能未收到款项，在此情况下借方应计入"应收账款"或"合同资产"。为便于说
　　明问题，本书都按收到款项的情况核算。

按照《财政部关于修订印发 2019 年度一般企业财务报表格式的通知》(财会 [2019]6 号)的规定,执行《企业会计准则》的企业,与日常活动相关的政府补助,应计入"其他收益"科目;按照《企业会计制度》和《小企业会计准则》的规定,政府补助应计入"营业外收入"科目。

按照《财政部 国家税务总局关于进一步鼓励软件产业和集成电路产业发展企业所得税政策的通知》(财税 [2012]27 号)的规定,符合条件的软件企业按照《财政部 国家税务总局关于软件产品增值税政策的通知》(财税 [2011]100 号)规定取得的即征即退增值税款,由企业专项用于软件产品研发和扩大再生产并单独进行核算,可以作为不征税收入,在计算应纳税所得额时从收入总额中减除。

因此,如果甲企业同时满足软件企业条件,且将收到的软件退税款用于后续的软件产品研发和扩大再生产并能单独核算(按《企业会计准则》核算),则应在收到退税款时计入"递延收益"科目,在后续满足收入确认条件时再转入"其他收益"科目。

二、产品和服务共存如何卖

【例 2-2】 乙企业(一般纳税人)是一家科技型教育培训企业,主要业务为开发企业不同经营阶段所需要的培训课程,包括经营管理、市场营销、财务会计、税收策划、职业发展等与企业经营密切相关的各类课程。这些课程直接嵌入到一台固定的机器设备内,客户购买该设备后,企业根据客户需要再植入相关课程。乙企业对客户购买的课程按年收取服务费,在客户付费期间,乙企业会定期通过远程的方式对课程内容进行更新。

乙企业当年采购设备不含税价款为 1 950 万元(该企业当年采购设备适用 13% 的增值税税率);当年销售设备并提供首期培训课程的技术服务不含税销售收入为 2 000 万元(其中设备成本为 1 500 万元)。当年为所有客户提供后续培训课程的技术服务(仅提供服务,无设备销售)不含税收入为 2 125 万元。

请问，乙企业销售设备并提供培训课程的技术服务行为是混合销售还是兼营行为，乙企业该如何计算缴纳增值税？是否有税收策划空间？

（一）混合销售还是兼营行为

如果乙企业的行为是混合销售行为，则应按销售设备的增值税税率缴纳增值税还是按照提供服务的增值税税率缴纳增值税？

按照《营业税改征增值税试点有关事项的规定》（财税 [2016]36 号）的规定，一项销售行为如果既涉及货物又涉及服务，就为混合销售。从事货物的生产、批发或者零售的单位和个体工商户的混合销售行为，按照销售货物缴纳增值税；其他单位和个体工商户的混合销售行为，按照销售服务缴纳增值税。

按照《增值税暂行条例实施细则》的规定，以从事货物生产或者提供应税劳务为主，是指纳税人的年货物生产或者提供应税劳务的销售额占年应税销售额的比重在50%以上。

因此，如果判定乙企业的行为属于混合销售行为，只要乙企业年货物生产或者提供应税劳务的销售额占年应税销售额的比重未达到50%，乙企业就需要按照提供培训服务或技术服务的税率（6%）缴纳增值税。从乙企业的经营业务看，这种情况发生的概率应该还是很高的。

根据案例中的情况，乙企业当年货物销售收入占当年应税销售额比例为：

$$当年货物销售收入占当年应税销售额比例$$
$$= 2\,000 \div (\,2\,000 + 2\,125\,) \times 100\% = 48.48\%$$

货物销售收入占当年应税销售额比例低于50%，2 000万元的混合销售行为应按提供培训服务6%的税率缴纳增值税。如果不考虑其他进项税事项，则乙企业当年应缴纳增值税：

$$应纳增值税 = (\,2\,000 + 2\,125\,) \times 6\% - 1\,950 \times 13\% = -6\,（万元）$$

应纳增值税计算结果为负数，乙企业当年不需要缴纳增值税，而且还有6万元的进项税额可以在以后纳税期间进行抵扣！

按照理论分析，乙企业的上述行为完全合情合理。但是，大家还是不要忽略一个事实：理论上成立的，实际上不一定行得通。别的不说，仅仅应纳税额经常出现负数的情况，相信企业轻易都不会去做。

既然按混合销售容易出现这种尴尬情况，那是否可以换个角度，把乙企业销售设备和提供培训服务视同两个不同的销售行为，这样，乙企业分别按不同的销售行为核算销售额，分别计算缴纳增值税。在上述情况下，乙企业当年应纳增值税（假设把销售设备以及提供首期服务收入 2 000 万元均按设备销售处理）：

$$应纳增值税 = 2\,000 \times 13\% + 2\,125 \times 6\% - 1\,950 \times 13\% = 134（万元）$$

在这种模式下，乙企业需要缴纳增值税 134 万元，这种结果显然和实务中大家所看到的基本一致，但是缴的税太高了！

那么问题来了。在分开核算的模式下，乙企业把设备的销售价格定为多少比较合适呢？

（二）硬件产品价格

在该模式中，总价格保持不变的情况下，可以考虑把硬件产品的价格尽可能定低，同时提高服务价格。由于购置货物的增值税税率为 13%，进项税额相对较大，因而在销售时，可以将绝大部分收入归入培训服务或技术服务，培训服务或技术服务的增值税税率较低（6%），销项税额较小，两者相抵后，意味着企业应缴纳的增值税额较小甚至是负数。

问题是，硬件产品的价格能无限降低甚至为 0 吗？

显然不行。如前所述，销售价格明显偏低并无正当理由的，会被税务机关按规定核定销售额。所以，硬件产品的价格也必须是一个相对合理的价格。

那么，什么价格是合理价格呢？可以参考本节第一部分中硬件产品的定价原则（成本加成 10%）确定。

按照上述原则，乙企业当年销售设备并提供后续培训服务的不含税销售价格分别为：

 设备销售不含税价格 = 1 500 ×（1+10%）= 1 650（万元）

 设备销售含税价格 = 1 650 ×（1+13%）= 1 864.5（万元）

 服务销售不含税价格 =（2 000+2 125）− 1 650 = 2 475（万元）

 服务销售含税价格 = 2 475 ×（1+6%）= 2 623.5（万元）

 当年应缴纳增值税 = 1 650×13% + 2 475×6% − 1 950×13% = 109.5（万元）

（三）会计分录

（1）购买设备：

借：库存商品   19 500 000

  应交税费——应交增值税——进项税额 2 535 000

  贷：银行存款[⊖]   22 035 000

（2）销售设备：

借：银行存款   18 645 000

  贷：营业收入   16 500 000

   应交税费——应交增值税——销项税额 2 145 000

（3）提供服务：

借：银行存款   26 235 000

  贷：营业收入   24 750 000

   应交税费——应交增值税——销项税额 1 485 000

（4）结转设备成本：

借：营业成本   15 000 000

  贷：库存商品   15 000 000

三、多种服务共存如何卖

【例 2-3】 丙企业是增值税一般纳税人，专门从事医药试验设备租赁和

⊖ 企业也可能并未将款项支付，在该情况下，应计入"应付账款"。为便于说明问题，本书均
 按已经付款的情况核算。

技术支持服务。服务模式是将自身采购的医药试验设备出租给医药企业并收取租赁费，客户在使用设备期间，为其提供药品研发、试验技术支持及数据分析服务（以下统称为"技术服务"）。

当年 6 月，丙企业购置一台新型医药试验设备，不含税价格为 600 万元，预计 5 年后将会被性能更好的设备替代。丙企业将设备计入"固定资产"，并按 5 年计提折旧，预计 5 年到期后无残值。

当月丙企业将该设备出租给丁企业使用，租期 5 年。双方签订合同约定，丁企业每月向丙企业支付不含税租赁费 1 万元，支付不含税技术服务费 15 万元。

丙企业所在地城建税税率为 7%，教育费附加 3%，地方教育附加 2%。

请问，丙企业的销售行为是混合销售行为还是兼营行为？应如何合理计算缴纳增值税？

（一）是混合销售行为还是兼营行为

按照《营业税改征增值税试点有关事项的规定》（财税 [2016]36 号）的规定，一项销售行为如果既涉及货物又涉及服务，就为混合销售。从事货物的生产、批发或者零售的单位和个体工商户的混合销售行为，按照销售货物缴纳增值税；其他单位和个体工商户的混合销售行为，按照销售服务缴纳增值税。

因此可以得出结论，混合销售必然涉及两类销售行为，一是货物销售，二是提供服务。在本案例中，丙企业同时提供了两类服务——租赁服务和技术服务，不涉及货物销售，不属于混合销售，只能按兼营行为进行核算。

在案例中，假设在 5 年间，丙企业仅此一单业务，则 5 年内，丙企业共需缴纳的增值税及毛利润总额的计算方法如下：

应纳增值税 = （ 1 × 13% + 15 × 6%） × 12 × 5 - 600 × 13% = - 16.2 （万元）

计算结果为负数！丙企业按照该模式运行，根本无须缴纳增值税，税金及附加自然也无须缴纳！

$$毛利润 = （1+15）\times 12 \times 5 - 600 = 360（万元）$$

$$毛利率 = 360 \div 960 \times 100\% = 37.5\%$$

毛利率相对较高，还不需要缴纳增值税，是不是感觉有点太意外了！

如果真的发生这种情况，只能说明一个问题：定价一定出问题了！

（二）租赁服务的价格

由于有形动产租赁的增值税税率为 13%，技术服务的增值税税率为 6%，在上述经营模式中，把租赁服务的价格压低，总价保持不变的情况下，技术服务的价格自然升高，相应增值税的销项税额也会降低。由于增值税的进项税额是一定的，销项税额越低，企业缴纳的增值税就会越少，甚至可能出现倒挂！

问题是，这种把高税率的有形动产租赁服务进行较低的定价是否合理？

按照《营业税改征增值税试点实施办法》（财税 [2016]36 号）的规定，纳税人发生应税行为价格明显偏低或者偏高且不具有合理商业目的的，或者发生视同销售行为而无销售额的，主管税务机关有权按照下列顺序确定销售额。

（1）按照纳税人最近时期销售同类服务、无形资产或者不动产的平均价格确定。

（2）按照其他纳税人最近时期销售同类服务、无形资产或者不动产的平均价格确定。

（3）按照组成计税价格确定。组成计税价格的公式为：

$$组成计税价格 = 成本 \times （1 + 成本利润率）$$

成本利润率由国家税务总局确定。

不具有合理商业目的，是指以谋取税收利益为主要目的，通过人为安排，减少、免除、推迟缴纳增值税税款，或者增加退还增值税税款。

因此，丙企业把租赁服务定价过低显然不具有合理商业目的，很可能会被税务机关按照上述规定核定销售额。

如果在实务中不存在上述第 1 种和第 2 种情况的价格，在按照组成计税价格确定销售额的情况下，税务机关如何确定成本利润率呢？国家税务总局尚未就此问题发布文件。

在国家税务总局尚未有明确政策之前，不妨参照《国家税务总局关于印发〈增值税若干具体问题的规定〉的通知》（国税发 [1993]154 号）的规定，纳税人因销售价格明显偏低或无销售价格等原因，按规定需组成计税价格确定销售额的，其组价公式中的成本利润率为 10%。

虽然该文件所规范的对象是货物销售，但在提供服务价格"无法可依"的情况下，按此文件定价也不失为一个"不是办法的办法"。

在上述定价规则中，丙企业每月租赁服务和技术服务的价格应按以下方式确定：

每月租赁服务不含税价格 = 600 ÷（5×12）×（1 + 10%）= 11（万元）

每月技术服务不含税价格 =（1 + 15）− 11 = 5（万元）

每月设备折旧成本 = 600 ÷（5×12）= 10（万元）

5 年内，丙企业共需要缴纳的增值税及附加税费的计算方法如下：

应纳增值税 =（11×13% + 5×6%）×12×5 − 600×13% = 25.8（万元）

附加税费 = 25.8×（7% + 3% + 2%）= 3.096（万元）

（三）会计分录

（1）购买设备：

借：库存商品	6 000 000	
应交税费——应交增值税——进项税额	780 000	
贷：银行存款		6 780 000

（2）每月提供租赁服务：

借：银行存款	124 300	
贷：营业收入		110 000
应交税费——应交增值税——销项税额		14 300

（3）每月提供技术服务：

借：银行存款	53 000

　　贷：营业收入　　　　　　　　　　　　　　　　　　　50 000

　　　　应交税费——应交增值税——销项税额　　　　　　3 000

（4）每月结转设备成本：

借：营业成本　　　　　　　　　　　　　　　　100 000

　　贷：累计折旧　　　　　　　　　　　　　　　　　　　100 000

四、销售使用过的固定资产如何纳税

（一）增值税中固定资产的界定标准

　　在会计上确认的固定资产，在增值税中一定按固定资产处理吗？

　　答案是：不一定。

　　按照《增值税暂行条例实施细则》的规定，固定资产是指使用期限超过12个月的机器、机械、运输工具以及其他与生产经营有关的设备、工具、器具等。

　　按照《营业税改征增值税试点实施办法》（财税 [2016]36 号）的规定，固定资产是指使用期限超过 12 个月的机器、机械、运输工具以及其他与生产经营有关的设备、工具、器具等有形动产。

　　从上述规定可以得出如下结论：增值税中的固定资产不含不动产（如房产等）。

（二）小规模纳税人销售使用过的固定资产

　　（1）自然人小规模纳税人销售使用过的固定资产。按照《中华人民共和国增值税暂行条例》（以下简称《增值税暂行条例》）和《增值税暂行条例实施细则》的规定，自然人销售的自己使用过的物品，无论是否属于固定资产，均免征增值税。

　　（2）其他小规模纳税人销售使用过的固定资产。按照《财政部 国家税务总局关于部分货物适用增值税低税率和简易办法征收增值税政策的通知》（财税 [2009]9 号）的规定，除自然人外，其他小规模纳税人销售自己使用过的固定资产，无论该固定资产何时购进，用于何种用途，一律减按 2% [1]征收率征收增值税。

（三）原增值税一般纳税人销售使用过的固定资产

1. 未纳入扩大增值税抵扣范围试点，2008 年 12 月 31 日之前取得或纳入扩大增值税抵扣范围试点并于试点开始前取得

按照《财政部 国家税务总局关于部分货物适用增值税低税率和简易办法征收增值税政策的通知》（财税 [2009]9 号）、《财政部 国家税务总局关于简并增值税征收率政策的通知》（财税 [2014]57 号）和《财政部 国家税务总局关于全国实施增值税转型改革若干问题的通知》（财税 [2008]170 号）的规定，此类增值税一般纳税人销售使用过的固定资产，均按照简易办法依照 3% 征收率减按 2% 征收增值税。

2. 2009 年 1 月 1 日之后取得或纳入扩大增值税抵扣试点后取得

按照《财政部 国家税务总局关于部分货物适用增值税低税率和简易办法征收增值税政策的通知》（财税 [2009]9 号）、《财政部 国家税务总局关于简

---

[1] 按照《财政部 税务总局关于增值税小规模纳税人减免增值税政策的公告》（财政部 国家税务总局公告 2023 年第 19 号）的规定，2027 年 12 月 31 日前对月销售额 10 万元以下（含本数）的增值税小规模纳税人，免征增值税。增值税小规模纳税人适用 3% 征收率的应税销售收入，减按 1% 征收率征收增值税；适用 3% 预征率的预缴增值税项目，减按 1% 预征率预缴增值税。

　　按照《国家税务总局关于支持个体工商户复工复业等税收征收管理事项的公告》（国家税务总局公告 2020 年第 5 号）和《财政部 税务总局关于延长小规模纳税人减免增值税政策执行期限的公告》（财政部 税务总局公告 2020 年第 24 号）的规定，增值税小规模纳税人取得应税销售收入，纳税义务发生时间在 2020 年 2 月底以前，适用 3% 征收率征收增值税的，按照 3% 征收率开具增值税发票；纳税义务发生时间在 2020 年 3 月 1 日至 12 月 31 日，适用减按 1% 征收率征收增值税的，按照 1% 征收率开具增值税发票。

　　按照《财政部 税务总局关于延续实施应对疫情部分税费优惠政策的公告》（财政部 税务总局公告 2021 年第 7 号）和《财政部 税务总局关于对增值税小规模纳税人免征增值税的公告》（财政部 税务总局公告 2022 年第 15 号）的规定，上述优惠政策延长到 2022 年 3 月 31 日。

　　后续涉及小规模纳税人的纳税情况，在上述特定期间发生的纳税义务，均按上述规定执行。

并增值税征收率政策的通知》（财税 [2014]57 号）和《财政部 国家税务总局关于全国实施增值税转型改革若干问题的通知》（财税 [2008]170 号）的规定，此类增值税一般纳税人销售在 2009 年 1 月 1 日后取得或纳入扩大增值税抵扣试点后取得的固定资产，按以下不同情况计算缴纳增值税。

（1）一般纳税人销售使用过的固定资产，且该类资产属于《增值税暂行条例》第十条规定不得抵扣且未抵扣进项税额（如用于免税项目、集体福利、个人消费等）的固定资产，按简易办法依照 3% 征收率减按 2% 缴纳增值税。

需要注意的是，该种情况仅指一般纳税人在购买有关资产或劳务时，取得了符合增值税抵扣要求的凭证，但又不得抵扣（需做进项税额转出），未来处置时可按照简易办法依照 3% 征收率减按 2% 缴纳增值税。如果一般纳税人在购买时取得的凭证不符合增值税抵扣要求，则该类资产无论是否用于《增值税暂行条例》第十条所规定的用途，未来再销售时，都不能适用 3% 征收率减按 2% 缴纳增值税的优惠，而要按适用税率缴纳增值税。

（2）一般纳税人销售除（1）之外其他固定资产，按适用税率征收增值税。需要注意的是，由于我国的增值税税率在 2018 年 5 月 1 日和 2019 年 4 月 1 日分别进行了调整，对于一般纳税人而言，如果固定资产购买时增值税税率为 17%，后续再销售时增值税税率调整为 13%，这里按适用税率征收的增值税应按照销售时的税率 13% 计算。

(四)"营改增" 一般纳税人销售使用过的固定资产

1. "营改增" 之前取得

按照《营业税改征增值税试点实施办法》（财税 [2016]36 号）、《财政部国家税务总局关于部分货物适用增值税低税率和简易办法征收增值税政策的通知》（财税 [2009]9 号）、《财政部 国家税务总局关于简并增值税征收率政策的通知》（财税 [2014]57 号）的规定，纳入"营改增"的一般纳税人销售该类固定资产，按简易办法依照 3% 征收率减按 2% 缴纳增值税。

2. "营改增" 之后取得

按照《财政部 国家税务总局关于部分货物适用增值税低税率和简易办

法征收增值税政策的通知》(财税 [2009]9 号)、《财政部 国家税务总局关于简并增值税征收率政策的通知》(财税 [2014]57 号)和《财政部 国家税务总局关于全国实施增值税转型改革若干问题的通知》(财税 [2008]170 号)的规定,纳入"营改增"的一般纳税人销售该类固定资产,按以下情况分别处理。

(1)按照一般计税方式缴纳增值税的一般纳税人销售使用过的固定资产。

若该类资产属于《增值税暂行条例》第十条规定不得抵扣且未抵扣进项税额(如用于免税项目、集体福利、个人消费等)的固定资产,按照简易办法依照 3% 征收率减按 2% 缴纳增值税。

需要注意的是,该种情况仅指一般纳税人在购买有关资产或劳务时,取得了符合增值税抵扣要求的凭证,但又不得抵扣(需做进项税额转出),未来处置时可按照简易办法依照 3% 征收率减按 2% 缴纳增值税。如果一般纳税人在购买时取得的凭证不符合增值税抵扣要求,则该类资产无论是否用于《增值税暂行条例》第十条所规定的用途,未来再销售时,都不能适用 3% 征收率减按 2% 缴纳增值税的优惠,而要按适用税率缴纳增值税。

另外,需要注意的是,如果企业既有按一般计税方式计算缴纳增值税的业务,也有按简易计税方式计算缴纳增值税的业务,将购置的固定资产用于简易计税项目,则将来销售该固定资产应如何缴纳增值税呢?

【例 2-4】 某企业是增值税一般纳税人,其销售货物和提供服务行为均按一般计税方法计算缴纳增值税。该公司将其自有的一处房产(2016 年 4 月 30 日之前取得)出租,选择简易计税。几年后,该公司购置了一批壁挂式空调装入房产中,取得了税率为 13% 的增值税专用发票。

按照《营业税改征增值税试点实施办法》(财税 [2016]36 号)的有关规定,购置空调用于出租的房屋,属于购置的货物用于简易计税项目,进项税额不得抵扣。企业对此做了进项税额转出处理。又过了几年,公司对该房产统一安装中央空调,把先前购置的壁挂式空调全部变卖。此时,该企业应按 13% 计算缴纳增值税还是适用 3% 征收率减按 2% 缴纳增值税?

按照 2017 年修改的《增值税暂行条例》（中华人民共和国国务院令第 691 号）第十条第（一）项的规定，用于简易计税方法计税项目、免征增值税项目、集体福利或者个人消费的购进货物、劳务、服务、无形资产和不动产的进项税额不得从销项税额中抵扣。

因此，对于上述案例中的情形，应按 3% 征收率减按 2% 缴纳增值税。

（2）按照一般计税方式缴纳增值税的一般纳税人销售除（1）之外的其他固定资产，按适用税率缴纳增值税。

（3）按照简易计税（企业的全部业务均按照简易计税方式计算缴纳增值税）的一般纳税人销售"营改增"后取得的固定资产。

按照《营业税改征增值税试点实施办法》（财税 [2016]36 号）的有关规定，一般纳税人发生财政部和国家税务总局规定的特定应税行为[⊖]，可以选择适用简易计税方法计税，但一经选择，36 个月内不得变更。

按照 2017 年修改的《增值税暂行条例》（中华人民共和国国务院令第 691 号）第十条第（一）项的规定，用于简易计税方法计税项目、免征增值税项目、集体福利或者个人消费的购进货物、劳务、服务、无形资产和不动产的进项税额不得从销项税额中抵扣。

因此，属于该类情况的一般纳税人，无论购入的固定资产用于何种用途，按照《财政部 国家税务总局关于部分货物适用增值税低税率和简易办

⊖ 按照《营业税改征增值税试点有关事项的规定》（财税 [2016]36 号）的规定，一般纳税人发生下列应税行为可以选择适用简易计税方法计税：

（1）公共交通运输服务。

（2）经认定的动漫企业为开发动漫产品提供的动漫脚本编撰、形象设计、背景设计、动画设计、分镜、动画制作、摄制、描线、上色、画面合成、配音、配乐、音效合成、剪辑、字幕制作、压缩转码（面向网络动漫、手机动漫格式适配）服务，以及在境内转让动漫版权（包括动漫品牌、形象或者内容的授权及再授权）。

动漫企业和自主开发、生产动漫产品的认定标准和认定程序，按照《文化部 财政部 国家税务总局关于印发〈动漫企业认定管理办法（试行）〉的通知》（文市发 [2008]51 号）的规定执行。

（3）电影放映服务、仓储服务、装卸搬运服务、收派服务和文化体育服务。

（4）以纳入营改增试点之日前取得的有形动产为标的物提供的经营租赁服务。

（5）在纳入营改增试点之日前签订的尚未执行完毕的有形动产租赁合同。

法征收增值税政策的通知》（财税 [2009]9 号）的规定，一律按 3% 征收率减按 2% 缴纳增值税。

【例 2-5】 某动漫企业为增值税一般纳税人，其业务收入均来源于开发的动漫产品，符合简易计税的要求，企业选择了简易计税。在经营过程中，该企业购置一批电脑用于动漫产品设计，均取得了增值税专用发票，按照《营业税改征增值税试点实施办法》（财税 [2016]36 号）的有关规定，购置电脑用于动漫产品设计，属于购置的货物用于简易计税项目，进项税额不得抵扣。企业将此做了进项税额转出处理。

几年后，公司对电脑进行了更换，将原购置的电脑统一变卖，此时，该企业应按 13% 计算缴纳增值税还是适用 3% 征收率减按 2% 缴纳增值税？

按照上述分析，该动漫企业在销售电脑时，应按 3% 征收率减按 2% 缴纳增值税。

（五）一般纳税人销售在小规模纳税人期间购置的固定资产

按照《国家税务总局关于一般纳税人销售自己使用过的固定资产增值税有关问题的公告》（国家税务总局公告 2012 年第 1 号）和《国家税务总局关于简并增值税征收率有关问题的公告》（国家税务总局公告 2014 年第 36 号）的规定，纳税人购进或者自制固定资产时为小规模纳税人，认定为一般纳税人后销售该固定资产，可按简易办法依 3% 征收率减按 2% 征收增值税，同时不得开具增值税专用发票。

（六）销售使用过的固定资产开具发票

按照《国家税务总局关于增值税简易征收政策有关管理问题的通知》（国税函 [2009]90 号）和《国家税务总局关于营业税改征增值税试点期间有关增值税问题的公告》（国家税务总局公告 2015 年第 90 号）规定的精神，可得出如下结论：

无论一般纳税人还是小规模纳税人，销售自己使用过的固定资产，适用

3% 征税率的，纳税人选择依照 3% 征收率减按 2% 缴纳增值税，只能开具普通发票；如果放弃该优惠，可以开具增值税专用发票。

五、销售使用过的固定资产如何记账

与固定资产有关的会计处理如下（以采购取得固定资产为例，假设购买方为增值税一般纳税人）：

（1）购买固定资产且取得增值税专用发票：

借：固定资产

　　应交税费——应交增值税——进项税额

　　贷：银行存款

（2）从入账次月开始计提折旧：

借：管理费用（销售费用或制造费用等）

　　贷：累计折旧

（3）固定资产到期报废（没有变卖），账面有残值：

借：固定资产清理

　　累计折旧

　　贷：固定资产

借：营业外支出

　　贷：固定资产清理

（4）固定资产使用过程中或使用到期后以公允价值变卖：

1）适用 3% 减按 2% 征收率计算缴纳增值税的：

借：银行存款

　　贷：固定资产清理

　　　　应交税费——未交增值税⊖

⊖ 采取简易计税方式计算缴纳增值税的，销售时贷方通过"应交税费——未交增值税"核算，而不是通过"应交税费——应交增值税——销项税额"核算。通过简易计税方式计算缴纳的增值税，即使其他项目按一般计税方式在当期计算的结果为负数（有待下期留抵），也需要正常纳税，不能和上述负数进行抵减。

2）适用13%税率计算缴纳增值税的：

借：银行存款

　　贷：固定资产清理

　　　　应交税费——应交增值税——销项税额

3）无论适用3%减按2%征收率还是13%税率，其他会计处理：

借：固定资产清理

　　累计折旧

　　贷：固定资产

若固定资产清理出现贷方余额，则：

借：固定资产清理

　　贷：营业外收入（或资产处置收益）

若固定资产清理出现借方余额，则：

借：营业外支出（或资产处置收益）

　　贷：固定资产清理

第二节　怎　么　卖

无论卖产品还是卖服务，没有点"利益"的诱惑，恐怕很难得到市场的认可。为了快速占领市场，取得用户的信任，各企业可谓是"八仙过海，各显神通"，买赠、打折、免费等促销手段或单一或组合上阵，让市场好不热闹。消费者在看得眼花缭乱的同时，也乐得坐享其成。

对于企业而言，名声打出去固然是好事，好的营销策略一定是"丢了芝麻，捡了西瓜"，而不是相反。但若出现"偷鸡不成，反蚀把米"的状况，则是"赔了夫人又折兵"，到头来"竹篮打水一场空"，岂不哀哉！

常见的营销策略包括：买产品（服务）赠产品（服务）、商业折扣、消费送积分、消费送红包等。

一、买产品赠产品如何纳税

【例2-6】某商场正在进行促销活动，消费者购买A产品，消费金额

1 130 元（不含税价格 1 000 元，成本价 800 元），商场（增值税一般纳税人）会额外赠送价值 113 元（不含税价格 100 元，成本价 80 元）的 B 产品。

请问，商场的上述促销行为会有税收风险吗？都有哪些税收风险？

在该模式下，该业务涉及的税收问题及会计处理如下。

1. 增值税

按照《增值税暂行条例实施细则》的规定，单位或者个体工商户将自产、委托加工或者购进的货物无偿赠送其他单位或者个人，视同销售货物[⊖]。

因此，商场在销售 A 商品的同时，额外赠送 B 产品，符合上述"将购进的货物无偿赠送其他单位或者个人"的情形，须按无票收入做增值税纳税申报。

2. 企业所得税

按照《国家税务总局关于确认企业所得税收入若干问题的通知》（国税函[2008]875 号）的规定，企业以买一赠一等方式组合销售本企业商品的，不属于捐赠，应将总的销售金额按各项商品的公允价值的比例来分摊确认各项的销售收入。

因此，商场在确认缴纳企业所得税额时，A 和 B 产品的销售收入分别按下列公式计算：

$$A \ 产品销售收入 = 1 \ 000 \times 1 \ 000 \div (1 \ 000 + 100) = 909.09（元）$$
$$B \ 产品销售收入 = 1 \ 000 \times 100 \div (1 \ 000 + 100) = 90.91（元）$$

3. 个人所得税

按照《关于企业促销展业赠送礼品有关个人所得税问题的通知》（财税[2011]50 号）的规定，企业在向个人销售商品（产品）和提供服务的同时给予赠品，如通信企业对个人购买手机赠话费、入网费，或者充话费赠手机等，不征收个人所得税。

因此，个人在购买 A 产品的同时获取企业赠送的 B 产品，个人无须缴纳个人所得税。

⊖ 由于买一赠一的特殊性，各地对此是否缴纳增值税执行不一，具体请咨询当地税务机关。本书对买一赠一的销售行为按视同销售处理。

4. 会计处理

（1）销售并赠送商品：

借：银行存款 1 130.00

　　贷：营业收入——A 产品 909.09

　　　　　　　　——B 产品 90.91

　　　　应交税费——应交增值税——销项税额 130.00

（2）结转成本：

借：营业成本 880

　　贷：库存商品——A 产品 800

　　　　　　　　——B 产品 80

（3）视同销售确认销售费用：

借：销售费用 13

　　贷：应交税费——应交增值税——销项税额 13

二、买产品赠服务如何纳税

比较常见的表现形式是，企业为购买产品的客户提供若干年的无偿售后服务，服务期满后再按一定价格收取售后服务费。

【例 2-7】 A 企业是一家研发、生产和销售一款大型医疗设备的企业，是增值税一般纳税人。某年 6 月，该企业销售一台医疗设备，不含税价格为 100 万元（成本为 60 万元）。合同约定，客户购买设备之日起 1 年内，A 企业给予无偿售后技术支持。1 年期满后，客户若还需要技术支持，A 企业将按照每月 1 万元（不含税价格）收取技术服务费。A 企业每月提供技术服务对应的人工支出为 1 万元，无其他相关支出。

请问，A 企业的上述经营行为是否有税收风险？有哪些税收风险？

在该模式下，A 企业涉及的税收问题及会计处理如下。

1. 增值税

按照《营业税改征增值税试点实施办法》(财税 [2016]36 号) 的规定，单位或者个体工商户向其他单位或者个人无偿提供服务，视同销售，但用于公益事业或者以社会公众为对象的除外。

A企业在将医疗设备销售给客户后，为其提供的1年无偿技术支持，不是用于公益事业，也不是以社会公众为对象，应按视同销售计算缴纳增值税[⊖]。

按照《营业税改征增值税试点实施办法》（财税[2016]36号）的规定，纳税人发生应税行为价格明显偏低或者偏高且不具有合理商业目的的，或者发生视同销售而无销售额的，主管税务机关可以核定纳税人的销售额，核定销售额的顺序如下：

（1）按照纳税人最近时期销售同类服务、无形资产或者不动产的平均价格确定。

（2）按照其他纳税人最近时期销售同类服务、无形资产或者不动产的平均价格确定。

（3）按照组成计税价格确定。组成计税价格的公式为：

$$组成计税价格 = 成本 \times (1 + 成本利润率)$$

成本利润率由国家税务总局确定。

因此，A企业正常情况下为客户提供技术服务每月收费是1万元，而对于其为客户无偿提供技术支持，每月应对该客户按1万元的视同销售价格计算缴纳增值税。

2. 企业所得税

按照《国家税务总局关于企业处置资产所得税处理问题的通知》（国税函[2008]828号）的规定，企业将资产移送他人，因资产所有权属已发生改变而不属于内部处置资产，应按规定视同销售确定收入。

按照《企业所得税法实施条例》第二十五条的规定，企业发生非货币性资产交换，以及将货物、财产、劳务用于捐赠、偿债、赞助、集资、广告、样品、职工福利或者利润分配等用途的，应当视同销售货物、转让财产或者

⊖　各地执行"营改增"政策时，对于销售商品同时给予一定期限内的无偿服务是否视同销售的解释有差异，本书对该行为按视同销售处理。

提供劳务，但国务院财政、税务主管部门另有规定的除外。

上述 828 号文就是依据《企业所得税法实施条例》第二十五条制定的，所以，文件所规定的"资产"是包含劳务的。

案例中，A 企业提供的无偿售后技术支持，在企业所得税上需要视同销售处理。

3. 会计处理

（1）销售设备时：

借：银行存款　　　　　　　　　　　　　　　　　 1 130 000

　　贷：营业收入　　　　　　　　　　　　　　　　　　　　 1 000 000

　　　　应交税费——应交增值税——销项税额　　　　　　　 130 000

（2）结转成本：

借：营业成本　　　　　　　　　　　　　　　　　　 600 000

　　贷：库存商品　　　　　　　　　　　　　　　　　　　　 600 000

（3）每月无偿提供技术支持视同销售确认销售费用：

借：销售费用　　　　　　　　　　　　　　　　　　　 10 600

　　贷：应交税费——应交增值税——销项税额　　　　　　　　 600

　　　　应付职工薪酬　　　　　　　　　　　　　　　　　　 10 000

三、买服务赠产品如何纳税

比较常见的表现形式是客户购买服务后，经营者给予一定的实物赠送。

【例 2-8】 乙企业（一般纳税人）是一家科技型教育培训企业，主要业务为开发企业不同经营阶段所需要的培训课程，包括经营管理、市场营销、财务会计、税收策划、职业发展等与企业经营密切相关的各类课程。这些课程直接嵌入到一台固定的机器设备内。客户购买该设备后，企业根据客户需要再植入相关课程，乙企业对客户购买的课程按年收取服务费，在客户付费期间，乙企业会定期通过远程的方式对课程内容进行更新。

为了扩大市场占有率，乙企业决定采取"买服务送设备"的营销策略。

具体内容是，客户每购买价值不低于 20 000 元（不含税，下同）的服务，就赠送一台价值 5 000 元（不含税，与采购价相同）的设备。某年 6 月，某企业购买了乙企业的培训服务 24 000 元（每月 2 000 元），乙企业按既定的营销策略赠送该客户设备一台。乙企业只针对服务费开具了全额增值税专用发票。

请问，乙企业的上述经营行为是否有税收风险？有哪些税收风险？

上述事项涉及的税收问题及会计处理如下。

1. 增值税

乙企业将设备赠送给客户，在增值税上属于视同销售行为。乙企业的该赠送行为应计算缴纳增值税，计算公式如下：

乙企业赠送行为应缴纳增值税额 = 5 000 × 13% = 650（元）

2. 企业所得税

乙企业将设备赠送给客户，在企业所得税上也属于视同销售行为。

按照《国家税务总局关于企业所得税有关问题的公告》（国家税务总局公告 2016 年第 80 号）的规定，企业发生资产无偿移送他人的情形，除另有规定外，应按照被移送资产的公允价值确定销售收入。

按照《企业所得税法实施条例》的规定，公允价值是指按照市场价格确定的价值。

乙企业所赠送的设备本身就是从市场购买的，其 5 000 元采购价就是市场价格。因此，在企业所得税上视同销售收入为 5 000 元。

3. 会计处理

（1）开票时：

借：银行存款	25 440	
贷：营业收入		2 000
预收账款（或合同负债[⊖]）		22 000

⊖　执行《企业会计准则》的市场主体应计入"合同负债"科目，执行其他会计政策的市场主体应计入"预收账款"科目。

应交税费——应交增值税——销项税额		1 440

（2）赠送设备时确认销售费用：

借：销售费用 　　　　　　　　　　5 650

　贷：库存商品 　　　　　　　　　　　　　　5 000

　　　应交税费——应交增值税——销项税额 　　650

四、买服务赠服务如何纳税

比较常见的表现形式是客户一次性购买的服务期限较长，经营者给予额外的服务赠送。

【例2-9】 某物业公司是增值税一般纳税人，在某年1月将2016年1月取得的一栋办公楼出租，租期3年，租赁合同约定，物业公司给予承租人3个月免租期并免收第一年全年物业费（正常情况下每年物业费不含税价为5万元），从出租当年4月开始按每月5万元（不含税价）收取租金。物业公司对租赁服务选择简易计税方式计算缴纳增值税。

请问，物业公司的上述经营行为是否有税收风险？有哪些税收风险？

在上述案例中，实质上相当于承租人租赁了2年9个月的办公楼，物业公司额外赠送了承租人3个月的免租期和第一年的物业服务。

在该模式下，物业公司涉及的税收问题及会计处理如下。

1. 增值税

按照《营业税改征增值税试点实施办法》（财税 [2016]36 号）的规定，单位或者个体工商户向其他单位或者个人无偿提供服务，视同销售，但用于公益事业或者以社会公众为对象的除外。

物业公司为承租人无偿提供的第一年物业服务未用于公益事业，也不以社会公众为对象。因此，该行为应按视同销售处理。

按照《营业税改征增值税试点实施办法》（财税 [2016]36 号）的有关规定，该视同销售价格应按每年5万元确认。物业公司需对出租该房屋所免收的物业费计算缴纳增值税：

$$物业公司应纳增值税 = 5 \times 6\% = 0.3（万元）$$

另外，按照《国家税务总局关于土地价款扣除时间等增值税征管问题的公告》（国家税务总局公告 2016 年第 86 号）的规定，纳税人出租不动产，租赁合同中约定免租期的，不属于《营业税改征增值税试点实施办法》（财税[2016]36 号）第十四条规定的视同销售服务。

因此，该物业公司免收承租人 3 个月的租赁费，不能视同销售服务，无须计算缴纳增值税。

2. 企业所得税

物业公司无偿提供的物业服务应视同销售计算缴纳企业所得税。原理同本节第二部分"买产品赠服务"。

物业公司无偿提供的 3 个月的租赁服务，是否也要按视同销售计算缴纳企业所得税呢？

按照《企业所得税法实施条例》第二十五条的规定，企业发生非货币性资产交换，以及将货物、财产、劳务用于捐赠、偿债、赞助、集资、广告、样品、职工福利或者利润分配等用途的，应当视同销售货物、转让财产或者提供劳务，但国务院财政、税务主管部门另有规定的除外。

企业无偿提供租赁服务，是否属于上述规定的"劳务"呢？

《企业所得税法》第六条规定，企业以货币形式和非货币形式从各种来源取得的收入，为收入总额。包括：①销售货物收入；②提供劳务收入；③转让财产收入；④股息、红利等权益性投资收益；⑤利息收入；⑥租金收入；⑦特许权使用费收入；⑧接受捐赠收入；⑨其他收入。

按上述规定，劳务收入和租金收入是并列关系，劳务收入不包括租金收入。因此，物业公司在 2017 年无偿提供的 1～3 月的租赁服务，在企业所得税法上不存在视同销售的问题！物业公司无须对该行为计算缴纳企业所得税[⊖]！

⊖　物业公司不需要缴纳企业所得税的前提是未将房屋出租给关联方。如果租赁给关联方，则适用《企业所得税法》（中华人民共和国主席令第 23 号）第四十一条第一款的规定：企业与其关联方之间的业务往来，不符合独立交易原则而减少企业或者其关联方应纳税收入或者所得额的，税务机关有权按照合理方法调整。

3. 会计处理

物业公司免收物业费的会计处理如下（暂不考虑提供该服务所对应的人工成本等）：

借：销售费用   3 000

    贷：应交税费——应交增值税——销项税额   3 000

五、商业折扣如何纳税

通过上述分析，无论赠送什么，都可能会增加企业的增值税负担。合理的处理方式是通过销售折扣规避税收风险。

（一）政策依据

1. 企业所得税规定

《国家税务总局关于确认企业所得税收入若干问题的通知》（国税函[2008]875号）第一条第（五）项规定，企业为促进商品销售而在商品价格上给予的价格扣除属于商业折扣，商品销售涉及商业折扣的，应当按照扣除商业折扣后的金额确定销售商品收入金额。

2. 原增值税规定

《国家税务总局关于折扣额抵减增值税应税销售额问题通知》（国税函[2010]56号）规定，纳税人采取折扣方式销售货物，销售额和折扣额在同一张发票上分别注明是指销售额和折扣额在同一张发票上的"金额"栏分别注明，可按折扣后的销售额征收增值税。未在同一张发票"金额"栏注明折扣额，而仅在发票的"备注"栏注明折扣额的，折扣额不得从销售额中减除。

3. "营改增"增值税规定

《营业税改征增值税试点实施办法》（财税[2016]36号）第四十三条规定，纳税人发生应税行为，将价款和折扣额在同一张发票上分别注明的，以折扣后的价款为销售额；未在同一张发票上分别注明的，以价款为销售额，不得扣减折扣额。

4. 会计规定

按照《企业会计准则第 14 号——收入》（财会 [2017]22 号）的规定，合同折扣，是指合同中各单项履约义务所承诺商品的单独售价之和高于合同交易价格的金额。

按照《企业会计制度》的规定，销售折让，是指企业因售出商品的质量不合格等原因而在售价上给予的减让。销售折让应在实际发生时直接从当期实现的销售收入中抵减。

按照《小企业会计准则》的规定，销售商品涉及商业折扣的，应当按照扣除商业折扣后的金额确定销售商品收入金额。

按照上述政策，企业在促销时，如果采取商业折扣的模式，也就是将要赠送的产品（服务）在合同及发票上均以折扣的方式体现，则该赠送的部分无论是增值税还是企业所得税，均不视同销售。

从上述政策可以看出，无论是企业所得税、增值税还是会计政策，对商业折扣的要求和处理基本保持一致。有的是原则规定（如企业所得税和会计政策），有的既有原则规定，又有操作要求（如增值税）。对企业而言，在实际操作中，一定要严格按照增值税政策规定的操作要求进行处理，否则，将无法全部享受税收优惠。

（二）会计处理

在商业折扣模式下，企业在销售时，有关会计处理如下。

（1）销售商品（服务）时：

借：银行存款

　贷：营业收入（实际不含税价）

　　　应交税费——应交增值税——销项税额（实际不含税价乘以适用税率）

（2）结转成本：

借：营业成本

　　贷：库存商品（实际销售的产品和以折扣方式送出去的产品）

　　　　应付职工薪酬（提供服务的人工成本）

六、消费送积分如何纳税

消费送积分通常适用于产品（服务）是以个人为消费主体的企业。

【例2-10】 某公司是一家电商平台企业（增值税一般纳税人），平台销售的商品均为自营。为了鼓励消费者在平台购买更多商品，公司推出"每消费10元赠送1积分"的活动，消费者可用累计的积分进行下次消费，1积分相当于1元使用。

某年，该公司的商品销售收入为1 000万元（不含税），其中，现金结算的为900万元（货物成本720万元），积分结算的为100万元（货物成本80万元）。

请问，该公司的上述经营行为是否有税收风险？有哪些税收风险？

该业务涉及的税收问题及会计处理如下。

1. 增值税

现金结算的部分正常计算缴纳增值税，积分结算的部分是否需要计算缴纳增值税呢？

国家税务总局纳税服务司2011年5月16日在国家税务总局官网答疑称："购物送积分"属于以折扣方式销售货物的形式。《国家税务总局关于印发〈增值税若干具体问题的规定〉的通知》（国税发[1993]154号）第二条第二项规定，纳税人采取折扣方式销售货物，如果销售额和折扣额在同一张发票上分别注明，可按折扣后的销售额征收增值税。如果将折扣额另开发票，不论其在财务上如何处理，均不得从销售额中减除折扣额。《国家税务总局关于折扣额抵减增值税应税销售额问题通知》（国税函[2010]56号）规定，纳税人采取折扣方式销售货物，销售额和折扣额在同一张发票上分别注明是指销售额和折扣额在同一张发票上的"金额"栏分别注明，可按折扣后的销售额征收增值税。未在同一张发票"金额"栏注明折扣额，而仅在发票的"备注"栏注明折扣额的，折扣额不得从销售额中减除。

根据此项规定，纳税人以折扣方式销售货物，如果将销售额和折扣额填写在同一张发票上并在"金额"栏注明折扣金额，则可以按扣除折扣额后的销售额申报缴纳增值税。

因此，消费者用积分购物时，如果电商平台公司将销售额和折扣额在同一张发票上的"金额"栏分别注明，可按折扣后的销售额征收增值税。否则，就需要全额计算缴纳增值税。

2. 企业所得税

可参照增值税的处理方式操作。

3. 个人所得税

按照《财政部 国家税务总局关于企业促销展业赠送礼品有关个人所得税问题的通知》（财税 [2011]50 号）的规定，企业对累积消费达到一定额度的个人按消费积分反馈礼品，不征收个人所得税。

在上述情况下，消费者个人使用积分购买商品，无须缴纳个人所得税。

4. 会计处理

（1）积分销售在发票金额栏内以折扣形式体现。

1）销售商品：

借：银行存款　　　　　　　　　　　　　　　　10 170 000

　　贷：营业收入　　　　　　　　　　　　　　　　　9 000 000

　　　　应交税费——应交增值税——销项税额　　　　1 170 000

2）结转成本：

借：营业成本　　　　　　　　　　　　　　　　　8 000 000

　　贷：库存商品　　　　　　　　　　　　　　　　　8 000 000

（2）积分销售未在发票金额栏内以折扣形式体现。

1）销售商品：

借：银行存款　　　　　　　　　　　　　　　　10 170 000

贷：营业收入   9 000 000

    应交税费——应交增值税——销项税额   1 170 000

2）结转成本：

借：营业成本   7 200 000

    贷：库存商品   7 200 000

3）确认销售费用（积分兑换的商品视同销售）：

借：销售费用   930 000

    贷：库存商品   800 000

    应交税费——应交增值税——销项税额   130 000

七、消费送红包如何纳税

消费送红包通常适用于产品（服务）是以个人为消费主体的企业。

【例 2-11】 某公司是一家电商平台企业（增值税一般纳税人），平台销售的商品均为自营。为了鼓励消费者在平台购买更多商品，公司推出"每消费 100 元赠送 5 元现金红包"的活动。

某年，该公司实现销售收入 1 000 万元（不含税，货物成本 800 万元），支付现金红包 50 万元。

请问，该公司的上述经营行为是否有税收风险？有哪些税收风险？

该业务涉及的税收问题及会计处理如下。

1. 税收问题

企业对外给予现金红包，不涉及视同销售缴纳增值税和企业所得税的问题。

按照《国家税务总局关于加强网络红包个人所得税征收管理的通知》（税总函 [2015]409 号）的规定，对个人取得企业派发的且用于购买该企业商品（产品）或服务才能使用的非现金网络红包，包括各种消费券、代金券、抵用券、优惠券等，以及因个人购买该企业商品或服务达到一定额度而取得企业返还的现金网络红包，属于企业销售商品（产品）或提供服务的价格折扣、折让，不征收个人所得税。

因此，消费者购买商品后获得的现金红包，属于电商平台销售商品的价格折扣，应按"商业折扣"的有关规定和要求进行处理。

个人因为购买商品获取的现金红包，无须缴纳个人所得税。

2. 会计处理

（1）销售商品：

借：银行存款	11 300 000	
贷：营业收入		10 000 000
应交税费——应交增值税——销项税额		1 300 000
借：销售费用	500 000	
贷：其他应付款		500 000

（2）结转成本：

借：营业成本	8 000 000	
贷：库存商品		8 000 000

（3）发放红包：

借：其他应付款	500 000	
贷：银行存款		500 000

第三节　卖　给　谁

企业的产品（服务）正常销售，一般情况下，无论价高价低，只要"你情我愿"，立马成交，不存在任何税收风险问题。关键的问题是，在很多企业的架构中，"一套人马，多块牌子"的现象比比皆是，关联交易的发生不可避免。当企业把自己的产品（服务）销售给关联方时，怎么定价就不是买卖双方两相情愿的事情了，还要充分考虑其中可能的税收风险。

一、如何找出关联方

要判定交易价格是否公允，首先要确定交易对象是否属于关联方。对于关联方的界定标准，站在不同的角度，标准略有差异。

（一）《公司法》的界定标准

按照《公司法》的规定，关联关系是指公司控股股东、实际控制人、董事、监事、高级管理人员与其直接或者间接控制的企业之间的关系，以及可能导致公司利益转移的其他关系。但是，国家控股的企业之间不因为同受国家控股而具有关联关系。

（二）企业所得税法的界定标准

按照《企业所得税法实施条例》的规定，关联方是指与企业有下列关联关系之一的企业、其他组织或者个人：

（1）在资金、经营、购销等方面存在直接或者间接的控制关系。

（2）直接或者间接地同为第三者控制。

（3）在利益上具有相关联的其他关系。

由于上述界定比较模糊，在实务操作中如何确定关联方依然是非常麻烦的问题。为此，国家税务总局在 2016 年发布《国家税务总局关于完善关联申报和同期资料管理有关事项的公告》（国家税务总局公告 2016 年第 42 号），对关联方又划分了具体、可操作的标准。只要企业与其他企业、组织或者个人具有下列关系之一的，就构成关联关系。

（1）一方直接或者间接持有另一方的股份总和达到 25% 以上；双方直接或者间接同为第三方所持有的股份达到 25% 以上。

如果一方通过中间方对另一方间接持有股份，只要其对中间方持股比例达到 25% 以上，则其对另一方的持股比例按照中间方对另一方的持股比例计算。

两个以上具有夫妻、直系血亲、兄弟姐妹以及其他抚养、赡养关系的自然人共同持股同一企业，在判定关联关系时持股比例合并计算。

（2）双方存在持股关系或者同为第三方持股，虽持股比例未达到第（1）项规定，但双方之间借贷资金总额占任一方实收资本比例达到 50% 以上，或者一方全部借贷资金总额的 10% 以上由另一方担保（与独立金融机构之间的借贷或者担保除外）。

$$借贷资金总额占实收资本比例 = \frac{年度加权平均借贷资金}{年度加权平均实收资本}$$

$$年度加权平均借贷资金 = \frac{i\,笔借入或者贷出}{资金账面金额} \times \frac{i\,笔借入或者贷出资金年度实际占用天数}{365}$$

$$年度加权平均实收资本 = \frac{i\,笔实收资本}{账面金额} \times \frac{i\,笔实收资本年度实际占用天数}{365}$$

（3）双方存在持股关系或者同为第三方持股，虽持股比例未达到第（1）项规定，但一方的生产经营活动必须由另一方提供专利权、非专利技术、商标权、著作权等特许权才能正常进行。

（4）双方存在持股关系或者同为第三方持股，虽持股比例未达到第（1）项规定，但一方的购买、销售、接受劳务、提供劳务等经营活动由另一方控制。

上述控制是指一方有权决定另一方的财务和经营政策，并能据以从另一方的经营活动中获取利益。

（5）一方半数以上董事或者半数以上高级管理人员（包括上市公司董事会秘书、经理、副经理、财务负责人和公司章程规定的其他人员）由另一方任命或委派，或者同时担任另一方的董事或高级管理人员；或者双方各自半数以上董事或半数以上高级管理人员同为第三方任命或者委派。

（6）具有夫妻、直系血亲、兄弟姐妹以及其他抚养、赡养关系的两个自然人分别与双方具有第（1）至第（5）项关系之一。

（7）双方在实质上具有其他共同利益。

文件同时规定，如果双方仅因国家持股或者由国有资产管理部门委派董事、高级管理人员而存在上述第（1）至第（5）项关系的，不构成关联关系。

（三）会计准则的界定标准

按照《企业会计准则第 36 号——关联方披露》（财会 [2006]3 号）的规定，企业的关联方包括：

（1）企业的母公司。

（2）企业的子公司。

（3）与企业受同一母公司控制的其他企业。

（4）对企业实施共同控制的投资方。

（5）对企业施加重大影响的投资方。

（6）企业的合营企业。

（7）企业的联营企业。

（8）企业的主要投资者个人及与其关系密切的家庭成员。主要投资者个人，是指能够控制、共同控制一家企业或者对一家企业施加重大影响的个人投资者。

（9）企业或其母公司的关键管理人员及与其关系密切的家庭成员。关键管理人员，是指有权力并负责计划、指挥和控制企业活动的人员。与主要投资者个人或关键管理人员关系密切的家庭成员，是指在处理与企业的交易时可能影响该个人或受该个人影响的家庭成员。

（10）企业主要投资者个人、关键管理人员或与其关系密切的家庭成员控制、共同控制或施加重大影响的其他企业。

同时，对于有关联关系，但实质上不是关联方，该会计准则也做出了例外排除，包括：

（1）与企业发生日常往来的资金提供者、公用事业部门、政府部门和机构。

（2）与企业发生大量交易而存在经济依存关系的单个客户、供应商、特许商、经销商或代理商。

（3）与企业共同控制合营企业的合营者。

（4）仅仅同受国家控制而不存在其他关联方关系的企业。

（四）上市公司的界定标准

按照《上市公司信息披露管理办法》（中国证券监督管理委员会令第182号）的规定，上市公司的关联方包括关联法人和关联自然人。

上市公司的关联法人包括：

（1）直接或者间接地控制上市公司的法人。

（2）由前项所述法人直接或者间接控制的除上市公司及其控股子公司以外的法人。

（3）关联自然人直接或间接控制的，或者担任董事、高级管理人员的，除上市公司及其控股子公司以外的法人。

（4）持有上市公司5%以上股份的法人或者一致行动人。

（5）在过去12个月内或者根据相关协议安排在未来12个月内，存在上述情形之一的法人。

（6）中国证监会、证券交易所或者上市公司根据实质重于形式的原则认定的其他与上市公司有特殊关系，可能或者已经造成上市公司对其利益倾斜的法人。

上市公司的关联自然人包括：

（1）直接或者间接持有上市公司5%以上股份的自然人。

（2）上市公司董事、监事及高级管理人员。

（3）直接或者间接地控制上市公司的法人的董事、监事及高级管理人员。

（4）上述第（1）、（2）项所述人士的关系密切的家庭成员，包括配偶、父母、年满18周岁的子女及其配偶、兄弟姐妹及其配偶，配偶的父母、兄弟姐妹，子女配偶的父母。

（5）在过去12个月内或者根据相关协议安排在未来12个月内，存在上述情形之一的自然人。

（6）中国证监会、证券交易所或者上市公司根据实质重于形式的原则认定的其他与上市公司有特殊关系，可能或者已经造成上市公司对其利益倾斜的自然人。

二、关联交易定价不合理是否会被纳税调整

企业和关联方发生交易，如果交易价格不合理，最典型的莫过于关联方之间相互借款而不支付利息，这类关联交易是否一定会被纳税调整呢？

按照《企业所得税法实施条例》的规定，企业与其关联方之间的业务往来，不符合独立交易原则，或者企业实施其他不具有合理商业目的安排的，税务机关有权在该业务发生的纳税年度起10年内，进行纳税调整。

按照《特别纳税调查调整及相互协商程序管理办法》（国家税务总局公告2017年第6号）的规定，实际税负相同的境内关联方之间的交易，只要该交易没有直接或者间接导致国家总体税收收入的减少，原则上不做特别纳税调整。

注意上述文件所提到的是"实际税负"而非"名义税负"。"名义税负"为25%的企业，在应纳税所得额为0或负数的情况下，其"实际税负"为0。"名义税负"为15%的企业，在应纳税所得额大于0，且当年缴纳企业所得税的情况下，其"实际税负"肯定会大于0。

另外，还需提醒读者注意的是，在我国当前的税收征管体制下，关联双方若不在同一地区，尤其是不在同一省级区域内的，即便双方实际税负相同，由于存在地方利益分割的问题，仍然存在被要求做纳税调整的可能。

三、关联交易该如何合理定价

（一）企业所得税规定

按照《特别纳税调查调整及相互协商程序管理办法》（国家税务总局公告2017年第6号）的规定，税务机关可以选择合理的转让定价方法，对企业关联交易进行分析评估。转让定价方法包括可比非受控价格法、再销售价格法、成本加成法、交易净利润法、利润分割法及其他符合独立交易原则的方法。

对于不同定价方法，上述文件中均有详细介绍。有兴趣的读者可自行查阅。我们在此仅列示成本加成法确定转让定价的方法。

成本加成法是以关联交易发生的合理成本加上可比非关联交易毛利后的金额作为关联交易的公平成交价格。一般适用于有形资产使用权或者所有权的转让、资金融通、劳务交易等关联交易。其计算公式如下：

公平成交价格＝关联交易发生的合理成本×（1＋可比非关联交易成本加成率）

$$可比非关联交易成本加成率＝\frac{可比非关联交易毛利}{可比非关联交易成本}×100\%$$

（二）增值税规定

1. 货物销售价确定

按照《增值税暂行条例实施细则》的规定，纳税人的销售价格明显偏低且并无正当理由或者有视同销售货物行为而无销售额者，税务机关可以按下列顺序确定销售额。

（1）按纳税人最近时期同类货物的平均销售价格确定。

（2）按其他纳税人最近时期同类货物的平均销售价格确定。

（3）按组成计税价格确定。组成计税价格的公式为：

组成计税价格＝成本×（1＋成本利润率）

如果按组成计税价格确定销售额，就需要确定成本利润率，不同货物的成本利润率该如何确定呢？

按照《国家税务总局关于印发〈增值税若干具体问题的规定〉的通知》（国税发[1993]154号）的规定，纳税人因销售价格明显偏低或无销售价格等原因，按法规需组成计税价格确定销售额的，其组价公式中的成本利润率为10%。但属于应从价定率征收消费税的货物，按应税消费品的成本利润率确定。

按照《国家税务总局关于印发〈消费税若干具体问题的规定〉的通知》（国税发[1993]156号）的规定，不同应税消费品平均成本利润率如下：甲类卷烟 10%；乙类卷烟 5%；雪茄烟 5%；烟丝 5%；粮食白酒 10%；薯类白酒 5%；其他酒 5%；酒精 5%；化妆品 5%；护肤护发品 5%；鞭炮、焰火 5%；贵重首饰及珠宝玉石 6%；汽车轮胎 5%；摩托车 6%；小轿车 8%；越野车 6%；小客车 5%。

因此，如果关联方之间发生货物销售，且没有其他可参考价格，就可以按照上述政策所规定的成本利润率确定关联交易价格。

2. 服务、无形资产和不动产销售额确定

按照《营业税改征增值税试点实施办法》（财税 [2016]36 号）的规定，纳税人发生应税行为价格明显偏低或者偏高且不具有合理商业目的的，或者发生视同销售而无销售额的，主管税务机关有权按照下列顺序确定销售额。

（1）按照纳税人最近时期销售同类服务、无形资产或者不动产的平均价格确定。

（2）按照其他纳税人最近时期销售同类服务、无形资产或者不动产的平均价格确定。

（3）按照组成计税价格确定。组成计税价格的公式为：

$$组成计税价格 = 成本 \times (1 + 成本利润率)$$

成本利润率由国家税务总局确定。

🐎 小提示

尽管在政策层面已经无比详尽，但在实务中，当面对同一笔关联交易时，是按照企业所得税的规定确定价格还是按照增值税的规定确定交易价格？尤其是在同样按成本加成确定价格的方式下，企业所得税和增值税的规定存在差异，怎么办？按照企业所得税的规定确定价格，可能无法满足增值税规定的要求；按照增值税的规定确定价格，可能又无法满足企业所得税的要求。向左转？抑或向右转？

另外，在增值税政策下，按照组成计税价格确定销售价时，销售货物的成本利润率有章可循，那么提供服务、销售无形资产和不动产的成本利润率究竟是多少呢？国家税务总局尚未发布上述成本利润率的具体标准。如果关联方之间发生服务、无形资产和不动产销售，且没有其他可参考价格，成本利润率怎么定？如果按照《国家税务总局关于印发〈增值税若干具体问题的规定〉的通知》（国税发[1993]154号）的规定，将成本利润率确定为10%，税务机关是否认可？

　　一切都很不确定……

第四节　谁　来　卖

　　"酒香也怕巷子深"。产品（服务）再好，没有宣传、没有推广，就不会有人知道，就无法实现产品（服务）的变现。公司设立之初，基于人力成本的节约，通常不会招聘更多的人员，老板、股东就身兼数职，担当起销售员的职责。

　　然而，随着公司的发展步入正轨，单靠几个股东的力量，无法实现公司收入再上新台阶。即便组建自己的销售团队，对于一些需要在目的地落地的产品，也很难达到预期的效果。在这种情况下，发展各地的渠道商就显得尤为重要。

　　在渠道商管理方面，规模较大的公司，经验丰富，管理相对比较正规，风险相对较小。而对于广大中小企业而言，刚开始发展渠道商时，基本都是采取"怎么省事怎么办"的操作模式。殊不知，有时看起来省事的方法，却在不经意间为企业埋下了很大的"雷"。一旦被引爆，给企业造成的伤害有可能就是毁灭性的！

一、以自然人作为渠道商的涉税风险

　　寻找自然人作为代理商，这是企业比较喜欢采取的方法。不用支付工资，无须负担社会保险和公积金。有业绩就让个人以发票报销的形式支付提成，没有业绩什么都不用给。省钱、省心、省力。其实，这种模式，对企业而言，会让企业面临很大的税收风险，一点儿也不省钱，一点儿也不省心，一点儿也不省力！

按照《企业所得税法》和《财政部 税务总局关于保险企业手续费及佣金支出税前扣除政策的公告》（财政部 税务总局公告 2019 年第 72 号）的规定，与取得收入无关的其他支出在计算应纳税所得额时，不得扣除。

自然人找发票到公司报销，发票上所列示的事项根本就不是公司正常经营所发生的，属于与取得收入无关的支出，一旦被税务稽查，该类支出均会被纳税调整，要求企业补缴企业所得税和滞纳金，甚至还可能会被罚款。

另外，如果上述事项同时被认定为公司向个人支付的劳务所得，企业由于没有履行代扣代缴个人所得税的义务，按照《税收征收管理法》的规定，扣缴义务人应扣未扣、应收而不收税款的，由税务机关向纳税人追缴税款，对扣缴义务人处应扣未扣、应收未收税款百分之五十以上三倍以下的罚款。

还有，在征信体系日益健全的今天，企业一旦被行政机关处罚，其不良信息就会在其信用记录中体现，并在有关网络上予以公示，供所有人查阅。到那时，损失的就不只是钱了，还有声誉，如果没有了声誉，那以后的生意还怎么做呢？真是"一失足成千古恨"！

如果你是企业的负责人，当面对这种情况时，你还会觉得这种模式省钱、省心、省力吗？

二、"佣金"模式发展渠道商的涉税风险

鉴于用自然人做代理商存在风险，许多企业纷纷选择有资质的公司作为代理商。从合作对象的选择上看，这有效规避了发票和代扣代缴个人所得税的风险，但在具体合作内容中，也可能潜藏着比较大的税务风险。

在具体合作时，可能有很多方法，但归纳起来，常见的方法基本可分为两类：一是买断；二是支付佣金。

在买断模式下，公司将产品直接卖给渠道商，将发票开给渠道商，渠道商再卖给最终客户。渠道商赚的就是中间差价款。在这种模式下，只要正常合法经营，正常开票、结算、报税，就不会有税收风险。

在支付佣金模式下，公司将产品发给渠道商，渠道商按公司确定的价格卖给最终客户，销售完成后，公司向渠道商支付佣金（服务费）。在这种模式下，如果公司和渠道商的合作协议约定按销售额的一定比例支付佣金，就会给公司带来很大的涉税风险。

按照《财政部 国家税务总局关于企业手续费及佣金支出税前扣除政策的通知》（财税 [2009]29 号）和《财政部 税务总局关于保险企业手续费及佣金支出税前扣除政策的公告》（财政部 税务总局公告 2019 年第 72 号）的规定，企业发生与生产经营有关的手续费及佣金支出，不超过限额以内的部分，准予扣除；超过部分，不得扣除。该文件还针对不同行业的企业制定了不同的限额标准，这些标准包括：

（1）保险企业。保险企业（包括财产保险企业和人身保险企业）发生与其经营活动有关的手续费及佣金支出，按照不超过当年全部保费收入扣除退保金等后余额的 18%（含本数）计算限额。

（2）其他企业⊖。按与具有合法经营资格中介服务机构或个人（不含交易双方及其雇员、代理人和代表人等）所签订服务协议或合同确认的收入金额的 5% 计算限额。

因此，对于一般企业而言，如果支付的佣金比例超过协议或合同确认的收入金额的 5%，则意味着，超过的部分无法在税前扣除（不仅仅是当年不能税前扣除，以后也不能在税前扣除）！这无疑将会让企业承担更大的税收负担。

因此，在支付佣金发展渠道商的模式下，涉税问题不容小觑！

⊖ 房地产企业和部分金融企业有例外。

《国家税务总局关于印发〈房地产开发经营业务企业所得税处理办法〉的通知》（国税发 [2009]31 号）第二十条规定，企业委托境外机构销售开发产品的，其支付境外机构的销售费用（含佣金或手续费）不超过委托销售收入 10% 的部分，准予据实扣除。

《国家税务总局关于企业所得税应纳税所得额若干税务处理问题的公告》（国家税务总局公告 2012 年第 15 号）第三条规定，从事代理服务、主营业务收入为手续费、佣金的企业（如证券、期货、保险代理等企业），其为取得该类收入而实际发生的营业成本（包括手续费及佣金支出），准予在企业所得税税前据实扣除。

三、发展渠道商的建议（从税收角度）

开发票不行，给佣金也不行，又不想采取买断的模式，那有没有其他适合的方法呢？

所谓"世上无难事，只怕有心人"，办法总比困难多。对于渠道商而言，其最终的目的是帮助公司拓展客户资源，实现产品（服务）销售收入的最大化。那么在具体实施过程中，就不可避免地需要开展一些市场活动，如举办推介会、开展市场调查、协助公司开展促销活动等。对于此类活动，就可以根据过往的数据进行适当定价（同样的推广活动在不同区域的价格可能会有差异），并在有关合同或协议中约定，在不同的销售额区间内，每场市场活动的价格不同。

这样，渠道商所取得的收入就不再是公司支付的佣金收入，而是开展市场活动所取得的服务费，就如公司向中介机构支付咨询服务费的性质一样。对于公司在正常经营活动中支付给中介机构的此类费用，除广告宣传费和佣金有比例限制外，其他的支出并没有限制。只要是和公司收入直接相关的合理支出，就可以全额税前列支。

第三章

采购业务的财税问题

第一节　采购合同约定买方负担全部税款的税务风险

实务中进行采购，尤其是稀缺商品（服务）的采购，经常遇到这样的问题：价格可以接受，但与此相关的税费全部由买方承担，而且对该约定事项还会在合同中特别注明。

问题是，纳税义务人是法定的，合同这样约定合法吗？如果合法，这是否意味着本该纳税义务人缴纳的税费可以直接转嫁给他人，而真正的纳税义务人则从此可以高枕无忧了？

一、合同约定他人负担全部税费是否合法

很多采购合同中，尤其是当卖方比较强势的时候（如买卖二手房），卖方通常都会要求买方负担全部税费，卖方索要的价格就是"净价"。这种情况下，在合同中约定由买方负担交易的全部税费是否合理呢？

按照《中华人民共和国民法典》的有关规定，民事主体从事民事活动，应当遵循自愿原则，任何违反法律、行政法规的强制性规定的民事法律行为无效（但是，该强制性规定不导致该民事法律行为无效的除外）；任何违背公序良俗的民事法律行为无效。

如果双方的交易真实、合法，并且是平等协商的约定，不存在乘人之危、强迫签订合同等情形，仅仅"税费由买方全部负担"的约定是否属于违

反法律、行政法规的强制性规定的情形呢？

按照《税收征收管理法》的规定，法律、行政法规规定负有纳税义务的单位和个人为纳税人。纳税人、扣缴义务人必须依照法律、行政法规的规定缴纳税款、代扣代缴、代收代缴税款。

从上述政策不难看出，纳税人是法定的，纳税人要依法纳税。那么合同交易双方约定由一方负担交易过程的税费是否违反《税收征收管理法》的上述规定呢？我们先看一个实务案例。

《山西嘉和泰房地产开发有限公司与太原重型机械（集团）有限公司土地使用权转让合同纠纷案》（最高人民法院民事判决书（2007）民一终字第62号）显示，太原重型机械（集团）有限公司（以下简称"太重公司"）将土地使用权转让给山西嘉和泰房地产开发有限公司（以下简称"嘉和泰公司"），双方在《补充协议》中约定转让过程涉及应由太重公司缴纳的税费由嘉和泰公司承担。

最高人民法院判决为：虽然我国税收管理方面的法律法规对于各种税收的征收均明确规定了纳税义务人，但是并未禁止纳税义务人与合同相对人约定由合同相对人或第三人缴纳税款。税法对于税种、税率、税额的规定是强制性的，而对于实际由谁缴纳税款没有做出强制性或禁止性规定。故《补充协议》关于税费负担的约定并不违反税收管理方面的法律法规，属合法有效协议。

一锤定音！合同中完全可以约定由一方或第三人承担交易税费，不违法！

二、约定他人负担税费是否可以免除自己的纳税义务

既然可以约定由一方（买方）负担税费，这是否意味着另一方（卖方）什么事都不用管了？有了合同这个尚方宝剑，是否就可以免除自己的全部责任和义务了？

对于上述最高人民法院的判决，我们需要从以下几个方面来正确理解：

（1）纳税义务人是法定的，合同约定税费承担主体并不是对纳税人主体的变更。

（2）如果合同一方（买方）未按合同约定支付税费，则合同另一方（卖方）就需要依法自行纳税，并在纳税后，按合同约定向税费承担主体（买方）追偿。

（3）纳税人未依法纳税，导致出现滞纳金、罚款，如果合同未对该种情况进行约定，则该滞纳金和罚款仍由纳税人自己承担，纳税人只能对应缴纳的税费部分向税费承担主体追偿。

三、签订税费转嫁合同需重点关注什么内容

明白了上述道理，若在实务中再遇到由自己公司承担全部税费的情形，一定要在合同中详细注明以下事项：本公司按合同约定向纳税义务人支付全部税费后，如果责任方未按时纳税，导致出现滞纳金、罚款，由责任方（纳税义务人）自行负担；无论何种原因导致纳税义务人少缴税款，事后被税务机关追缴，该追缴部分由责任方（纳税义务人）自行负担；无论何种原因导致责任方（纳税义务人）多缴税款，事后被税务机关退回，该退回部分应在责任方（纳税义务人）收到款项之日起若干个工作日内返还本公司。

第二节　支付个人房屋租赁服务费的财税风险

开门做生意，首要的问题是需要一个经营场所。自己买房子，对于多数初创型的公司老板而言，都是奢望。退而求其次，只能租房。租房过程中，最常碰到的房东往往是个人。

与个人房东洽谈租金时，房东基本都会要求"净租金"，即所有与房屋租赁相关的税费概不负责，一律由承租人负担，而且通常都会在租赁合同中予以明示。

【例3-1】　出租人甲（自然人）和承租人乙签订房屋租赁合同，将甲的一处商铺出租给乙公司用于日常办公，双方约定月租金为35 000元，相关税费由承租人乙负担，合同经甲乙双方签字盖章后各自留存。

执行合同过程中，承租人乙按时向甲支付租金，出租人甲到主管税务机关（或税务机关指定地）代开发票。当地综合征收率为12%。

按照《营业税改征增值税试点有关事项的规定》（财税[2016]36号）的规定，其他个人出租其取得的不动产（不含住房），应按照5%的征收率计算应纳税额。

则每次代开发票时，承租人乙需要替出租人缴纳4 000元的税费。计算方法如下：

承租人乙应负担税额 = 35 000 ÷（1 + 5%）[⊖] × 12% = 4 000（元）

承租人乙缴税后取得两份凭证，一份是抬头为乙公司的35 000元租金发票，一份是抬头为出租人甲的4 000元"完税凭证"。那么乙公司替出租人甲负担的4 000元税款是否可以在税前列支？如果不能列支，有没有适合的方法规避类似风险？

一、替出租人负担的税款可否在承租人税前扣除

按照《企业所得税法》的规定，企业实际发生的与取得收入有关的、合理的支出，包括成本、费用、税金、损失和其他支出，准予在计算应纳税所得额时扣除。

按照《企业所得税法实施条例》的规定，《企业所得税法》所称的合理的支出，是指符合生产经营活动常规，应当计入当期损益或者有关资产成本的必要和正常的支出。

⊖　按照《财政部 税务总局关于增值税小规模纳税人减免增值税政策的公告》（财政部 国家税务总局公告2023年第19号）的规定，2027年12月31日前对月销售额10万元以下（含本数）的增值税小规模纳税人，免征增值税。

　　本案例中，为了便于说明问题，假定都按正常标准缴纳增值税。

那么承租人替出租人缴纳税款是与承租人取得收入有关的、合理的支出吗？关于这个问题，仁者见仁，智者见智。

本书观点为，承租人替出租人负担的税款未包括在租金内，该款项是承租人替出租人缴纳的本应由出租人负担的税款，属于与生产经营无关的支出，税前不得列支。

二、如何签订租赁合同可将替出租人负担的税费在税前扣除

解决问题的办法不是在模糊的问题上争论不休，而是要转变思路，换一种方式绕开争执，从根本上解决问题。

如上述案例，双方谈妥税后租金为 35 000 元，那么在合同中所列示的租金应按下列公式计算：

$$合同列示租金 - 合同列示租金 \div (1 + 5\%) \times 12\% = 35\,000\,(元)$$
$$合同列示租金 = 39\,516.13\,(元)$$

在签订合同时，约定月租金为 39 516.13 元，有关税费 4 516.13（39 516.13 ÷ (1 + 5%) × 12%）元由出租人自行缴纳（实际上还是承租人出钱）。这样，出租人缴纳税费后，最后实际得到的租金还是 35 000（39 516.13 − 4 516.13）元。

在这种情况下，出租人到税务机关代开发票，发票显示的租金为 39 516.13 元，承租人取得该发票后即可全额列支。

三、替出租人缴纳的税款如何做会计处理

（1）支付租金并取得租金发票时：

借：管理费用——租金　　　　　　　　　　39 516.13

　　贷：银行存款　　　　　　　　　　　　　　　　35 000.00

　　　　其他应付款　　　　　　　　　　　　　　　　4 516.13

（2）替出租人缴纳税款时：

借：其他应付款　　　　　　　　　　　　　4 516.13

　　贷：银行存款　　　　　　　　　　　　　　　　4 516.13

第三节　支付个人车辆租赁服务费的税收风险

对于处在"限号"城市的诸多企业来说，"能买车"变成了一件比中大奖都困难的事情。公司业务蒸蒸日上，日常运营少不了迎来送往，没车的日子的确不太"风光"。

从汽车租赁公司租车，价格太高，万一出现事故还要承担一定的损失，不太合适。干脆就租员工的车吧，办理公务时自己的车自己开，每月公司报销一定金额的燃油费、停车费、过路过桥费，钱也不多，大家都觉得合适，两全其美！

但这真的合适吗？其中可能存在哪些税务风险？

一、无租赁合同租用个人车辆支出有什么税收风险

公司租用员工车辆，没有签订车辆租赁合同，以报销油费、过路过桥费的形式支付租赁费，员工是否需要缴纳个人所得税呢？

按照《国家税务总局关于个人所得税有关政策问题的通知》（国税发[1999]58号）的规定，个人因公务用车和通讯制度改革而取得的公务用车、通讯补贴收入，扣除一定标准的公务费用后，按照"工资、薪金"所得项目计征个人所得税。按月发放的，并入当月"工资、薪金"所得计征个人所得税；不按月发放的，分解到所属月份并与该月份"工资、薪金"所得合并后计征个人所得税。公务费用的扣除标准，由省级地方税务局根据纳税人公务交通、通讯费用的实际发生情况调查测算，报经省级人民政府批准后确定，并报国家税务总局备案。

按照《国家税务总局大企业税收管理司关于2009年度税收自查有关政策问题的函》（企便函[2009]33号）[⊖]的规定，企业采用报销私家车燃油费等

⊖　按照《国家税务总局大企业税收管理司关于停止执行企便函[2009]33号文件的通知》（企便函[2011]24号）的规定，2009年，在组织部分总局定点联系企业开展税收自查过程中，为了明确自查补税的标准，国家税务总局印发了《国家税务总局大企业税收管理司关于2009年度税收自查有关政策问题的函》（企便函[2009]33号）。鉴于该项税收自查工作已经结束，经研究，决定停止执行企便函[2009]33号文件。尽管文件已经废止，但该文件的精神非常值得借鉴。

方式向职工发放交通补贴的行为，扣除一定标准的公务费用后，按照"工资、薪金"所得项目计征个人所得税。公务费用扣除标准由当地政府制定，如当地政府未制定公务费用扣除标准，按交通补贴全额的30%作为个人收入扣缴个人所得税。

因此，公司租用员工个人的车辆，如果不签订租赁合同，采用报销私家车燃油费等方式向个人支付车辆租赁费，实质上是向员工支付交通补贴，应并入员工的工资、薪金所得计算缴纳个人所得税。

二、有租赁合同租用个人车辆支出需注意什么问题

如果公司和员工签订了车辆租赁合同，在支付租赁费后报销燃油费、过路过桥费还属于给员工的交通补贴吗？

这就好比是从汽车租赁公司租了一辆车，支付租赁费后，汽车租赁公司开具发票。车辆在使用过程中发生的燃油费、过路过桥费都由企业自行负担，在企业所得税税前正常列支。没有政策规定要把该部分支出计入汽车租赁公司的收入。

因此，公司在向个人支付汽车租赁费后，在车辆正常使用期间，发生的燃油费、过路过桥费即便是由车辆所有权人在公司报销，也不应作为员工的交通补贴收入。北京市的政策可以作为该结论的一个证明。

按照国家税务总局北京市税务局的答疑，根据《企业所得税法》第八条的规定，企业实际发生的与取得收入有关的、合理的支出，包括成本、费用、税金、损失和其他支出，准予在计算应纳税所得额时扣除。

对于企业通过签订租赁协议租用个人车辆的，企业按照独立交易原则支付给个人的，与取得收入有关的、合理的租赁费，凭租赁费发票税前扣除。租赁合同约定的在租赁期间发生的，由承租方负担的且与承租方使用车辆有关的、合理的费用，包括油费、修理费、过路费、停车费等，凭合法有效凭据税前扣除；与车辆所有权有关的固定费用包括车船税、年检费、保险费等，不论是否由承租方负担均不予税前扣除。

三、个人取得车辆租赁收入需缴纳什么税款

个人将车辆出租给公司使用，取得的租赁收入，属于"营改增"中的有形动产租赁收入；取得的租赁所得，属于《个人所得税法》中的财产租赁所得。

（一）增值税

按照《营业税改征增值税试点实施办法》（财税[2016]36号）的规定，个人发生应税行为的销售额未达到增值税起征点的，免征增值税；达到起征点的，全额计算缴纳增值税。

增值税起征点幅度如下：按期纳税的，为月销售额5 000～20 000元（含本数）；按次纳税的，为每次（日）销售额300～500元（含本数）。

如果个人将车辆租赁给公司，每月收取5 000元租赁费，个人是否需要缴纳增值税呢？

如果将个人取得的租赁收入界定为按月计算销售额，未超过增值税起征点，个人无须缴纳增值税；如果将个人取得的租赁收入界定为按次计算销售额，则超过了增值税起征点，个人须缴纳增值税。

个人出租车辆，到底是按月计算销售额还是按次计算销售额呢？

增值税政策没有明确规定。

但按照《中华人民共和国个人所得税法实施条例》（以下简称《个人所得税法实施条例》）的规定，财产租赁所得，以1个月内取得的收入为1次。

如果参考个人所得税法的政策，则个人取得车辆租赁收入，应按次计算销售额，只要每月租金超过500元，个人就必须就租金全额计算缴纳增值税[⊖]！

⊖ 按照《财政部 税务总局关于增值税小规模纳税人减免增值税政策的公告》（财政部 国家税务总局公告2023年第19号）的规定，2027年12月31日前对月销售额10万元以下（含本数）的增值税小规模纳税人，免征增值税。

自然人出租车辆取得租金收入每月不超过10万元，是否能享受免征增值税优惠，实务中各地执行有差异，具体需要咨询主管税务机关。

（二）个人所得税

按照《个人所得税法》的规定，财产租赁所得，每次收入不超过四千元的，减除费用八百元；四千元以上的，减除百分之二十的费用，其余额为应纳税所得额，按百分之二十的税率计算缴纳个人所得税。

按照《个人所得税法》的规定，纳税人取得利息、股息、红利所得，财产租赁所得，财产转让所得和偶然所得，按月或者按次计算个人所得税，有扣缴义务人的，由扣缴义务人按月或者按次代扣代缴税款。

因此，公司租赁员工车辆，向员工支付租金时，即便员工到税务机关或其他可以代开发票的机构代开了增值税发票，公司仍然要履行代扣代缴个人所得税的义务（个别地方由税务机关或其他可以代开发票的机构已经全额代收个人所得税的除外），并在次月进行个人所得税纳税申报。

四、"私车公用"的几个实用建议

（1）私车可以公用，但必须签订租赁协议，且承租方需向出租方支付租金。在实际操作时，公司内部最好再制定一份《公司租用员工车辆管理办法》（以下简称《办法》），《办法》中应明确车辆使用的流程、审批程序、租赁费的计算标准等。在具体使用车辆时，应严格按照《办法》的规定履行审批手续，并做好车辆使用的记录。

（2）满足条件（1）的前提下，发生的汽油费、过路过桥费、维修费、停车费可正常报销并在企业所得税税前列支。车辆保险费、车船税、年检费不能报销，如果报销也不得在企业所得税税前列支。

（3）个人取得租金收入后可以向税务机关申请代开发票，部分地区也可以到邮局申请代开发票。

（4）企业向个人支付租金时，需按照财产租赁所得履行代扣代缴个人所得税的义务，并对员工的该部分财产租赁所得正常进行个人所得税申报。

第四节　支付餐饮服务费的税收风险

企业日常经营过程中，发生的餐饮服务费（以下简称餐费）支出是否均要计入招待费？招待费到底包括哪些内容？这是很多财税工作人员非常困惑的问题。

一、哪些费用是招待费

按照《财政部关于印发〈行政事业单位业务招待费列支管理规定〉的通知》（财预字 [1998]159 号）的规定，招待费是指行政事业单位为执行公务或开展业务活动需要合理开支的接待费用，包括在接待地发生的交通费、用餐费和住宿费。

按照国家税务总局北京市税务局 2019 年 11 月 12 日发布的《企业所得税实务操作政策指引》的规定，在实际操作中，企业因发生业务招待行为而产生的费用一般作为业务招待费。业务招待费通常包括与企业生产经营活动有关的宴请客户及因接待业务相关人员发生的餐费、住宿费、交通费和其他费用，以及向客户及业务相关人员赠送礼品等开支。

二、出差期间的餐费是否属于招待费

员工因公出差，除了住宿、交通外，吃饭更是必不可少。那么出差期间发生的餐费属于招待费还是属于差旅费呢？

按照《财政部关于印发〈中央和国家机关差旅费管理办法〉的通知》（财行 [2013]531 号）的规定，差旅费是指工作人员临时到常驻地以外地区公务出差所发生的城市间交通费、住宿费、伙食补助费和市内交通费。

伙食补助费按出差自然（日历）天数计算，按规定标准包干使用。目前执行的标准是，出差目的地在新疆、青海和西藏的，每天伙食费 120 元；出差目的地在其他地方的，每天伙食费 100 元。

因此，员工在出差期间，只要每天发生的餐费支出不超过上述标准，就属于差旅费支出，而不是招待费支出。当然，如果出差期间确实发生了招待客户的餐饮支出，即便金额未超过上述标准，依然要按招待费处理。

另外，由于上述文件规范的是中央和国家机关，作为企业，是否可以适用上述政策？由于国家有关部门并未发布针对企业的差旅费政策，在实务操作中，可参考上述政策执行。有关伙食补助标准，可由企业自定，但建议一般不要超过国家规定的标准。

三、会议期间的餐费是否属于招待费

公司日常经营过程中，为了确保经营目标的顺利实现，通常都会召开季度总结会、半年总结会、年度总结会。开会期间，少不了也要吃饭。此时发生的就餐费用是会议费还是招待费呢？

按照《中央和国家机关会议费管理办法》（财行 [2016]214 号）第十四条的规定，会议费开支范围包括会议住宿费、伙食费、会议场地租金、交通费、文件印刷费、医药费等。

因此，对于企业而言，无论是召开年会还是半年会，无论召开季度总结会还是月度总结会，在会议期间发生的餐费支出，均可按会议费处理。

另外，由于上述文件规范的是中央和国家机关，作为企业，是否可以适用上述政策？由于国家有关部门并未发布针对企业的会议费政策，在实务操作中，也可参考上述政策执行。

四、福利性质的餐费是否属于招待费

有的企业自设食堂，解决员工的午餐或一日三餐；有的企业没有食堂，但对于员工的午餐，公司会找一家合作饭店（馆）统一解决。这些餐费是招待费还是福利费？

按照《财政部关于企业加强职工福利费财务管理的通知》（财企 [2009]242 号）的规定，福利费包括职工食堂经费补贴。对于未办职工食堂的企业，统一供应午餐支出，也属于福利费。

因此，只要设立了食堂，食堂发生的支出基本都可归入福利费；没有设立食堂，统一供应的午餐支出，也属于福利费。至于其他如员工加班报销的餐费则不在福利费的范围之列。

五、招待费在财务和税务界定不一致时如何处理

仔细分析发现，上面所依据的文件全是财政部发布的关于餐费支出到底

该属于哪一性质费用的规定，除福利费外，国家税务总局并没有与此对应的政策对上述事项进行规范。也就是说，发生了上述情况的餐费（或食品费）支出，依据有效凭证分别计入差旅费、会议费或福利费，在税法上会被认可吗？

按照企业所得税汇算清缴纳税申报表——A100000《中华人民共和国企业所得税年度纳税申报表（A类）》填报说明的规定，纳税人在计算企业所得税应纳税所得额及应纳税额时，会计处理与税收规定不一致的，应当按照税收规定计算。税收规定不明确的，在没有明确规定之前，暂按国家统一会计制度计算。

因此，企业平时记账时，如果已经把所有的餐费均记入招待费，则汇算清缴时，基本都会按招待费进行纳税调整；如果在平时记账时，按照会计政策，把不同情况发生的餐费分别记入差旅费、会议费或福利费，则在企业所得税汇算清缴时，就不需要调整（如差旅费和会议费）或调整幅度可能比招待费要小（如福利费）。

因此，账记好了，从某种意义上讲，也是在帮企业省税。

第五节　支付礼品费的税收风险

做生意，迎来送往，请客送礼乃家常便饭。所谓"人在江湖，身不由己"，无论是否情愿，事情终归还是要做的，无非也就图个生意兴隆，财源广进。老板的心意大家心知肚明，偏偏财务部门看着各位领导为了维护客户关系而送过来的发票犯起了难。尽管不同票据的最终目的都是希望扩大公司收入，可到底哪些属于招待支出，哪些属于业务宣传支出呢？尤其是当发票内容属于礼品性质的支出时，这种判断有时会让人更抓狂。

一、招待费的界定

按照《财政部关于印发〈行政事业单位业务招待费列支管理规定〉的通知》（财预字[1998]159号）的规定，招待费是指行政事业单位为执行公务或开展业务活动需要合理开支的接待费用，包括在接待地发生的交通费、用餐费和住宿费。

二、业务宣传费的界定

企业发生的哪些费用属于宣传支出呢？一类是通过发布广告进行宣传；另一类是未通过广告，而是通过其他途径进行宣传。无论采取什么方法，无非都是为了扩大公司的影响力和知名度，不断增加公司产品或服务在市场中的占有率。

通过媒体发布广告的宣传费容易理解，未通过媒体发生的宣传费包括哪些呢？

从实务角度看，企业未通过媒体传播的广告性支出，如随机向客户（包括已经合作和未合作的客户）发放的印有自己公司标志的礼品、纪念品、印刷品等，都可视为宣传费支出。

三、礼品支出属于招待费还是宣传费

按照《国家税务总局关于中国移动通信集团公司有关所得税问题的通知》（国税函 [2003]847 号）的规定，中移动（中国移动通信集团公司）为留住老用户、发展新用户或鼓励入网和推广使用新业务，采用积分计划等各种营销方式，对具备一定消费条件的自有用户免费赠送一定的业务使用时长、流量或业务使用费额度，有价卡预存款和有价卡实物，SIM 卡，手机或手机补贴，其他有价物品或等价物等支出，应作为商业折扣或成本费用允许在税前扣除。给予已有用户或使用者（包括个人消费者和单位法人）的，凡是作为商业折扣给予单位使用者的，应在账面上反映；给予法人单位的特定人员（如业务联系人、单位领导等），应作为企业业务招待费按规定标准扣除；为宣传推广目的随机给予不确定客户（包括实际用户和潜在用户）的，应作为业务宣传费按规定标准扣除。

现行的《企业所得税法》对于招待费和业务宣传费具体包括哪些内容，并无明确的税收政策可以参考。我们暂且以上面的文件作为依据进行分析。

（1）送礼是招待费支出吗？按照《财政部关于印发〈行政事业单位业务招待费列支管理规定〉的通知》（财预字 [1998]159 号）的规定，招待费中没有送礼这一项。那就不应计入招待费。

但按照《国家税务总局关于中国移动通信集团公司有关所得税问题的通知》（国税函 [2003]847 号）的规定，如果礼品是给予法人单位的特定人员（如业务联系人、单位领导等），就应作为企业业务招待费处理。

（2）送礼是业务宣传支出吗？业务宣传费是未通过媒体的广告性支出。礼品支出是否满足这个要求呢？按照《国家税务总局关于中国移动通信集团公司有关所得税问题的通知》（国税函 [2003]847 号）的规定，如果礼品是为宣传推广目的随机给予不确定客户（包括实际用户和潜在用户）的，就应作为业务宣传费处理。

关键的问题是，如何界定赠送的礼品是以宣传推广为目的？

确实很难。不过，实务中，礼品上是否有公司的明显标志，如公司的名称、标识、电话等往往会成为判定是否属于宣传支出的重要参考因素。

四、实务中发生的礼品支出该如何处理

（1）公司为留住给公司创造价值比较高的老客户，希望老客户能和公司合作更多的业务，特意购置一批高档礼品送给客户。因为礼品有限，只能从符合条件的老客户中随机抽取。在送出去的礼品中，公司均在礼品上贴上公司 LOGO 并附公司最新产品手册，拍照后将照片与购置礼品的发票作为记账附件。

该业务既可以符合《国家税务总局关于中国移动通信集团公司有关所得税问题的通知》（国税函 [2003]847 号）的招待费界定（将礼品送给客户的特定联系人），也符合业务宣传费（随机抽取符合条件的高端客户）的界定，那应该按什么费用处理呢？

（2）公司为客户购置的礼品没有企业标志，如印刷了一批台历，台历上没有公司的任何介绍，只是作为吸引客户的一个小礼品随机发放，但确实是以宣传推广为目的随机给予不确定的客户（包括实际用户和潜在用户）。企

业按照《国家税务总局关于中国移动通信集团公司有关所得税问题的通知》（国税函 [2003]847 号）的规定计入业务宣传费，是否会被税务机关要求按招待费做纳税调整？

针对上述问题，尚无政策给予明确规范。企业在实务中还是要把控一个原则：凡事有度，过犹不及也！

小提示

礼品是一个非常敏感的问题，在可能的情况下，企业还是要尽可能通过销售折扣的方式赠送礼品，并在发票、合同上注明，最大限度降低企业的纳税风险。至于个别特殊事项，只能一事一议，另谋高策了。

第六节　支付员工商业保险的税收风险

为了吸引优秀人才、留住优秀人才，不断增强企业的核心竞争力，很多企业（包括初创企业）都制定了比较好的福利政策。除为员工正常缴纳社会保险和住房公积金之外，还会为员工购买商业保险。

为员工购买的商业保险能在企业所得税税前扣除吗？个人是否需要再缴纳个人所得税？

按照《企业所得税法实施条例》的规定，除企业依照国家有关规定为特殊工种职工支付的人身安全保险费和国务院财政、税务主管部门规定可以扣除的其他商业保险费外，企业为投资者或者职工支付的商业保险费，均不得在企业所得税税前扣除。

那么哪些商业保险属于国务院财政、税务主管部门规定可以扣除的商业保险呢？

一、为员工支付的补充保险是否可以税前列支

按照《财政部 国家税务总局关于补充养老保险费、补充医疗保险费有关企业所得税政策问题的通知》（财税 [2009]27 号）的规定，企业根据国家有

关政策规定，为在本企业任职或者受雇的全体员工支付的补充养老保险费、补充医疗保险费，分别在不超过职工工资总额 5% 标准内的部分，在计算应纳税所得额时准予扣除；超过的部分，不予扣除。

（一）通过商业保险公司购买的补充保险是否能够税前列支

基本养老和基本医疗，分别由国家社保部门和医保部门负责统筹，企业发生的该类支出，只要缴费基数不超标，均可正常在税前列支。

补充养老和补充医疗，没有政府部门负责统筹，企业通常都会寻求商业保险公司协助实施。在这种情况下，企业发生的补充保险支出，还能按 27 号公告的规定税前扣除吗？

1. 补充养老保险

参照北京市税务局 2019 年发布的《企业所得税实务操作政策指引》的规定，对于依法参加基本养老保险的企业，其通过商业保险公司为员工缴纳的具有补充养老性质的保险，可按照财税 [2009]27 号的有关规定从企业所得税前扣除。

目前各地执行口径基本一致，企业向保险公司付费后，取得保险公司开具的发票，只要金额不超过当年职工工资总额 5%，即可正常税前列支。

2. 补充医疗保险

按照《财政部 劳动保障部关于企业补充医疗保险有关问题的通知》（财社 [2002]18 号）的规定，企业补充医疗保险资金由企业或行业集中使用和管理，单独建账，单独管理，用于本企业个人负担较重职工和退休人员的医药费补助，不得划入基本医疗保险个人账户，也不得另行建立个人账户或变相用于职工其他方面的开支。

基于上述原则，企业的补充医疗保险资金应由企业或行业集中使用和管理。由于保险资金使用和管理的专业性，企业自行管理存在较大的难度，由行业管理基本没有可行性，是否允许企业委托商业保险公司进行管理呢？

国家层面上，没有看到具体规定。

地方层面上，如《天津市企业补充医疗保险暂行办法》(津政发 [2003]055 号）规定，企业补充医疗保险资金要单独建账，单独管理，不得划入基本医疗保险个人账户，也不得另行建立个人账户或变相用于职工其他方面的开支；企业可以自行管理也可委托商业保险公司承办企业补充医疗保险业务。

实务中，通过商业保险公司办理补充医疗保险比较常见。企业向商业保险公司支付补充医疗保险费后（不超过当年职工工资总额 5%），取得商业保险公司开具的发票，是否能够在当年企业所得税前列支呢？

不一定。

补充医疗保险的税前列支，更注重"实际发生"。对于企业提取的补充医疗保险费（自行管理）或通过保险公司购买补充医疗保险（委托保险公司管理并取得对方开具的发票），如果当年没有被员工使用或使用的范围不是医药费补助，参照北京市税务局 2019 年发布的《企业所得税实务操作政策指引》规定，也不能在企业所得税前列支。

（二）给部分员工购买的补充保险是否能够税前列支

财税 [2009]27 号规定，企业在标准范围内为全体员工支付的补充养老保险费、补充医疗保险费，才可以在税前列支。

这里的"全体员工"是否指在企业任职的所有人员？如果只是给部分人缴纳，是否还能税前列支？

以补充养老为例，由于补充养老涉及个人缴费，如果个人不同意，企业也不能强行要求员工缴纳，只能给同意缴纳的人办理补充养老保险。在这种情况下，企业就不是给全体员工支付补充养老，是否还能税前列支？如果能列支，计算补充养老的基数是全员工资还是参保人员的工资？

参照北京市税务局 2019 年发布的《企业所得税实务操作政策指引》规定，企业按规定缴纳的年金（补充养老），只要体现普惠性就符合政策本义，就可以按照财税 [2009]27 号的规定税前扣除。实际扣除时，以实际参加补充养老人员的工资总额作为计算基数。

二、为员工支付的意外险是否可以税前列支

按照《国家税务总局关于企业所得税有关问题的公告》（国家税务总局公告 2016 年第 80 号）的规定，企业职工因公出差乘坐交通工具发生的人身意外保险费支出，准予企业在计算应纳税所得额时扣除。

对于上述政策，要从以下两个方面理解：

（1）交通工具并未限定只能乘坐飞机，任何交通工具均可。

（2）职工必须是因公出差乘坐交通工具时购买的意外保险，如果员工个人旅游乘坐交通工具购买的意外保险，在账务上就不可以税前列支[⊖]。

三、为员工支付的特殊工种险是否可以税前列支

按照《企业所得税法实施条例》的规定，除企业依照国家有关规定为特殊工种职工支付的人身安全保险费和国务院财政、税务主管部门规定可以扣除的其他商业保险费外，企业为投资者或者职工支付的商业保险费，不得扣除。

哪些工种的人身安全保险费满足政策要求呢？

按照《〈中华人民共和国企业所得税法实施条例〉释义及适用指南》的解释，界定特殊工种职工的人身安全保险费，其依据必须是法定的。如《中华人民共和国建筑法》（以下简称《建筑法》）中规定，建筑施工企业必须为从事危险作业的职工办理意外伤害保险；《中华人民共和国煤炭法》（以下简称《煤炭法》）规定，煤矿企业必须为井下作业的职工办理意外伤害保险。

在没有法律规定的前提下，如果企业基于经营需要，自愿为职工购买所谓的人身安全保险，则发生的保险费支出不能税前扣除。

四、为员工支付的商业健康险是否可以税前列支

按照《财政部 国家税务总局 保监会关于将商业健康保险个人所得税试

⊖　按照国家税务总局北京市税务局 2019 年 11 月 12 日发布的《企业所得税实务操作政策指引》的规定，对于企业职工因公出差乘坐交通工具发生的人身意外保险费支出允许在企业所得税前扣除，其他人身意外险不属于财政部和国家税务总局规定允许扣除的商业险，因此企业给全体员工购买的集体人身意外险不得从税前扣除。

点政策推广到全国范围实施的通知》（财税 [2017]39 号）的规定，对个人购买符合规定的商业健康保险产品的支出，允许在当年（月）计算应纳税所得额时予以税前扣除，扣除限额为 2 400 元 / 年（200 元 / 月）。单位统一为员工购买符合规定的商业健康保险产品的支出，应分别计入员工个人工资、薪金，视同个人购买，按上述限额予以扣除。

其中，符合规定的商业健康保险，是指保险公司参照个人税收优惠型健康保险产品指引框架及示范条款开发的、符合规定条件的健康保险产品。

符合规定条件的个人税收优惠型健康保险产品，保险公司应按《中华人民共和国保险法》（以下简称《保险法》）的规定程序上报保监会⊖审批。

根据上述政策的规定，企业为员工购买商业健康险，需把控好以下几点：

（1）企业购买的商业健康产品符合规定的条件，并且保险公司已将该商业健康产品报保监会审批通过。

（2）企业为员工负担的补充医疗费应并入员工当月工资，正常计算缴纳个人所得税。

（3）每人每月 200 元税前扣除是在计算员工个人所得税时，从个人所得税税前扣除。

（4）公司向保险公司支付保险费后取得的发票，不是企业所得税税前扣除的有效凭证，该费用的税前扣除通过人工成本的税前列支实现。

五、为员工支付的雇主责任险是否可以税前列支

按照《关于〈国家税务总局关于责任保险费企业所得税税前扣除有关问题的公告〉的解读》的规定，雇主责任险、公众责任险等责任保险是参加责任保险的企业出现保单中所列明的事故，需对第三者如损害赔偿责任时，由承保人代其履行赔偿责任的一种保险。

雇主责任险是人身保险还是财产保险呢？是否可以税前扣除呢？

按照《保险法》的规定，责任保险属于财产保险业务。

⊖　根据《第十三届全国人民代表大会第一次会议关于国务院机构改革方案的决定》，保监会于 2018 年 3 月被撤销。现有关职责由银保监会履行。

按照《企业所得税法实施条例》的规定，企业参加财产保险，按照规定缴纳的保险费，准予税前扣除。

按照《国家税务总局关于责任保险费企业所得税税前扣除有关问题的公告》（国家税务总局公告 2018 年第 52 号）的规定，企业参加雇主责任险、公众责任险等责任保险，按照规定缴纳的保险费，准予在企业所得税税前扣除。

小提示

作为企业的经营者，增加员工的福利固然是好事，但不可在不了解财税政策的情况下盲目增加。企业一定要根据自身实际情况，参考国家财税政策，选择最适合的商业保险进行购买，将企业的涉税风险降至最低。

第七节　支付福利费的财税风险

除了工资外，很多企业都会制定一些特殊的福利政策以吸引人才、留住人才。诸如公司旅游、带薪假期、节假日补助等不一而足。福利费可以随意使用吗？作为员工个人，可以高枕无忧地享受公司的高福利吗？

一、哪些支出属于福利费

（一）会计规定

按照《财政部关于企业加强职工福利费财务管理的通知》（财企 [2009]242 号）的规定，福利费包括发放给职工或为职工支付的以下各项现金补贴和非货币性集体福利，具体内容有：

（1）为职工卫生保健、生活等发放或支付的各项现金补贴和非货币性福利，包括职工因公外地就医费用、暂未实行医疗统筹企业职工医疗费用、职工供养直系亲属医疗补贴、职工疗养费用、自办职工食堂经费补贴或未办职工食堂统一供应午餐支出、符合国家有关财务规定的供暖费补贴和防暑降温费等。

（2）企业尚未分离的内设集体福利部门所发生的设备、设施和人员费用，包括职工食堂、职工浴室、理发室、医务所、托儿所、疗养院、集体宿舍等集体福利部门设备、设施的折旧、维修保养费用以及集体福利部门工作人员的工资薪金、社会保险费、住房公积金、劳务费等人工费用。

（3）职工困难补助，或者企业统筹建立和管理的专门用于帮助、救济困难职工的基金支出。

（4）离退休人员的统筹外费用，包括离休人员的医疗费及离退休人员的其他统筹外费用。而企业重组涉及的离退休人员统筹外费用，按照《财政部关于企业重组有关职工安置费用财务管理问题的通知》（财企 [2009]117 号）执行。国家另有规定的，从其规定。

（5）按规定发生的其他职工福利费，包括丧葬补助费、抚恤费、职工异地安家费、独生子女费、探亲假路费，以及符合企业职工福利费定义（指企业为职工提供的除职工工资、奖金、津贴、纳入工资总额管理的补贴、职工教育经费、社会保险费和补充养老保险费（年金）、补充医疗保险费及住房公积金以外的福利待遇支出，包括发放给职工或为职工支付的各项现金补贴和非货币性集体福利），但没有包括在本通知各条款项目中的其他支出。

企业职工发放的福利费不含以下内容：

（1）公司为职工发放的工资、奖金、津贴、纳入工资总额管理的补贴。

（2）公司负担的职工教育经费。

（3）公司负担的社会保险费和住房公积金。

（4）公司为员工缴纳的补充养老保险费（年金）、补充医疗保险费。

（二）企业所得税规定

按照《国家税务总局关于企业工资薪金及职工福利费扣除问题的通知》（国税函 [2009]3 号）的规定，《企业所得税法实施条例》中所称的职工福利费，包括以下内容：

（1）尚未实行分离办社会职能的企业，其内设福利部门所发生的设备、设施和人员费用，包括职工食堂、职工浴室、理发室、医务所、托儿所、疗养院等集体福利部门的设备、设施及维修保养费用和福利部门工作人员的工资薪金、社会保险费、住房公积金、劳务费等。

（2）为职工卫生保健、生活、住房、交通等所发放的各项补贴和非货币性福利，包括企业向职工发放的因公外地就医费用、未实行医疗统筹企业职工医疗费用、职工供养直系亲属医疗补贴、供暖费补贴、职工防暑降温费、职工困难补贴、救济费、职工食堂经费补贴、职工交通补贴等。

（3）按照其他规定发生的其他职工福利费，包括丧葬补助费、抚恤费、安家费、探亲假路费等。

（三）政策差异

从政策层面看，无论是会计规定还是企业所得税规定，福利费的内容大同小异。但在具体细节上还要有所区分。

（1）未办职工食堂统一供应午餐支出。按照会计政策的规定，该支出应计入"福利费"，但按照企业所得税政策的规定，该支出不属于列举的"福利费"，在企业所得税汇算清缴时，就不能按照福利费的标准在税前列支。

（2）未在文件中列举的福利性质支出。此类支出比较常见的包括团队活动、员工生病慰问、节假日补助等。按照会计政策的规定，该类支出也满足福利费的定义，会计处理时可以计入"福利费"，但按照企业所得税政策的规定，该支出不属于列举的"福利费"，在企业所得税汇算清缴时，就不能按照福利费的标准在税前列支。

二、福利费在税前列支需注意哪些问题

（一）把握好扣除标准

按照《企业所得税法实施条例》的规定，企业发生的职工福利费支出，不超过工资、薪金总额14%的部分，准予扣除。

因此，企业在年度内发生的福利费，如果超过规定标准，超标的部分不仅当年不能扣除，以后年度也不得扣除。所以，福利费列支太多，企业很可能还要付出额外的税收代价。

(二) 把握好工资、薪金总额的口径

在确认工资总额时，注意区分以下两个实务问题。

1. 福利部门人员的工资是否属于工资总额

按照《国家税务总局关于企业工资薪金及职工福利费扣除问题的通知》（国税函[2009]3号）的规定，公司给福利部门员工发放的工资属于福利费。计算福利费的基数——工资薪金总额，是企业实发工资薪金的总和，不包括福利费。

因此，福利部门员工的工资不属于工资总额。

2. 未计入当期成本费用的工资是否属于工资总额

按照《职工薪酬支出及纳税调整明细表》填报说明的规定，工资薪金支出的税收金额是计入当期成本费用且实际发生的金额。当期资本化的工资支出，若在汇缴年度未转入无形资产，就意味着未计入当期成本费用，该工资也就不能计入当年的"工资总额"。

与此类似，生产企业的车间工人发生的工资，结转至当期库存商品，若产品未在当期实现销售，则车间人员的工资也不能计入当期"工资总额"。

类似于上述资本化的工资，当期实际发生后，需要等到未来摊销时（或产品销售时），才能计入摊销所对应年度的"工资薪金支出"税收金额（即工资总额）。

【例3-2】　A公司20X1年账面记载的工资薪金总额200万元（在20X2年1月全部发放完毕），其中有部分研发人员工资50万元，计入"研发支出——资本化支出"科目（当年未形成无形资产），福利部门员工工资30万元。相关会计分录如下。

工资资本化的会计处理：

借：研发支出——资本化支出——XX项目——工资　500 000

　　贷：应付职工薪酬——工资　　　　　　　　　　　　　500 000

福利部门工资的会计处理：

借：管理费用——职工福利费   300 000

  贷：应付职工薪酬——福利费   300 000

其他工资正常计入当期成本费用。

A 公司 20X2 年做 20X1 年企业所得税汇算清缴，在填写《A105050——职工薪酬支出及纳税调整明细表》第一行"工资薪金支出"栏时，需要按以下逻辑处理。

（1）"账载金额"。

按上述分析，20X1 年 A 公司为福利部门员工发放的 30 万元不能在此填列，而应在《A105050——职工薪酬支出及纳税调整明细表》第三行"职工福利费支出"填报。

20X1 年资本化的工资薪金 50 万元由于未计入 20X1 年成本费用，也不能在此填列，只能待未来摊销时才能填写。

因此，A 公司 20X1 年工资薪金支出的"账载金额"应填写为 120（= 200 − 30 − 50）万元。

（2）实际发生额。

按照《职工薪酬支出及纳税调整明细表》的填报说明，"工资薪金支出"的实际发生额应为纳税人"应付职工薪酬"会计科目借方发生额（实际发放的工资薪金）。

该案例中，实际发生额应按 170 万元填写（扣除福利部门人员的工资支出，其他人员的工资按实际发放额在此填报）。

（3）税收金额。

按照《职工薪酬支出及纳税调整明细表》的填报说明，"工资薪金支出"的税收金额应为纳税人按照税收规定允许税前扣除的金额，按照"账载金额"和"实际发生额"填报，这里应注意，不是按孰小原则填报，也不是按实际发生额填报。

基于上述分析，该案例中，"税收金额"应按"账载金额"120 万元填写。

（4）资本化的工资薪金在未来年度填报。

如果严格按此执行，企业需要对资本化的工资薪金支出进行精确核算，资本化的部分要等到未来摊销时才能在"账载金额"填报。

按此逻辑，未来就可能会出现这样的情况。

假设 A 公司 20X2 年 1 月将资本化的部分转入无形资产，并开始按 10 年期摊销，每年摊销 5（= 50÷10）万元。A 公司 20X1 年 12 月将福利部门裁撤，20X2 年账载工资薪金共 100 万元（均在当年实际发放），全部计入 20X2 年当期成本费用（没有计入福利费的工资薪金支出），则 20X3 年做 20X2 年度企业所得税汇算清缴时，A 公司工资薪金的"账载金额"为 105 万元（20X2 年当年发生的且计入当年成本费用的金额 100 万元，资本化支出转入无形资产，20X2 年摊销额 5 万元），实际发生额 100 万元，税收金额 105 万元，出现当期税收金额大于当期实际发生额的情况。

第八节　支付旅游费的税收风险

每年七八月都是各个单位组织员工旅游的旺季，消遣放松之余，丰富了员工的集体生活，提高了团队凝聚力。员工高兴，老板开心，皆大欢喜。旅游归来，唯独财务人员拿着旅行社开具的旅游费发票却开始犯难了，这到底属于什么支出呢？

一、旅游是否属于员工的工资所得

按照《财政部 国家税务总局关于企业以免费旅游方式提供对营销人员个人奖励有关个人所得税政策的通知》（财税 [2004]11 号）的规定，在商品营销活动中，企业和单位对营销业绩突出人员以培训班、研讨会、工作考察等名义组织旅游活动，通过免收差旅费、旅游费对个人实行的营销业绩奖励（包括实物、有价证券等），应根据所发生费用全额计入营销人员应税所得，依法征收个人所得税，并由提供上述费用的企业和单位代扣代缴。其中，对企业雇员享受的此类奖励，应与当期的工资薪金合并，按照"工资、薪金所得"项目征收个人所得税；对其他人员享受的此类奖励，应作为当期的劳务收入，按照"劳务报酬所得"项目征收个人所得税。

2012年9月24日，国家税务总局纳税服务司针对旅游费的问题进行答疑，纳税服务司明确表示，公司发生的旅游费支出，不能作为职工福利费列支。

因此，公司组织员工旅游，无论是集体一起出游，还是个人在指定旅游公司的安排下分别出游（由公司统一结算），实质上都属于员工因为在公司任职而取得的一项非货币所得，应并入员工工资所得计算缴纳个人所得税。

二、旅游是否属于福利费

按照本章第七节"支付福利费的财税风险"的有关分析，无论是《财政部关于企业加强职工福利费财务管理的通知》（财企 [2009]242 号）还是《国家税务总局关于企业工资薪金及职工福利费扣除问题的通知》（国税函 [2009]3 号），在会计政策和企业所得税政策中所列举的福利费均不包含旅游费。

但《财政部关于企业加强职工福利费财务管理的通知》（财企 [2009]242 号）在列举的福利费中还有一个兜底条款，即符合企业职工福利费定义但没有包括在本通知各条款项目中的其他支出也属于福利费。

公司组织员工旅游的支出也能满足职工福利费的定义（指企业为职工提供的除职工工资、奖金、津贴、纳入工资总额管理的补贴、职工教育经费、社会保险费和补充养老保险费（年金）、补充医疗保险费及住房公积金以外的福利待遇支出，包括发放给职工或为职工支付的各项现金补贴和非货币性集体福利）要求。

按照《国家税务总局纳税服务司关于下发营改增热点问题答复口径和营改增培训参考材料的函》（税总纳便函 [2016]71 号）的规定，进项税额不得抵扣的项目包括旅客运输服务⊖、贷款服务、餐饮服务、居民日常服务和娱乐

⊖　按照《财政部 税务总局 海关总署关于深化增值税改革有关政策的公告》（财政部 税务总局 海关总署公告 2019 年第 39 号）的规定，自 2019 年 4 月 1 日起，纳税人购进国内旅客运输服务，其进项税额允许从销项税额中抵扣。

服务等，并未包括旅游服务。

文件同时规定，旅游服务的进项税额能否抵扣，应从以下方面把握：如果这项旅游服务用于集体福利或者个人消费，支付的旅游费不能作为进项税额抵扣。但是，如果支付的旅游费用于生产经营，比如公务考察时，由旅游公司统一安排交通和住宿，支付给旅游公司的支出属于用于生产经营的，这部分费用支出的进项税额是可以抵扣的，即旅游服务支出用于生产经营作为进项税额才能抵扣，用于集体福利和个人消费则不能抵扣。

因此，公司只要发生组织员工以游玩、放松为目的的旅游支出，实质上也相当于公司为员工提供了一项非货币性的福利，应按福利费对待。

三、旅游费支出的进项税额能否抵扣

增值税一般纳税人组织员工旅游，取得了增值税专用发票，其进项税额是否可以抵扣呢？

（一）不能抵扣

按照《国家税务总局纳税服务司关于下发营改增热点问题答复口径和营改增培训参考材料的函》（税总纳便函 [2016]71 号）的规定，公司只要发生组织员工以游玩为目的的旅游支出，就属于福利费，即便一般纳税人取得增值税专用发票，进项税额也不得抵扣。

（二）可以抵扣

按照本节第一部分的分析，公司组织员工旅游，属于员工取得的非货币性工资所得。

按照《营业税改征增值税试点实施办法》（财税 [2016]36 号）的规定，单位或者个体工商户聘用的员工为本单位或者雇主提供取得工资的服务属于非经营活动，不征增值税。

也就是说，公司为了支付员工的工资而发生了一项采购，且采购的内容是旅游服务，公司将采购的旅游服务用于不征增值税项目，进项税额是否可

以抵扣呢？

按照《营业税改征增值税试点实施办法》(财税 [2016]36 号）的规定，增值税一般纳税人下列项目的进项税额不得从销项税额中抵扣：

（1）用于简易计税方法计税项目、免征增值税项目、集体福利或者个人消费的购进货物、加工修理修配劳务、服务、无形资产和不动产。其中涉及的固定资产、无形资产、不动产，仅指专用于上述项目的固定资产、无形资产（不包括其他权益性无形资产）、不动产。

纳税人的交际应酬消费属于个人消费。

（2）非正常损失的购进货物，以及相关的加工修理修配劳务和交通运输服务。

（3）非正常损失的在产品、产成品所耗用的购进货物（不包括固定资产）、加工修理修配劳务和交通运输服务。

（4）非正常损失的不动产，以及该不动产所耗用的购进货物、设计服务和建筑服务。

（5）非正常损失的不动产在建工程所耗用的购进货物、设计服务和建筑服务。纳税人新建、改建、扩建、修缮、装饰不动产，均属于不动产在建工程。

（6）购进的旅客运输服务⊖、贷款服务、餐饮服务、居民日常服务和娱乐服务。

（7）财政部和国家税务总局规定的其他情形。

上述不得从销项税额中抵扣的事项不包括购进的服务用于不征增值税项目。也就是说，公司将采购的旅游服务用于不征增值税项目，进项税额可以抵扣！

小提示

同一个事项，经过分析，得出了完全不同的结果！如果您的公司就是增

⊖ 按照《财政部 税务总局 海关总署关于深化增值税改革有关政策的公告》(财政部 税务总局 海关总署公告 2019 年第 39 号）的规定，自 2019 年 4 月 1 日起，纳税人购进国内旅客运输服务，其进项税额允许从销项税额中抵扣。

值税一般纳税人，取得旅游服务费增值税专用发票，是选择抵扣呢，还是选择不抵扣呢？

安全起见，还是建议选择不抵扣。

第九节　报销个人支出的税收风险

"企业法人"和"企业法定代表人"，这是许多人都非常容易混淆的概念。

企业法人，不是自然人，而是指企业自身；企业法定代表人（本书仅讨论自然人股东作为法定代表人的情况），指的是可以代表企业行使职权的自然人。

由于实务中很多人将二者混为一谈，也就想当然地认为，法定代表人的一切支出就是法人的支出，在企业正常报销也就顺理成章。如此操作，不仅存在企业所得税风险，还有个人所得税风险。

我们先看一个现实的案例。

【例 3-3】　根据工作安排，青岛市国税稽查人员对青岛立隆佳自动化有限公司纳税和发票使用情况进行了纳税检查。经查，该单位法定代表人陶某购买家用电器、家装材料、家居用品用于个人消费，购买时直接支付现金，取得青岛某商业有限公司开具的普通发票25份，计入单位账簿"管理费用——办公费"30万元。事后陶某将发票交与财务人员报销，进行税前扣除，未做纳税调整，其明知道购进的物品用于个人消费，仍开具办公用品到单位报销，构成主观故意偷税。由于该公司2012年偷税数额达8.46万元，被税务机关罚款4.23万元，同时偷税比例达12.14%，移送公安机关做进一步处理。

上述案例中，陶某作为公司的法定代表人，其个人支出为何不能在公司报销呢？

对此案例，我们进一步分析如下。

一、个人支出在公司报销可否税前列支

按照《企业所得税法》的规定，与取得收入无关的其他支出在计算应纳税所得额时，不得扣除。

法定代表人的个人或家庭的消费支出（如家庭住宅的物业费支出、幼儿教育支出等），即使要求供应商将发票抬头开成企业名称，但因其消费活动不符合生产经营活动常规，也属于与收入无关的支出，税前不得列支。

二、个人支出在公司报销是否缴纳个人所得税

按照《财政部 国家税务总局关于规范个人投资者个人所得税征收管理的通知》（财税 [2003]158 号）的规定，企业（不含个人独资企业和合伙企业）的个人投资者，以企业资金为本人、家庭成员及其相关人员支付与企业生产经营无关的消费性支出及购买汽车、住房等财产性支出，视为企业对个人投资者的红利分配，依照"利息、股息、红利所得"项目计征个人所得税。

小提示

无论是企业所得税还是个人所得税，只要上述风险发生，按照《税收征收管理法》的有关规定，同时还会伴随滞纳金和罚款的风险。

作为公司老板，即便是自己能控制的资金，也不是随便就可以装到自己腰包里的。尽管规定已经很清楚，但总会有"无知"的"勇敢"人士"前赴后继"，不断撞向税务的枪口。正所谓"秦人不暇自哀，而后人哀之；后人哀之而不鉴之，亦使后人而复哀后人也"！

切记，君子爱财，取之有道！

第四章

发票的涉税风险

第一节 如何界定有效发票

企业在日常经营中，接触最多的票据就是发票。尤其是在发生采购支出时，获取发票又是内部控制不可或缺的环节。

按照《国家税务总局关于发布〈企业所得税税前扣除凭证管理办法〉的公告》（国家税务总局公告 2018 年第 28 号）的规定，企业发生支出，应取得税前扣除凭证，作为计算企业所得税应纳税所得额时扣除相关支出的依据。

因此，在发生业务往来时，取得合法有效凭证，又是税务管理的重中之重。

按照《国家税务总局关于发布〈企业所得税税前扣除凭证管理办法〉的公告》（国家税务总局公告 2018 年第 28 号）的规定，税前扣除凭证按照来源分为内部凭证和外部凭证。

内部凭证是指企业自制用于成本、费用、损失和其他支出核算的会计原始凭证。内部凭证的填制和使用应当符合国家会计法律、法规等相关规定。

外部凭证是指企业发生经营活动和其他事项时，从其他单位、个人取得的用于证明其支出发生的凭证，包括但不限于发票（包括纸质发票和电子发票）、财政票据、完税凭证、收款凭证、分割单等。

那么，对于企业在实务中最常见的扣除凭证——发票，如何界定其有效性呢？

一、哪些票据属于不合规发票

（一）假发票

如果企业在日常经营中取得的是假发票，则该发票肯定不属于合法有效凭据，税前当然不能扣除。

（二）发票抬头是其他公司

按照《企业所得税法》规定，与取得收入无关的其他支出在计算应纳税所得额时，税前不得扣除。

企业在经营中取得的发票抬头是其他公司的名称，通常说明企业替他人承担了费用，该支出与企业收入无关，税前不得扣除。

一般情况确实如此，但考虑到经济业务的复杂性，实际工作中也有例外。

按照《国家税务总局关于发布〈企业所得税税前扣除凭证管理办法〉的公告》（国家税务总局公告 2018 年第 28 号）的规定，企业与其他企业（包括关联企业）、个人在境内共同接受应纳增值税劳务发生的支出，采取分摊方式的，应当按照独立交易原则进行分摊，企业以发票和分割单作为税前扣除凭证，共同接受应税劳务的其他企业以企业开具的分割单作为税前扣除凭证。

在上述政策情境中，企业通常无法获取单独为自己开具的发票，只要有其他辅助证据能够证明发票与取得收入相关，那么取得抬头为其他公司的发票（复印件）和分割单也可以作为税前列支的凭证。

（三）发票抬头不完整

按照《中华人民共和国发票管理办法实施细则》（以下简称《发票管理办法实施细则》）的规定，单位和个人在开具发票时，必须做到填写项目齐全，内容真实。

按照《国家税务总局关于进一步加强普通发票管理工作的通知》（国税发[2008]80 号）的规定，在日常检查中发现纳税人使用不符合规定发票特别是没有填开付款方全称的发票，不得允许纳税人用于税前扣除、抵扣税款、出口退税和财务报销。

因此，对于抬头不完整的发票，无论在会计上还是在税务上，都属于不合规票据，企业取得该类发票不能用于税前扣除。

（四）发票抬头是个人

多数情况下，发票抬头为个人的，通常属于个人消费支出，不属于与收入直接相关的支出。企业以此类发票入账，税前一般无法扣除。

但遇到以下情况时，发票抬头是个人，企业依然可以正常在税前列支。

（1）属于公司正常经营支出，如员工出差发生的火车票、机票款。

（2）因公外地就医费用、未实行医疗统筹企业职工医疗费用，属于《国家税务总局关于企业工资薪金及职工福利费扣除问题的通知》（国税函[2009]3号）第三条第（二）项所规定的福利费，不超过工资薪金总额 14%的部分，可据实扣除。

（3）疫情期间员工个人发生的核酸检测支出，取得抬头为个人的财政收据。该支出属于劳动保护性质的费用，公司可按劳保费全额列支。

（五）发票上无纳税人识别号或统一社会信用代码

按照《国家税务总局关于增值税发票开具有关问题的公告》（国家税务总局公告 2017 年第 16 号）的规定，自 2017 年 7 月 1 日起，购买方为企业的，索取增值税普通发票时，应向销售方提供纳税人识别号或统一社会信用代码；销售方为其开具增值税普通发票时，应在"购买方纳税人识别号"栏填写购买方的纳税人识别号或统一社会信用代码。不符合规定的发票，不得作为税收凭证。

依据上述规定，是否就可以得出结论，即便是增值税普通发票，管理也越来越严格，以后发生购买行为，在索取增值税发票时，都必须要在发票上注明购买方纳税人的识别号或统一社会信用代码吗？

答案是不一定。

以下增值税发票，尽管不能同时满足上述要求，但只要是公司正常经营发生的支出，依然是有效凭证，可以税前列支。

（1）增值税定额发票。

（2）公司员工因公外出发生的交通费（出租车票、长途汽车发票、火车票、飞机票、轮船票）。

另外，需要注意的是，是否只要在 2017 年 7 月 1 日之后报销的发票，也需要满足上述政策要求呢？非也！

政策只是规定了 2017 年 7 月 1 日之后销售方开具的发票需要满足上述要求，对于企业取得的 2017 年 6 月 30 日及之前由销售方开具的增值税普通发票，在 2017 年 7 月 1 日之后（2017 年 12 月 31 日前）入账报销的，即便没有纳税人识别号或统一社会信用代码，在满足其他政策要求的情况下，依然可以作为有效凭证在税前列支。

（六）当期列支成本、费用却未取得发票

按照《国家税务总局关于企业所得税若干问题的公告》（国家税务总局公告 2011 年第 34 号）的规定，企业当年度实际发生的相关成本、费用，由于各种原因未能及时取得该成本、费用的有效凭证，企业在预缴季度所得税时，可暂按账面发生金额进行核算；但在汇算清缴时，应补充提供该成本、费用的有效凭证。

按照《国家税务总局关于发布〈企业所得税税前扣除凭证管理办法〉的公告》（国家税务总局公告 2018 年第 28 号）的规定，企业应在当年度企业所得税法规定的汇算清缴期结束前取得税前扣除凭证。企业应当取得而未取得发票、其他外部凭证或者取得不合规发票、不合规其他外部凭证的，若支出真实且已实际发生，应当在当年度汇算清缴期结束前，要求对方补开、换开发票、其他外部凭证。补开、换开后的发票、其他外部凭证符合规定的，可以作为税前扣除凭证。

因此，如果企业在汇算清缴时未取得汇缴年度发生的成本、费用票据，则该成本、费用就不能税前扣除，需做纳税调增处理。

但也有例外情况。

第一种情况：有特殊原因无法取得补开、换开发票。

按照《国家税务总局关于发布〈企业所得税税前扣除凭证管理办法〉的公告》(国家税务总局公告 2018 年第 28 号)的规定,如果企业在当年度汇算清缴期结束前,要求对方补开、换开发票、其他外部凭证时,由于对方注销、撤销、依法被吊销营业执照、被税务机关认定为非正常户等特殊原因无法补开、换开发票、其他外部凭证,企业可凭以下资料证实支出真实性后,其支出允许税前扣除:

(1)无法补开、换开发票、其他外部凭证原因的证明资料(包括工商注销、机构撤销、列入非正常经营户、破产公告等证明资料)。

(2)相关业务活动的合同或者协议。

(3)采用非现金方式支付的付款凭证。

(4)货物运输的证明资料。

(5)货物入库、出库内部凭证。

(6)企业会计核算记录以及其他资料。

前款第(1)项至第(3)项为必备资料。

第二种情况:汇算清缴结束后才取得属于汇缴期间的发票。

按照《国家税务总局关于发布〈企业所得税税前扣除凭证管理办法〉的公告》(国家税务总局公告 2018 年第 28 号)的规定,除发生该办法第十五条⊖规定的情形外,企业以前年度应当取得而未取得发票、其他外部凭证,且相应支出在该年度没有税前扣除的,在以后年度取得符合规定的发票、其他外部凭证或者按照该办法第十四条⊜的规定提供可以证实其支出真实性的

⊖ 汇算清缴期结束后,税务机关发现企业应当取得而未取得发票、其他外部凭证或者取得不合规发票、不合规其他外部凭证并且告知企业的,企业应当自被告知之日起 60 日内补开、换开符合规定的发票、其他外部凭证。其中,因对方特殊原因无法补开、换开发票、其他外部凭证的,企业应当按照本办法第十四条的规定,自被告知之日起 60 日内提供可以证实其支出真实性的相关资料。

⊜ 企业在补开、换开发票、其他外部凭证过程中,因对方注销、撤销、依法被吊销营业执照、被税务机关认定为非正常户等特殊原因无法补开、换开发票、其他外部凭证的,可凭以下资料证实支出真实性后,其支出允许税前扣除:①无法补开、换开发票、其他外部凭证原因的证明资料(包括工商注销、机构撤销、列入非正常经营户、破产公告等证明资料);②相关业务活动的合同或者协议;③采用非现金方式支付的付款凭证;④货物运输的证明资料;⑤货物入库、出库内部凭证;⑥企业会计核算记录以及其他资料。前款第①项至第③项为必备资料。

相关资料，相应支出可以追补至该支出发生年度税前扣除，但追补年限不得超过五年。

按照上述规定，该类发票需要追补至发生年度税前扣除，而且不能超过5年的期限。这也就意味着，企业需要对发生年度的企业所得税进行补充申报，重新计算并申报该年度的应纳所得税额。

（七）跨期发票

按照《企业所得税法实施条例》的规定，企业应纳税所得额的计算，以权责发生制为原则，属于当期的收入和费用，不论款项是否收付，均作为当期的收入和费用；不属于当期的收入和费用，即使款项已经在当期收付，均不作为当期的收入和费用。《企业所得税法实施条例》和国务院财政、税务主管部门另有规定的除外。

因此，如果企业在当年确认成本、费用时，使用的是上年度的发票（如某些企业经常会在当年1月使用上年的发票作为1月的成本费用），这就违反了上述权责发生制原则，该类发票不属于有效发票，不能在企业所得税税前列支。

（八）向个人采购劳务取得收据

企业在日常经营中雇用兼职人员支付的劳务费，如果仅取得个人的收据，是否可以作为税前扣除的合规票据呢？

按照《国家税务总局关于发布〈企业所得税税前扣除凭证管理办法〉的公告》（国家税务总局公告2018年第28号）的规定，企业在境内发生的支出项目属于增值税应税项目，对方为从事小额零星经营业务的个人，其支出以税务机关代开的发票或者收款凭证及内部凭证作为税前扣除凭证，收款凭证应载明收款单位名称、个人姓名及身份证号、支出项目、收款金额等相关信息。

小额零星经营业务的判断标准是个人从事应税项目经营业务的销售额不超过增值税相关政策规定的起征点。

按照《财政部 国家税务总局关于全面推开营业税改征增值税试点的通知》（财税 [2016]36 号）附件 1《营业税改征增值税试点实施办法》的规定，增值税起征点幅度为，按期纳税的，为月销售额 5 000～20 000 元（含本数）；按次纳税的，为每次（日）销售额 300～500 元（含本数）。

公司向自然人支付劳务费，个人按照《个人所得税法》规定的劳务范围提供的劳务，属于增值税应税项目。按照上述规定，如果企业支付金额超过起征点，则个人不满足小额零星的标准，个人需到税务机关代开发票，企业以取得的发票作为税前扣除凭证；如果支付金额未超过起征点，则个人满足小额零星的标准，企业可以要求个人到税务机关代开发票作为扣除凭证，也可以用收款凭证及内部凭证作为税前扣除凭证，但收款凭证应载明个人姓名及身份证号、支出项目、收款金额等相关信息。

问题是，增值税的起征点有按次和按月之分，个人取得劳务报酬，适用按期纳税的起征点还是按次纳税的起征点？

按照《个人所得税法实施条例》的规定，劳务报酬所得按次计算。

按照《个人所得税偷税案件查处中有关问题的补充通知》（国税函发 [1996]602 号）关于劳务报酬所得"次"的规定，《个人所得税法实施条例》第二十一条规定"属于同一项目连续性收入的，以一个月内取得的收入为一次"，考虑属地管辖与时间划定有交叉的特殊情况，统一规定以县（含县级市、区）为一地，其管辖内的一个月内的劳务服务为一次；当月跨县地域的，则应分别计算。

税务机关是否会依据上述个人所得税法的规定，把个人取得的劳务报酬所得，按次确认增值税起征点呢？

按照《国家税务总局关于个人保险代理人税收征管有关问题的公告》（国家税务总局公告 2016 年第 45 号）的规定，接受税务机关委托代征税款的保险企业、证券企业、信用卡企业和旅游企业，向个人保险代理人、证券经纪人、信用卡和旅游等行业的个人代理人支付佣金费用后，可代个人统一向主管税务机关申请汇总代开增值税普通发票或增值税专用发票。

国家税务总局 2019 年 4 月 18 日网上答疑[⊖]：小规模纳税人增值税月销售额免税标准提高到 10 万元这项政策，同样适用于个人保险代理人为保险企业提供保险代理服务。同时，保险企业仍可按照《国家税务总局关于个人保险代理人税收征管有关问题的公告》（国家税务总局公告 2016 年第 45 号）相关规定，向主管税务机关申请汇总代开增值税发票，并可按规定适用免税政策。

从上述规定可以看出，自然人为保险企业、证券企业、信用卡企业和旅游企业提供特定的劳务服务，按月计算销售额，可享受小规模纳税人的增值税优惠政策。

自然人提供上述特定劳务以外的其他劳务服务，如果签订长期合同，且合同约定个人的劳务报酬按月计算，是否就可以适用按月计算销售额，并以 2 万元作为增值税起征点呢？

政策对此没有明确，具体如何掌握，还要看各主管税务机关对政策的把控程度。从当前实际执行情况看，税务机关按次把控起征点的居多。这也意味着，企业向个人支付上述款项，只要单次支付额超过 500 元，多数税务机关都会要求个人按收入全额计算缴纳增值税！同时，企业也只有取得税务机关代开的发票，才可以作为税前扣除凭证。

（九）发票丢失

企业发生各项成本费用，取得了合规发票，但由于各种原因出现发票丢失，从而导致该项支出无法正常在企业所得税前列支。

如果企业希望该成本费用能正常列支，该如何处理？

按照《国家税务总局关于公布取消一批税务证明事项以及废止和修改部分规章规范性文件的决定》（国家税务总局令第 48 号）的规定，从 2019 年 7 月 24 日起，企业如果发现发票（无论是专票还是普票）丢失，需要按照《发票管理办法实施细则》的规定，应当于发现丢失当日书面报告税务机关（一

⊖　http://www.chinatax.gov.cn/n810219/n810744/n4016641/n4171132/n4255818/c4261316/content.html.

般可通过电子税务局报告），无须再登报声明。

如果丢失的是增值税专用发票，按照国家税务总局北京市税务局 2019 年 11 月 12 日发布的《企业所得税实务操作政策指引》的规定，丢失发票联可将专用发票抵扣联作为税前扣除凭证；发票联、抵扣联均丢失的，可以凭销售方提供的相应发票记账联复印件作为税前扣除凭证。

二、真实入账的发票是否一定可以作为税前列支的凭证

很多人员在日常财税处理中经常会有这样的误解：只要发票是真实的，计入成本、费用就可以正常税前列支，不会有纳税风险。

真的如此吗？我们看看下面的情况。

公司为了帮助员工节省个人所得税，让员工每月找发票到公司报销。

员工出差补贴，公司为了帮助员工规避个人所得税，让员工找发票和差旅费一并报销。

公司给员工或其他人的提成或佣金，让大家找发票在公司报销。

公司的各种灰色支出无法取得发票，让经办人找发票抵账。

…………

怎么感觉自己的公司好像每月都在发生这些事情！是的，这就是企业中较为普遍的问题！

在上述业务中，大部分情况下，入账报销的发票都是真实的发票，但该发票依然不能作为税前列支的有效凭据。原因在于发票所体现的业务是假的！

用这种"真实的发票"入账，票据所对应的成本、费用是与公司收入无关的支出，按照《企业所得税法》的规定，与取得收入无关的其他支出在计算应纳税所得额时，税前不得扣除。

小提示

企业在日常经营过程中，对外采购时，什么情况下必须取得发票呢？

有兴趣的读者可以看看《国家税务总局关于增值税发票管理若干事项的

公告》(国家税务总局公告 2017 年第 45 号)的附件《商品和服务税收分类编码表》,里面列示了 4 200 多种销售方需要开具发票的情形。

第二节　发生销售业务是否都可开具增值税专用发票

"营改增"后,营业税不复存在,企业的经营业务基本都在增值税征税范围内。增值税纳税人,又分为增值税一般纳税人和增值税小规模纳税人。

一般情况下,纳税人发生销售行为,无论是销售货物,还是销售服务、无形资产或不动产,无论是否属于增值税一般纳税人,都可以向购买方开具增值税专用发票。

问题是,是否只要发生销售业务,都可以向购买方开具增值税专用发票呢?

当然不是!

纳税人属于下面这些情形的,通常不能开具增值税专用发票。

一、"营改增"政策规定的情形

按照《营业税改征增值税试点实施办法》(财税 [2016]36 号)和《国家税务总局关于发布〈房地产开发企业销售自行开发的房地产项目增值税征收管理暂行办法〉的公告》(国家税务总局公告 2016 年第 18 号)的规定,纳税人发生销售行为,如果属于下列情形的,则均不得开具增值税专用发票:

(1)一般纳税人会计核算不健全,或者不能够提供准确税务资料的,不得使用增值税专用发票。

(2)应当办理一般纳税人资格登记而未办理的,不得使用增值税专用发票。

(3)向消费者个人销售服务、无形资产或者不动产,不得开具增值税专用发票。

(4)纳税人适用免征增值税规定的应税行为,不得开具增值税专用发票。

(5)纳税人金融商品转让,可以开具普通发票,但不得开具增值税专用发票。

（6）（经纪代理服务中）向委托方收取的政府性基金或者行政事业性收费，不得开具增值税专用发票。

（7）纳税人根据 2016 年 4 月 30 日前签订的有形动产融资性售后回租合同，在合同到期前提供的有形动产融资性售后回租服务，可选择以向承租方收取的全部价款和价外费用，扣除向承租方收取的价款本金，以及对外支付的借款利息（包括外汇借款和人民币借款利息）、发行债券利息后的余额为销售额。此时向承租方收取的有形动产价款本金，可以开具普通发票，但不得开具增值税专用发票。

（8）纳税人提供旅游服务，选择差额纳税的，向旅游服务购买方收取并支付的住宿费、餐饮费、交通费、签证费、门票费和支付给其他接团旅游企业的旅游费，可以开具普通发票，但不得开具增值税专用发票。

（9）一般纳税人销售自行开发的房地产项目，其 2016 年 4 月 30 日前收取并已向主管税务机关申报缴纳营业税的预收款（未开具营业税发票），可以开具普通发票，但不得开具增值税专用发票。

二、销售固定资产和旧货

按照《国家税务总局关于增值税简易征收政策有关管理问题的通知》（国税函 [2009]90 号）和《国家税务总局关于营业税改征增值税试点期间有关增值税问题的公告》（国家税务总局公告 2015 年第 90 号）规定的精神，可得出如下结论：

（1）无论是一般纳税人还是小规模纳税人，销售自己使用过的固定资产，适用 3% 征税率的，纳税人选择依照 3% 征收率减按 2% 缴纳增值税，只能开具普通发票；如果放弃该优惠，可以开具增值税专用发票。

（2）无论是一般纳税人还是小规模纳税人，凡是销售旧货的，只能开具普通发票，不得自行开具或者由税务机关代开增值税专用发票。

三、商业企业零售物品

按照《国家税务总局关于修订〈增值税专用发票使用规定〉的通知》（国

税发 [2006]156 号）的规定，商业企业一般纳税人零售的烟、酒、食品、服装、鞋帽（不包括劳保专用部分）、化妆品等消费品不得开具增值税专用发票。

四、销售非临床用人体血液

按照《国家税务总局关于简并增值税征收率有关问题的公告》（国家税务总局公告 2014 年第 36 号）和《国家税务总局关于供应非临床用血增值税政策问题的批复》（国税函 [2009]456 号）的规定，属于增值税一般纳税人的单采血浆站销售非临床用人体血液，可以选择按照简易办法依照 3% 征收率计算应纳税额，但不得对外开具增值税专用发票。

五、自然人发生的应税行为

按照《国家税务总局纳税服务司关于下发营改增热点问题答复口径和营改增培训参考材料的函》（税总纳便函 [2016]71 号）的规定，其他个人（自然人）销售其取得的不动产和出租不动产，购买方或承租方不属于其他个人（自然人）的，纳税人缴纳增值税后可以向税务机关申请代开增值税专用发票。上述情况之外的，其他个人（自然人）不能申请代开增值税专用发票⊖。

小提示

小规模纳税人发生应税行为，需要开具增值税专用发票的，完全可以自行开具增值税专用发票。对小规模纳税人而言，确实提供了极大的方便。但实务中还要注意另外一个问题，如果小规模纳税人销售取得的不动产，是否还需要向税务机关申请代开呢？

⊖　按照《国家税务总局关于个人保险代理人税收征管有关问题的公告》（国家税务总局公告 2016 年第 45 号）的规定，接受税务机关委托代征税款的保险企业、证券企业、信用卡企业和旅游企业，向个人保险代理人、证券经纪人、信用卡和旅游等行业的个人代理人支付佣金费用后，可代个人统一向主管税务机关申请汇总代开增值税普通发票或增值税专用发票。

按照《关于〈国家税务总局关于增值税发票管理等有关事项的公告〉的解读》的规定，自愿选择自行开具增值税专用发票的小规模纳税人销售其取得的不动产，需要开具增值税专用发票的，税务机关不再为其代开。

第三节　增值税一般纳税人进项税额抵扣

增值税一般纳税人计算缴纳增值税时，按照销项税额减去进项税额之后的差额计算应纳税额。但进项税额必须取得抵扣凭证，抵扣凭证包括哪些？是否只要取得增值税专用发票，其进项税额都可以抵扣？

一、哪些凭据可作为进项税额抵扣凭证

（一）一般规定

按照《增值税暂行条例》和《营业税改征增值税试点实施办法》（财税[2016]36号）的规定，增值税纳税人可以抵扣的进项税额包括以下内容：

（1）从销售方取得的增值税专用发票（含税控机动车销售统一发票，下同）上注明的增值税额。

（2）从海关取得的海关进口增值税专用缴款书上注明的增值税额。

（3）购进农产品，除取得增值税专用发票或者海关进口增值税专用缴款书外，按照农产品收购发票或者销售发票上注明的农产品买价乘以相应的扣除率计算的进项税额。

（4）从境外单位或者个人购进服务、无形资产或者不动产，自税务机关或者扣缴义务人取得的解缴税款的完税凭证上注明的增值税额。

（二）特殊规定

1. 路桥闸通行费

对于增值税一般纳税人发生的通行费（指有关单位依法或者依规设立并收取的过路、过桥和过闸费用），在抵扣进项税额时，按照特殊办法执行。

按照《财政部 国家税务总局关于租入固定资产进项税额抵扣等增值税政

策的通知》（财税 [2017]90 号）的规定，自 2018 年 1 月 1 日起，纳税人支付的道路、桥、闸通行费，按照以下规定抵扣进项税额：

（1）纳税人支付的道路通行费，按照收费公路通行费增值税电子普通发票上注明的增值税额抵扣进项税额。

2018 年 1 月 1 日至 6 月 30 日，纳税人支付的高速公路通行费，如暂未能取得收费公路通行费增值税电子普通发票，可凭取得的通行费发票（不含财政票据，下同）上注明的收费金额按照下列公式计算可抵扣的进项税额：

高速公路通行费可抵扣进项税额

= 高速公路通行费发票上注明的金额 ÷（1 + 3%）× 3%

2018 年 1 月 1 日至 12 月 31 日，纳税人支付的一级、二级公路通行费，如暂未能取得收费公路通行费增值税电子普通发票，可凭取得的通行费发票上注明的收费金额按照下列公式计算可抵扣的进项税额：

一级、二级公路通行费可抵扣进项税额

= 一级、二级公路通行费发票上注明的金额 ÷（1 + 5%）× 5%

（2）纳税人支付的桥、闸通行费，暂凭取得的通行费发票上注明的收费金额按照下列公式计算可抵扣的进项税额：

桥、闸通行费可抵扣进项税额

= 桥、闸通行费发票上注明的金额 ÷（1 + 5%）× 5%

2. 国内旅客运输费

按照《财政部 税务总局 海关总署关于深化增值税改革有关政策的公告》（财政部 税务总局 海关总署公告 2019 年第 39 号，以下简称 "39 号公告"）的规定，纳税人购进国内旅客运输服务，其进项税额允许从销项税额中抵扣。

对于上述政策，在实务操作时，需要注意以下几个问题。

（1）**客运服务的种类。**

按照 39 号公告的规定，只有购进国内旅客运输服务，其进项税额才可以从销项税额中抵扣。换句话说，如果购进的是国际旅客运输服务，其进项税额就不能从销项税额中抵扣。

实务中如何界定国内运输？员工从北京乘坐飞机去美国考察，是否属于国内运输？从北京乘坐飞机去港澳台出差（属于国内但跨境），是否属于国内运输？

《财政部 国家税务总局关于全面推开营业税改征增值税试点的通知》（财税 [2016]36 号）附件 4《跨境应税行为适用增值税零税率和免税政策的规定》第一条第（一）款规定，国际运输服务是指：

1）在境内载运旅客或者货物出境。

2）在境外载运旅客或者货物入境。

3）在境外载运旅客或者货物。

按照上述界定标准，无论员工从北京乘坐飞机去美国考察，还是从北京乘坐飞机去港澳台出差，或者反之，均属于国际运输，公司发生上述支出即使取得了客运发票，其进项税额也不能抵扣。

按照《国家税务总局关于国内旅客运输服务进项税抵扣等增值税征管问题的公告》（国家税务总局公告 2019 年第 31 号）的规定，国内旅客运输服务中的旅客，仅限于与本单位签订了劳动合同的员工，以及本单位作为用工单位接受的劳务派遣员工。公司为兼职人员报销交通费，取得的客运票据，进项税不得抵扣。

（2）**客运发票的要素。**

一是时间要满足要求。按照 39 号公告的规定，纳税人只有购买 2019 年 4 月 1 日之后的国内客运服务，才能享受进项税抵扣。如果客运发票日期在 2019 年 3 月 31 日之前，则不得抵扣。

二是票面内容满足要求。按照 39 号公告的规定，纳税人取得不同类型的客运票据，在计算可抵扣的增值税时，方法有差异。

取得增值税电子普通发票的，按发票上注明的税额计算可抵扣的进项税额。

取得其他客运票据的，票据上必须注明旅客身份信息。具体要求如下。

1）属于航空运输电子客票行程单的，按照下列公式计算进项税额：

航空旅客运输进项税额 =（票价 + 燃油附加费）÷（1 + 9%）× 9%

2）属于铁路车票的，按照下列公式计算进项税额：

铁路旅客运输进项税额 = 票面金额 ÷（1 + 9%）× 9%

3）属于公路、水路等其他客票的，按照下列公式计算进项税额：

公路、水路等其他旅客运输进项税额 = 票面金额 ÷（1 + 3%）× 3%

实务中，纳税人取得的公交车票、地铁车票、出租汽车发票、火车上出售的后补票、长途客运票等，由于没有旅客身份信息，其进项税额不得抵扣。

（3）取得客运发票但不能抵扣的情形。

按照《财政部 国家税务总局关于全面推开营业税改征增值税试点的通知》（财税 [2016]36 号）附件 1《营业税改征增值税试点实施办法》第二十七条第（一）款的规定，纳税人购进的服务用于简易计税方法计税项目、免征增值税项目、集体福利或者个人消费，其进项税不得抵扣。

因此，实务操作中，即便纳税人取得了 2019 年 4 月 1 日之后的客运票据，且票据满足 39 号公告的要求，只要属于上述文件规定不得抵扣的情形，也不能按 39 号公告的规定计算可抵扣的进项税额。

常见的情形包括：

1）招待客户取得的客运票据。如公司的员工到外地出差，专门去招待某家大客户，该员工取得的客运票据。

2）用于职工集体福利取得的客运票据。如纳税人组织员工集体旅游取得的客运票据。

3）纳税人为简易计税项目或免税项目购买客运服务取得的客运票据。如选择简易计税的清包工项目，选择免税的技术开发项目，企业为该项目提供服务的员工购买客运服务而取得的客运票据。

4）"找票抵税"取得的客运票据。实务中很多企业通过各种途径"购买"航空运输电子客票行程单入账，借以逃避税款。在该情况下，公司并未真实发生购买客运服务的行为，不但不能计算进项税额，企业所得税前也无法正常列支。

二、增值税专用发票在什么情况下不能作为进项税额抵扣凭证

（一）一般规定

按照《增值税暂行条例》和《营业税改征增值税试点实施办法》（财税[2016]36 号）的规定，通常情况下，增值税纳税人发生购买行为，取得了符合要求的进项税额抵扣凭证，其进项税额都可以正常抵扣。但如果一般纳税人在购买行为发生后，出现了以下情况，其进项税额就不得抵扣，需要做进项税额转出处理。

（1）用于简易计税方法计税项目、免征增值税项目、集体福利或者个人消费的购进货物、加工修理修配劳务、服务、无形资产和不动产。其中涉及的固定资产、无形资产、不动产，仅指专用于上述项目的固定资产、无形资产（不包括其他权益性无形资产）、不动产。

纳税人的交际应酬消费属于个人消费。

（2）非正常损失的购进货物，以及相关的加工修理修配劳务和交通运输服务。

（3）非正常损失的在产品、产成品所耗用的购进货物（不包括固定资产）、加工修理修配劳务和交通运输服务。

（4）非正常损失的不动产，以及该不动产所耗用的购进货物、设计服务和建筑服务。

（5）非正常损失的不动产在建工程所耗用的购进货物、设计服务和建筑服务。纳税人新建、改建、扩建、修缮、装饰不动产，均属于不动产在建工程。

（6）购进的贷款服务、餐饮服务、居民日常服务和娱乐服务。

（7）财政部和国家税务总局规定的其他情形。

（二）特殊规定

1. 未使用防伪税控系统开具的增值税专用发票

按照《国家税务总局关于修订〈增值税专用发票使用规定〉的通知》（国

税发 [2006]156 号）的规定，一般纳税人销售货物或者提供应税劳务可汇总开具专用发票。汇总开具专用发票的，同时使用防伪税控系统开具《销售货物或者提供应税劳务清单》，并加盖财务专用章或者发票专用章。

因此，如果销售方开具了增值税专用发票，发票上注明"××一批"，后附销售方自行编写的商品明细（没有使用防伪税控系统开具）并加盖财务专用章，作为购买方，该发票所显示的进项税额不得抵扣。

2. 取得异常凭证

按照《国家税务总局关于异常增值税扣税凭证管理等有关事项的公告》（国家税务总局公告 2019 年第 38 号）的规定，自 2020 年 2 月 1 日起，增值税一般纳税人取得的增值税专用发票列入异常凭证范围的，尚未申报抵扣增值税进项税额的，暂不允许抵扣。已经申报抵扣增值税进项税额的，除另有规定外，一律作进项税额转出处理。

（1）**何谓"异常凭证"。**

按照上述文件规定，异常凭证包括如下情形：

1）纳税人丢失、被盗税控专用设备中未开具或已开具未上传的增值税专用发票。

2）非正常户纳税人未向税务机关申报或未按规定缴纳税款的增值税专用发票。

3）增值税发票管理系统稽核比对发现"比对不符""缺联""作废"的增值税专用发票。

4）经税务总局、省税务局大数据分析发现，纳税人开具的增值税专用发票存在涉嫌虚开、未按规定缴纳消费税等情形的。

5）属于《国家税务总局关于走逃（失联）企业开具增值税专用发票认定处理有关问题的公告》（国家税务总局公告 2016 年第 76 号）第二条第（一）项规定情形[⊖]的增值税专用发票。

⊖ 包括以下两种情形：①商贸企业购进、销售货物名称严重背离的；生产企业无实际生产加工能力且无委托加工，或生产能耗与销售情况严重不符，或购进货物并不能直接生产其销售的货物且无委托加工的。②直接走逃失踪不纳税申报，或虽然申报但通过填列增值税纳税申报表相关栏次，规避税务机关审核比对，进行虚假申报的。

6）增值税一般纳税人申报抵扣异常凭证，同时符合下列情形的，其对应开具的增值税专用发票列入异常凭证范围：

一是异常凭证进项税额累计占同期全部增值税专用发票进项税额70%（含）以上的；

二是异常凭证进项税额累计超过5万元的。

该条款尤其需要引起重视。实务中，相当部分企业为了规避短期内要缴纳增值税的问题，让其他进项税留抵较多的公司在没有真实业务的前提下给自己开具增值税专用发票。一段时期后，在合适的时间，自己公司再按同样金额开具给对方公司。通过如此操作，实现所谓的"合理策划"目的。

上述公告发布前，对于取得"异常凭证"的公司对外开具的发票并无影响。上述公告发布后，对于类似于上述"转圈开票"的情形，绝对是"精准打击"。

（2）何谓"另有规定"。

另有规定包括哪些情况呢？文件列举了两种情形：

一是针对纳税信用级别为A级的纳税人。纳税信用A级纳税人取得异常凭证且已经申报抵扣增值税的，可以自接到税务机关通知之日起10个工作日内，向主管税务机关提出核实申请。经税务机关核实，符合现行增值税进项税额抵扣的，可不作进项税额转出处理。纳税人逾期未提出核实申请的，应于期满后做进项税转出处理。

二是纳税人提出异议。如果纳税人（无论纳税信用级别是否为A级）对税务机关认定的异常凭证存有异议，可以向主管税务机关提出核实申请。经税务机关核实，符合现行增值税进项税额抵扣规定的，纳税人可继续申报抵扣。

3. 收款方、开票方和销售方不一致

按照《国家税务总局关于加强增值税征收管理若干问题的通知》（国税发[1995]192号）的规定，纳税人购进货物或应税劳务，支付运输费用，所支付款项的单位，必须与开具抵扣凭证的销货单位、提供劳务的单位一致，才能够申报抵扣进项税额，否则不予抵扣。

对于该政策的理解，目前在实务和理论上都有很大差异，甚至产生很多误解。该政策所要表达的意思，简单总结一句话就是：谁干活，谁开票，谁收款。三者如果不一致，购买方取得的增值税专用发票，进项税额不得抵扣。

如果购买方在付款时，销售方要求将款项支付给销售方的债权人，购买方同意支付，三方签订了债权转移协议。在这种情况下，购买方的付款行为不违反《民法典》的有关规定。但由于该款项未支付给销售方，导致干活的、开票的和收款的不是同一人，实务中很多人认为，这种情况下购买方取得的增值税专用发票不得申报进项税抵扣。

三、增值税进项税加计抵减

按照 39 号公告、《财政部　税务总局关于明确生活性服务业增值税加计抵减政策的公告》（财政部　税务总局公告 2019 年第 87 号）和《财政部　税务总局关于明确增值税小规模纳税人减免增值税等政策的公告》（财政部　税务总局公告 2023 年第 1 号）的规定，2023 年 1 月 1 日至 2023 年 12 月 31 日，允许生产性服务业纳税人按照当期可抵扣进项税额加计 5% 抵减应纳税额；允许生活性服务业纳税人按照当期可抵扣进项税额加计 10% 抵减应纳税额。

按照《财政部　税务总局关于先进制造业企业增值税加计抵减政策的公告》（财政部　税务总局公告 2023 年第 43 号）的规定，自 2023 年 1 月 1 日至 2027 年 12 月 31 日，允许先进制造业企业按照当期可抵扣进项税额加计 5% 抵减应纳增值税税额。

（一）加计抵减的行业范围

生产性服务业纳税人，是指提供邮政服务、电信服务、现代服务、生活服务取得的销售额占全部销售额的比重超过 50% 的纳税人。

生活性服务业纳税人，是指提供生活服务取得的销售额占全部销售额的比重超过 50% 的纳税人。

具体范围按照《销售服务、无形资产、不动产注释》（财税〔2016〕36 号印发）执行。

先进制造业企业是指高新技术企业（含所属的非法人分支机构）中的制造业一般纳税人，高新技术企业是指按照《科技部 财政部 国家税务总局关于修订印发〈高新技术企业认定管理办法〉的通知》（国科发火〔2016〕32 号）规定认定的高新技术企业。

（二）可抵扣进项税额的界定

实务操作时，纳税人只有取得可抵扣的进项税抵扣凭证，才能享受上述加计抵减优惠政策。

需要注意的是，对于生产、生活性服务业纳税人，如果有下述应税行为，需要慎重适用该增值税加计抵减优惠政策。

（1）纳税人有出口货物劳务、发生跨境应税行为，则不适用加计抵减政策。

（2）纳税人兼营出口货物劳务、发生跨境应税行为且无法划分不得计提加计抵减额的进项税额，按照以下公式计算：

不得计提加计抵减额的进项税额

＝当期无法划分的全部进项税额

×当期出口货物劳务和发生跨境应税行为的销售额

÷当期全部销售额

（3）纳税人发生其他应税行为如技术开发、技术转让等享受增值税免税优惠的，则该行为对应的（或分摊的）进项税额不适用加计抵减。

（三）加计抵减进项税的扣除原则

按照 39 号公告的规定，纳税人应单独核算加计抵减额的计提、抵减、调减、结余等变动情况。实际计算当期应纳增值税时，应先扣减正常的进项税额，而后再扣减加计抵减额。具体要求如下。

1. 计提的加计抵减额全部不能抵扣

按照 39 号公告的规定，抵减前的应纳税额等于零的，当期可抵减加计抵减额全部结转下期抵减。

【例4-1】　某纳税人20X2年4月销项税额100万元，进项税额90万元，期初留抵进项税额20万元，本期计提加计抵减额9万元。

由于当期正常的可抵扣进项税额110（=90+20）万元超过销项税100万元，抵减前应纳税额等于0，所以本期计提加计抵减额9万元全部结转下期抵减。

2. 计提的加计抵减额全部抵扣

按照39号公告的规定，抵减前的应纳税额大于零，且大于当期可抵减加计抵减额的，当期可抵减加计抵减额全额从抵减前的应纳税额中抵减。

【例4-2】　某纳税人20X2年4月销项税额100万元，进项税额60万元，期初留抵进项税额20万元，本期计提加计抵减额6万元。

由于本期销项税额超过了可抵扣的进项税额和加计抵减额的合计，所以本期计提加计抵减额6万元全部从本期应纳税额中抵减。

3. 计提的加计抵减额部分抵扣

按照39号公告的规定，抵减前的应纳税额大于零，且小于或等于当期可抵减加计抵减额的，以当期可抵减加计抵减额抵减应纳税额至零。未抵减完的当期可抵减加计抵减额，结转下期继续抵减。

【例4-3】　某纳税人20X2年4月销项税额100万元，进项税额60万元，期初留抵进项税额35万元，本期计提加计抵减额6万元。

本期抵减前应纳税额5（=100-60-35）万元，低于本期计提加计抵减额6万元，所以本期计提加计抵减额6万元中，只能有5万元从本期应纳税额中抵减，剩余1万元结转下期继续抵减。

（四）加计抵减进项税的会计处理

按照《关于〈关于深化增值税改革有关政策的公告〉适用〈增值税会计处理规定〉有关问题的解读》的规定，生产、生活性服务业纳税人取得资产或接受劳务时，应当按照《增值税会计处理规定》的相关规定对增值税相关业务进行会计处理；实际缴纳增值税时，按应纳税额借记"应交税费——未交增值税"等科目，按实际纳税金额贷记"银行存款"科目，按加计抵减的金额贷记"其他收益"科目。

依据上述规定，纳税人对于当期可抵扣进项税，不需要计提，而是在实际纳税时才体现加计抵减的金额。

如上述【例4-1】，20X2年4月的加计抵减额不需要做任何会计处理，但需要把当期加计抵减额在《增值税纳税申报表附列资料（四）》中列示。

如上述【例4-2】，需做如下会计处理。

20X2年4月，按正常方法计算的应交增值税额20万元。

4月底会计分录：

借：应交税费——应交增值税——转出未交增值税　200 000

　　贷：应交税费——未交增值税　　　　　　　　　　　　 200 000

5月份缴纳增值税时：

借：应交税费——未交增值税　　　　　　　　 200 000

　　贷：银行存款　　　　　　　　　　　　　　　　　140 000

　　　　其他收益　　　　　　　　　　　　　　　　　 60 000

如上述【例4-3】，需做如下会计处理。

20X2年4月，按正常方法计算的应交增值税额5万元。

4月底会计分录：

借：应交税费——应交增值税——转出未交增值税　50 000

　　贷：应交税费——未交增值税　　　　　　　　　　　　50 000

5月份缴纳增值税时：

借：应交税费——未交增值税　　　　　　　　　50 000

　　贷：其他收益　　　　　　　　　　　　　　　　　 50 000

小提示

销售方收款，包括直接收款和间接收款。直接收款就是购买方直接将款项支付给销售方。间接收款则是销售方委托第三方代收，购买方付款时，先将款项支付给第三方，第三方按照约定将款项再转付给销售方。

在间接收款的模式下，依然可以满足"谁干活，谁开票，谁收款"的原则。购买方是增值税一般纳税人的，其从销售方取得的增值税专用发票可以作为进项税额抵扣的凭证。如当下比较流行的电商平台中的销售方基本都是采用间接收款的模式。

实务中还有一种情况，就是购买方让他人代付款，销售方给购买方开具增值税专用发票，此时购买方是否可以抵扣进项税额？

关于这个问题，国家税务总局 2016 年在网络政策问答中已经给出了明确答案。

问：纳税人取得服务名称为住宿费的增值税专用发票，但住宿费是以个人账户支付的，这种情况能否允许抵扣进项税？是不是需要以单位对公账户转账付款才允许抵扣？

答：其实，现行政策在住宿费的进项税抵扣方面，从未作出过类似的限制性规定，纳税人无论通过私人账户还是对公账户支付住宿费，只要其购买的住宿服务符合现行规定，都可以抵扣进项税。而且，需要补充说明的是，不仅是住宿费，对纳税人购进的其他任何货物、服务，都没有因付款账户不同而对进项税抵扣作出限制性规定。

第四节　虚开增值税发票有哪些风险

实务中大家会看到这样的情况，某家经常合作的客户找你商量，现在要从你公司采购 100 万元的商品（服务），客户支付 200 万元，要求你公司开具 200 万元的增值税发票，按 100 万元发货。你公司收到款后，再将多余的100 万元通过其他方式转至客户指定的账户。

由于这种情况较为普遍，有人看了之后没觉得有哪里不正常，还有人理直气壮地说："该交的税我都交了，也没给国家造成税款流失，能有什么风险？"

真的没有风险吗？

一、虚开增值税专用发票有哪些行政和刑事处罚

（一）虚开增值税专用发票的界定和类型

虚开增值税专用发票，包括为他人虚开、为自己虚开、让他人为自己虚开、介绍他人虚开四种情形。日常经营中，纳税人发生业务，开具发票，如何判定所开具的发票属于虚开呢？

按照《国家税务总局关于纳税人对外开具增值税专用发票有关问题的公告》（国家税务总局公告 2014 年第 39 号）的规定，纳税人对外开具增值税专用发票只要同时符合以下情形，就不属于对外虚开增值税专用发票。

（1）纳税人向受票方纳税人销售了货物，或者提供了增值税应税劳务、应税服务。也就是说，销售方已经把该干的活都干完了，即"活干了"。

（2）纳税人向受票方纳税人收取了所销售货物、所提供应税劳务或者应税服务的款项，或者取得了索取销售款项的凭据。也就是说，销售方已经收到了钱或取得了收钱的凭据，即"钱收了"。

（3）纳税人按规定向受票方纳税人开具的增值税专用发票相关内容，与所销售货物、所提供应税劳务或者应税服务相符，且该增值税专用发票是纳税人合法取得，并以自己名义开具的。也就是说，销售方已经根据干活的情况把发票开完了，即"票开了"。

因此，企业在业务发生时，只要同时满足上述规定的三个条件（活干了、钱收了、票开了），就不属于虚开发票。反之，只要有一条不满足，开出去的发票就属于虚开。

（二）虚开增值税专用发票的行政处罚

按照《中华人民共和国发票管理办法》（中华人民共和国国务院令第 709 号）的规定，纳税人虚开发票的，由税务机关没收违法所得；虚开金额在 1 万元以下的，可以并处 5 万元以下的罚款；虚开金额超过 1 万元的，并处 5 万元以上 50 万元以下的罚款；构成犯罪的，依法追究刑事责任。

（三）虚开增值税专用发票的刑事处罚

按照《中华人民共和国刑法》（以下简称《刑法》）的规定，虚开增值税专用发票或者虚开用于骗取出口退税、抵扣税款的其他发票的，处三年以下有期徒刑或者拘役，并处二万元以上二十万元以下罚金；虚开的税款数额较大或者有其他严重情节的，处三年以上十年以下有期徒刑，并处五万元以上五十万元以下罚金；虚开的税款数额巨大或者有其他特别严重情节的，处十年以上有期徒刑或者无期徒刑，并处五万元以上五十万元以下罚金或者没收财产。

单位犯本条规定之罪的，对单位判处罚金，并对其直接负责的主管人员和其他直接责任人员，处三年以下有期徒刑或者拘役；虚开的税款数额较大或者有其他严重情节的，处三年以上十年以下有期徒刑；虚开的税款数额巨大或者有其他特别严重情节的，处十年以上有期徒刑或者无期徒刑。

二、虚开增值税普通发票有哪些行政和刑事处罚

虚开增值税专用发票量刑严重，如果虚开普通发票，对方即便取得发票也无法进行抵扣，是否就没有什么风险了呢？

（一）虚开增值税普通发票的行政处罚

按照《中华人民共和国发票管理办法》（中华人民共和国国务院令第709号）的规定，虚开发票的，由税务机关没收违法所得；虚开金额在1万元以下的，可以并处5万元以下的罚款；虚开金额超过1万元的，并处5万元以上50万元以下的罚款；构成犯罪的，依法追究刑事责任。

看到了吧，只要虚开，不管金额多大，都要罚款，起步价5万元以下。

（二）虚开增值税普通发票的刑事处罚

按照《中华人民共和国刑法修正案（八）》的规定，虚开增值税普通发票情节严重的，处二年以下有期徒刑、拘役或者管制，并处罚金；情节特别严重的，处二年以上七年以下有期徒刑，并处罚金。

单位犯前款罪的，对单位判处罚金，并对其直接负责的主管人员和其他直接责任人员，依照前款的规定处罚。

到底什么情况下属于情节严重呢？我们再看下面的规定。

按照 2022 年 4 月 6 日最高人民检察院和公安部联合发布《关于印发＜最高人民检察院 公安部关于公安机关管辖的刑事案件立案追诉标准的规定（二）＞的通知》，虚开增值税普通发票，涉嫌下列情形之一的，应予立案追诉：

（1）虚开发票金额累计在五十万元以上的；

（2）虚开发票一百份以上且票面金额在三十万元以上的；

（3）五年内因虚开发票受过刑事处罚或者二次以上行政处罚，又虚开发票，数额达到第一、二项标准百分之六十以上的。

小提示

虚开普通发票，不要以为对方无法进行增值税抵扣自己就可以高枕无忧。达到一定标准，照样要立案追责。因此，凡事不可侥幸，规范经营，合理纳税，小心才能驶得万年船！

第五节　非法购买增值税发票的涉税风险

谈到税务策划，有人马上联想到的就是"找发票"，因此还衍生出了一个靠贩卖发票为生的群体。

确实，实务中有些公司尤其是中小民营企业经常会通过"买票避税"进行所谓的"策划"，也难怪卖发票的生意一直红红火火，简直就是"野火烧不尽，春风吹又生"。

非法购买发票，有哪些风险呢？

一、非法购买真实发票是否需要补缴税款

企业非法购买的发票，即便通过发票查询系统查询的结果是真实发票，但发票所列示的业务并未真实发生，属于与取得的收入无关的支出，按照

《企业所得税法》的规定，与取得收入无关的其他支出在计算应纳税所得额时，不得扣除。

这也就意味着，企业当年用多少非法购买的发票入账，就需要在汇算清缴时纳税调增多少，将纳税调增额乘以企业适用的所得税税率就是需要补缴的税款。

仅仅补缴税款就算完事了吗？

按照《税收征收管理法》的规定，纳税人未按照规定期限缴纳税款的，扣缴义务人未按照规定期限解缴税款的，税务机关除责令限期缴纳外，从滞纳税款之日起，按日加收滞纳税款万分之五的滞纳金。

因此，除了补缴税款外，企业还需将滞纳金一并补足，延期的时间越长，意味着需要缴纳的滞纳金越多。

二、非法购买发票有什么行政处罚

把税款和滞纳金缴了，也没有完事，还有行政处罚的问题。企业购买发票用于税前列支，导致税款流失，还会面临行政处罚。

按照《国家税务总局稽查局关于印发〈偷税案件行政处罚标准（试行）〉的通知》（国税稽函 [2000]10 号）的规定，纳税人不按照规定取得、开具发票的，处以偷税数额 1 倍以上 3 倍以下的罚款。

三、非法购买发票有什么刑事处罚

非法购买发票导致偷税的数额达到一定标准，还会上升到刑事处罚。

按照《中华人民共和国刑法修正案（七）》的规定，纳税人采取欺骗、隐瞒手段进行虚假纳税申报或者不申报，逃避缴纳税款数额较大并且占应纳税额百分之十以上的，处三年以下有期徒刑或者拘役，并处罚金；数额巨大并且占应纳税额百分之三十以上的，处三年以上七年以下有期徒刑，并处罚金。

是否偷税数额达到一定标准就一定要判刑呢？不一定。

上述修正案同时规定，经税务机关依法下达追缴通知后，纳税人补缴应纳税款，缴纳滞纳金，已受行政处罚的，不予追究刑事责任。但是，五年内因逃避缴纳税款受过刑事处罚或者被税务机关给予二次以上行政处罚的除外。

　　所以，法律还是讲道理的，至少会给初犯者自我救赎的机会。第一次犯错，即便是大错，改正即可，无须判刑。但若得寸进尺、屡教不改就要另当别论，该判刑的还是要判刑。这也充分体现了法律宽严相济的原则。

小提示

　　税务稽查的原则：查账必查票、查案必查票、查税必查票。因此，发票问题，对于企业而言，永远都不是小事。一定要慎之又慎，切莫"一失足成千古恨"！

第五章

资产管理的财税问题

第一节　固定资产的财税问题

经常听到有人说，这项资产单价超过 2 000 元了，要按固定资产处理。计入固定资产后，就要按照 5% 确定残值率，按照规定年限计提折旧。

单价达到 2 000 元的就计入固定资产？都要按 5% 计提残值？确实如此吗？

一、单价多少可计入固定资产

关于固定资产入账标准的问题，关键还要看具体政策。

（一）会计规定

按照《企业会计制度》（财会 [2000]25 号）的规定，固定资产是指企业使用期限超过 1 年的房屋、建筑物、机器、机械、运输工具以及其他与生产、经营有关的设备、器具、工具等。

不属于生产经营主要设备的物品，单位价值在 2 000 元以上，并且使用年限超过 2 年的，也应当作为固定资产。

按照《企业会计准则第 4 号——固定资产》（财会 [2006]3 号）的规定，固定资产是指同时具有下列特征的有形资产：

（1）为生产商品、提供劳务、出租或经营管理而持有的。

（2）使用寿命超过一个会计年度的。

按照《小企业会计准则》（财会 [2011]17 号）的规定，固定资产是指小企业为生产产品、提供劳务、出租或经营管理而持有的，使用寿命超过 1 年的有形资产，包括房屋、建筑物、机器、机械、运输工具、设备、器具、工具等。

（二）税法规定

按照《关于完善固定资产加速折旧企业所得税政策的通知》（财税 [2014]75 号）的规定，所有行业企业持有的单位价值不超过 5 000 元的固定资产，允许一次性计入当期成本费用在计算应纳税所得额时扣除，不再分年度计算折旧。

（三）实务选择

根据上述规定，对于企业生产经营所必需的资产，单价多少钱可以作为固定资产管理，无论是会计政策还是税法政策，实际上均未规定具体金额标准。《企业会计制度》也仅规定了生产经营非必需的，使用年限超过 2 年且单位价值在 2 000 元以上的资产按固定资产管理。

那么在实务中应如何界定固定资产比较合理呢？

1. 价格标准

单价确定多少作为固定资产的标准，需结合企业的实际情况决定，但最好不要超过《关于完善固定资产加速折旧企业所得税政策的通知》（财税 [2014]75 号）所规定的 5 000 元标准。从最大限度减少税会差异的角度考虑，无论确定多少，都应尽可能地让入账价值和计税基础保持一致，在折旧方法上也尽可能地选择一致的口径。

按照《财政部 国家税务总局关于全面推开营业税改征增值税试点的通知》（财税 [2016]36 号）附件 1《营业税改征增值税试点实施办法》的规定，专用于简易计税方法计税项目、免征增值税项目、集体福利或者个人消费的固定资产，进项税不得抵扣。

文件同时规定，这里的固定资产是指使用期限超过 12 个月的机器、机械、运输工具以及其他与生产经营有关的设备、工具、器具等有形动产。

如某企业为增值税一般纳税人，日常增值税应税项目除了一般计税项目外，还有简易计税项目、免税项目。企业购进了一台单价 3 000 元的电脑（不含增值税），取得了增值税专用发票，该电脑既用于一般计税项目，又用于简易计税或免税项目。企业购置该电脑的进项税额该如何抵扣？

增值税关于固定资产的界定标准并没有金额多少的限定。从理论上讲，上述电脑只要满足使用期限超过 12 个月的要求，其进项税额就可以全部抵扣。

但在实务操作中，为了最大限度规避税企争议，尽可能确保税会一致，在资产属于生产经营所必须且使用期限超过 12 个月的情况下，企业对固定资产入账价值标准的界定往往会成为一个更加直观的参照。

若企业将固定资产的单价标准确定为 2 000 元，由于该电脑单价超过 2 000 元，无论是会计还是增值税，均按购进固定资产处理，进项税额可全额抵扣。

若企业将固定资产的单价标准确定为 5 000 元，由于该电脑单价未超过 5 000 元，在确保税会一致的情况下，无论是会计还是增值税，均按购进货物处理，则进项税额不能全额抵扣，需要按照下列公式计算不得抵扣的进项税额：

$$\text{不得抵扣的进项税额} = \frac{\text{当期无法划分的全部进项税额} \times \left(\text{当期简易计税方法计税项目销售额} + \text{免征增值税项目销售额} \right)}{\text{当期全部销售额}}$$

因此，在实务中，企业对固定资产入账价格标准的确定，一定要结合自身实际，不要盲目地生搬硬套。

2. 单价的判定

如果确定单价 5 000 元作为固定资产入账标准，对于增值税一般纳税人而言，这个单价是含税价还是不含税价？这就需要结合企业采购所获取的发票判定。如果取得了增值税专用发票或其他可抵扣凭证，且购进的资产不属于不能抵扣的情形，因为进项税额单独列示，单价就是不含税价；如果取得了增值税专用发票或其他可抵扣凭证，且购进的资产属于不能抵扣的情形（如用于免税项目），则单价就是含税价；如果取得了增值税普通发票等不可抵扣凭证，则单价就是含税价。

对于增值税小规模纳税人而言，由于不存在进项税额抵扣的问题，无论取得什么性质的发票，该单价都属于含税价。

（四）固定资产的特殊政策

按照《财政部 税务总局关于设备、器具扣除有关企业所得税政策的通知》（财税【2018】54 号文，以下简称"54 号文"）、《财政部 税务总局关于延长部分税收优惠政策执行期限的公告》（财政部 税务总局公告 2021 年第 6 号）和《财政部 税务总局关于设备、器具扣除有关企业所得税政策的公告》（财政部 税务总局公告 2023 年第 37 号）的规定，企业在 2018 年 1 月 1 日至 2027 年 12 月 31 日期间新购进的设备、器具，单位价值不超过 500 万元的，允许一次性计入当期成本费用在计算应纳税所得额时扣除，不再分年度计算折旧。

文件内容不多，但需要解决的实务问题不少。

1. 固定资产的范围

54 号文规定，设备、器具，是指除房屋、建筑物以外的固定资产。

2. 固定资产的取得方式

取得固定资产的途径包括外购、自行建造、融资租入、捐赠、投资、非货币性资产交换、债务重组等多种方式。是否以任何方式取得的固定资产，都可以享受上述优惠呢？

《国家税务总局关于设备、器具扣除有关企业所得税政策执行问题的公告》（国家税务总局公告 2018 年第 46 号，简称"46 号公告"）规定，购进，包括以货币形式购进或自行建造，其中以货币形式购进的固定资产包括购进的使用过的固定资产。

按照上述规定，可以明确以下两点：

（1）能够享受税收优惠的仅限于购进和自行建造的固定资产，以其他形式取得的固定资产，不能享受上述优惠。

（2）以货币形式新购进的固定资产，包括购买的新资产，也包括购买的二手资产。

3. 资产购进时点和价值

（1）购进时点。46号公告规定，固定资产的购进时点按以下原则确认：以货币形式购进的固定资产，除采取分期付款或赊销方式购进外，按发票开具时间确认；以分期付款或赊销方式购进的固定资产，按固定资产到货时间确认；自行建造的固定资产，按竣工结算时间确认。

（2）价值确认。固定资产的价值按以下原则确认：以货币形式购进的固定资产，以购买价款和支付的相关税费以及直接归属于使该资产达到预定用途发生的其他支出确定单位价值，自行建造的固定资产，以竣工结算前发生的支出确定单位价值。

需要注意的是，固定资产的价值确认中发生的税费是否包括增值税？

这个问题和上述"（三）实务选择"中"单价的判定"原理一致。

4. 税前扣除时点

46号公告规定，固定资产在投入使用月份的次月所属年度一次性税前扣除。

如某企业于某年12月购进了一项单位价值为300万元的设备并于当月投入使用，则该设备可在次年一次性税前扣除，不能在设备购置当年一次性税前扣除。

5. 固定资产的会计处理

既然允许税前扣除，是否意味着在会计处理上也不需要在"固定资产"科目核算？

46号公告规定，企业选择享受一次性税前扣除政策的，其资产的税务处理可与会计处理不一致。

政策允许税会不一致，但也没有要求必须不一致。也就是说，企业可以在会计处理时一次性计入当期损益。

问题是，如果企业购买一项单位价值为300万元的设备并于当月投入使用，可以一次性计入损益吗？

这就涉及固定资产在会计上的入账标准问题。也就是说，企业应该将单价在多少元以上的资产在会计上按"固定资产"处理。一旦标准确定，就应该将符合标准的资产确认为"固定资产"，不受税收政策影响。

有关固定资产入账标准的确认，可参考本部分"（三）实务选择"的内容。

6. 可否选择性扣除

如果企业在当年11月前购置并投入使用了多项设备，且单价均不超过500万元，企业可否选择将部分资产在汇算清缴时一次性税前列支，另一部分资产正常按折旧额税前列支？

46号公告规定，企业根据自身生产经营核算需要，可自行选择享受一次性税前扣除政策。未选择享受一次性税前扣除政策的，以后年度不得再变更。

按照上述规定，无法判定企业是否可以对资产有选择性地一次性税前扣除。

《关于〈国家税务总局关于设备、器具扣除有关企业所得税政策执行问题的公告〉的解读》规定，以后年度不得再变更的规定是针对单个固定资产而言，单个固定资产未选择享受的，不影响其他固定资产选择享受一次性税前扣除政策。

按照文件解读的精神，政策要求一目了然。对于企业在优惠期间购入符合条件的设备，哪些可以一次性税前列支，自己看着办即可！

7. 如何加计扣除

如果企业在某年7月购买并投入使用了一台专门用于研发的设备，计税价值 200 万元，企业选择一次性税前扣除。则该企业在申请当年研发费用加计扣除（企业满足研发费用加计扣除的条件）时，可以以 200 万元为基础进行加计扣除吗？

按照《国家税务总局关于研发费用税前加计扣除归集范围有关问题的公告》（国家税务总局公告 2017 年第 40 号）的规定，企业用于研发活动的仪器、设备，符合税法规定且选择加速折旧优惠政策的，在享受研发费用税前加计扣除政策时，就税前扣除的折旧部分计算加计扣除。

因此，企业在日常会计处理时，将该资产计入"固定资产"，并自投入使用的次月起计提折旧。在年度汇算清缴时，将 200 万元一次性税前列支，同时，将税前扣除的 200 万元申请研发费用加计扣除^㊀。

二、固定资产残值率如何确定

固定资产入账了，接下来的问题就是要确定残值率，不同资产的残值率应该如何合理确定呢？

（一）会计规定

无论是《企业会计准则》《企业会计制度》，还是《小企业会计准则》，对于固定资产的残值率均无明确规定。

（二）税法规定

按照《企业所得税法实施条例》的规定，企业应当根据固定资产的性质和使用情况，合理确定固定资产的预计净残值。固定资产的预计净残值一经确定，不得变更。

国家税务总局纳税服务司于 2010 年 6 月 17 日网络答疑中表示，企业可以根据固定资产的性质及使用情况，确定是否预留残值。如果固定资产使用到期后，没有任何可利用价值或者变卖价值，可以选择 0。

㊀　按国家税务总局北京市税务局 2019 年 11 月 12 日发布的《企业所得税实务操作政策指引》的规定，对于研发专用的设备，可以按一次性列支的全部金额享受研发费用加计扣除优惠。

因此，企业可以根据固定资产的性质和使用情况，自行确定净残值，无须设置一个强制性的比例。

（三）残值率调整

过去入账的固定资产，已经按照预先设定的残值率开始计提折旧，现在政策发生了调整，原来设定的残值率是否可以再调整呢？

1. 会计规定

企业对固定资产残值率的变更属于会计估计变更，采取未来适用法进行调整，不需要对过去的事项进行追溯调整。

2. 税法规定

按照《企业所得税法实施条例》的规定，固定资产的预计净残值一经确定，不得变更。

因此，过去一旦确定的事项，后续不得再调整。从税会尽可能一致的原则出发，一般也不建议在会计上对过去的事项再调整。但可以考虑未来新购置的固定资产，按照新的标准设定残值率。

三、固定资产折旧年限如何确定

（一）会计规定

无论是《企业会计准则》《企业会计制度》，还是《小企业会计准则》，对于固定资产的折旧年限均无明确规定，企业可根据固定资产的预计使用状况合理预估。

（二）税法规定

按照《企业所得税法实施条例》的规定，除国务院财政、税务主管部门另有规定外，固定资产计算折旧的最低年限如下：

（1）房屋、建筑物，为20年。

（2）飞机、火车、轮船、机器、机械和其他生产设备，为10年。

（3）与生产经营活动有关的器具、工具、家具等，为5年。

（4）飞机、火车、轮船以外的运输工具，为4年。

（5）电子设备，为3年。

会计政策没有规定折旧年限，《企业所得税法》规定了最低折旧年限。如果会计上设定的折旧年限和税法规定的最低折旧年限不一致，在计算企业所得税时，应该如何处理呢？

按照《国家税务总局关于企业所得税应纳税所得额若干问题的公告》（国家税务总局公告2014年第29号）的规定，对于上述问题，应按以下原则处理。

（1）企业固定资产会计折旧年限如果短于税法规定的最低折旧年限，其按会计折旧年限计提的折旧高于按税法规定的最低折旧年限计提的折旧部分，应调增当期应纳税所得额。

【例5-1】　某企业（增值税一般纳税人）在20X7年6月购置了一台单价为6 000元（不含税）的电脑，计入固定资产，残值率为0。会计上按2年计提折旧，税法规定的最低折旧年限为3年。20X7年该企业在会计上和税法上计算的折旧如下：

会计折旧 = 6 000 ÷（2 × 12）× 6 = 1 500（元）

按税法最低折旧年限计提的折旧 = 6 000 ÷（3 × 12）× 6 = 1 000（元）

日常会计处理时，企业已按会计折旧额1 500元计入当期成本、费用，但当年允许税前扣除的折旧额只能是1 000元，因此，当年要把多计入成本、费用的500元做纳税调增处理。

（2）企业固定资产会计折旧年限已期满且会计折旧已提足，但税法规定的最低折旧年限尚未到期且税收折旧尚未足额扣除，其未足额扣除的部分准予在剩余的税收折旧年限继续按规定扣除。

如上述案例，到20X9年6月，该电脑的折旧在会计上已经计提完毕，20X9年下半年不会再对该电脑计提折旧，但由于税法规定的最低折旧年限是 3 年，20X9 年下半年仍要继续计算折旧。

20X9 年该电脑的会计折旧 = 6 000 ÷（2×12）×6 = 1 500（元）

20X9 年该电脑允许税前扣除的折旧 = 6 000 ÷（3×12）×12 = 2 000（元）

因此，当年在计算缴纳企业所得税时，应将少计入成本、费用的 500 元做纳税调减处理。

（3）企业固定资产会计折旧年限如果长于税法规定的最低折旧年限，其折旧应按会计折旧年限计算扣除，税法另有规定的除外。

如上述案例，如果企业购入电脑后，会计上按 5 年计提折旧，则 20X7 年当年计提折旧额如下：

20X7 年会计折旧额 = 6 000 ÷（5×12）×6 = 600（元）

由于会计折旧年限大于税法规定的最低折旧年限，依照上述规定，企业所得税税前扣除时，在税法没有其他规定的情况下，20X7 年当年也是按 600 元进行税前列支。

小提示

按照《国家税务总局关于企业所得税若干政策征管口径问题的公告》（国家税务总局公告 2021 年第 17 号）的规定，从 2021 年 1 月 1 日起，企业购买的文物、艺术品用于收藏、展示、保值增值的，作为投资资产进行税务处理。文物、艺术品资产在持有期间，计提的折旧、摊销费用，不得税前扣除。

现有税收政策的规定中，哪些资产属于投资资产呢？

按照《企业所得税法实施条例》的规定，投资资产是指企业对外进行权益性投资和债权性投资形成的资产。也就是我们在会计科目中常见的长期股权投资和持有至到期投资（或长期债权投资）。

按照上述规定，从 2021 年 1 月 1 日开始，企业购买文物、艺术品能否税前列支要分两种情况处理：

如果不是用于收藏、展示、保值增值，而是用于经营的（如购买的古董桌椅由公司领导作为办公桌椅或会议室桌椅使用），可以计入"固定资产"科目，按年度折旧额税前列支或一次性税前列支；

如果是用于收藏、展示、保值增值的，则应按投资资产管理，但无论计入股权投资科目还是计入债权投资科目都不太适合，建议仍计入"固定资产"科目，会计上正常计提折旧，只是在年度企业所得税汇算清缴时，将该类资产的折旧额做纳税调增处理。

第二节　无形资产的财税问题

实务中经常会碰到这样的问题：支付了一笔数万元甚至更高的技术开发费，应该计入当期损益还是计入无形资产？花 2 000 元买了一套小软件，应该计入当期损益还是计入无形资产？计入无形资产后，一定要按 10 年摊销吗？

一、单价多少属于无形资产

（一）《企业会计准则》的规定

按照《企业会计准则第 6 号——无形资产》的规定，无形资产是指企业拥有或者控制的没有实物形态的可辨认非货币性资产。

如何界定可辨认的标准？满足下列条件之一的，就符合无形资产定义中的可辨认性标准。

（1）能够从企业中分离或者划分出来，并能单独或者与相关合同、资产或负债一起，用于出售、转移、授予许可、租赁或者交换。

（2）源自合同性权利或其他法定权利，无论这些权利是否可以从企业或其他权利和义务中转移或者分离。

（二）《企业会计制度》的规定

按照《企业会计制度》（财会 [2000]25 号）的规定，无形资产是指企业为生产商品或者提供劳务、出租给他人，或为管理目的而持有的、没有实物形态的非货币性长期资产。无形资产分为可辨认无形资产和不可辨认无形资产。可辨认无形资产包括专利权、非专利技术、商标权、著作权、土地使用权等；不可辨认无形资产是指商誉。

对于企业自创的商誉，以及未满足无形资产确认条件的其他项目，不能作为无形资产。

(三)《小企业会计准则》的规定

按照《小企业会计准则》(财会 [2011]17 号) 的规定，无形资产是指小企业为生产产品、提供劳务、出租或经营管理而持有的、没有实物形态的可辨认非货币性资产。

小企业的无形资产包括土地使用权、专利权、商标权、著作权、非专利技术等。

(四) 企业所得税法的规定

按照《企业所得税法实施条例》的规定，无形资产是指企业为生产产品、提供劳务、出租或者经营管理而持有的、没有实物形态的非货币性长期资产，包括专利权、商标权、著作权、土地使用权、非专利技术、商誉等。

(五) 结论

根据上述规定，对于企业外购的技术性支出，可得出如下结论。

1. 无形资产入账单价无标准

无论是会计政策还是《企业所得税法》，对无形资产入账的单价标准均无明确规定，企业可根据经营实际结合上述规定自行确定。

2. 技术开发费是否计入无形资产要具体问题具体分析

（1）如果该技术开发属于企业自主研发项目中的一部分，且该研发支出采取费用化处理（无论执行何种会计政策），则该技术开发费无论金额多少，均计入当期损益（或通过"研发支出——费用化支出"科目过渡至损益科目）。

（2）如果该技术开发属于企业自主研发项目中的一部分，且在《企业会计准则》或《小企业会计准则》下对该研发支出采取资本化处理，则该技术开发费无论金额多少，均计入"研发支出——资本化支出"，并最终在达到无形资产可使用状态时转入"无形资产"科目。

（3）如果该技术开发属于企业的委托研发项目，且研发成功后技术所有权归委托方企业拥有（包括单独拥有和共同拥有），该技术开发费若超过企业制定的单价标准，则计入"无形资产"科目（开发过程中支付的款项可先通过"预付账款"处理）；否则，计入当期损益。

（4）如果该技术开发属于企业的委托研发项目，且研发成功后委托方仅在一定期限内拥有技术使用权（此种情况在实务中不常见），则该技术开发费可计入"待摊费用"科目，在技术使用期限内按期摊销。

二、无形资产可以按多少年摊销

（一）《企业会计准则》的规定

按照《企业会计准则第 6 号——无形资产》的规定，使用寿命有限的无形资产，其应摊销金额应当在使用寿命内合理摊销。使用寿命不确定的无形资产不应摊销。

按照《〈企业会计准则第 6 号——无形资产〉应用指南》的规定，如果无形资产并非自主研发，而是从其他方式获取的，则摊销年限应遵循以下原则：

（1）来源于合同性权利或其他法定权利的无形资产，其使用寿命不应超过合同性权利或其他法定权利的期限。

（2）合同性权利或其他法定权利在到期时因续约等延续，且有证据表明企业续约不需要付出大额成本的，续约期应当计入使用寿命。

（3）合同或法律没有规定使用寿命的，企业应当综合各方面因素判断，以确定无形资产能为企业带来经济利益的期限。比如，与同行业的情况进行比较，参考历史经验，或聘请相关专家进行论证等。

如果按照上述方法仍无法合理确定无形资产为企业带来经济利益期限的，则该项无形资产应作为使用寿命不确定的无形资产，不需要进行摊销。

(二)《企业会计制度》的规定

按照《企业会计制度》(财会 [2000]25 号) 的规定，无形资产应当自取得当月起在预计使用年限内分期平均摊销，计入损益。若预计使用年限超过了相关合同规定的受益年限或法律规定的有效年限，则该无形资产的摊销年限应按如下原则确定：

（1）合同规定受益年限但法律没有规定有效年限的，摊销年限不应超过合同规定的受益年限。

（2）合同没有规定受益年限但法律规定有效年限的，摊销年限不应超过法律规定的有效年限。

（3）合同规定了受益年限，法律也规定了有效年限的，摊销年限不应超过受益年限和有效年限两者之中较短者。

如果合同没有规定受益年限，法律也没有规定有效年限的，摊销年限不应超过 10 年。

(三)《小企业会计准则》的规定

按照《小企业会计准则》(财会 [2011]17 号) 的规定，无形资产应当在其使用寿命内采用年限平均法进行摊销，根据其受益对象计入相关资产成本或者当期损益。

无形资产的摊销期自其可供使用时开始至停止使用或出售时止。有关法律规定或合同约定了使用年限的，可以按照规定或约定的使用年限分期摊销。

小企业不能可靠估计无形资产使用寿命的，摊销期不得低于 10 年。

(四)企业所得税法的规定

按照《企业所得税法实施条例》的规定，无形资产按照直线法计算的摊销费用，准予扣除。

无形资产的摊销年限不得低于 10 年。

作为投资或者受让的无形资产，有关法律规定或者合同约定了使用年限的，可以按照规定或者约定的使用年限分期摊销。

外购商誉的支出，在企业整体转让或者清算时，准予扣除。

（五）结论

根据上述规定，对于无形资产摊销期限，可得出如下结论。

1.无法确定使用年限的无形资产

若执行《企业会计准则》，在该情况下，无形资产不得摊销。

若执行《企业会计制度》，在该情况下，无形资产摊销年限不应超过 10 年。

若执行《小企业会计准则》，在该情况下，无形资产摊销年限不得低于 10 年。

无论执行什么会计政策，在税法中，无形资产的摊销年限不得低于 10 年。

实务中到底应该执行什么会计政策，需要结合企业的经营实际及未来发展战略来确定，没有好坏之分。

2.法律规定或合同约定了使用年限的无形资产

在该情况下，会计政策和税法，做出了一致性规定，即按照规定或约定使用年限分期摊销，而不是以 10 年为参照。

三、采购取得无形资产如何记账

以增值税一般纳税人采购取得无形资产为例。

（1）购买无形资产且取得增值税专用发票：

借：无形资产

　　应交税费——应交增值税——进项税额

　　贷：银行存款

（2）购入当月开始摊销（假设 10 年摊销）：

借：管理费用（或研发支出等）

　　贷：累计摊销

（3）使用过程中或到期以公允价值变卖（放弃增值税免税）：

借：银行存款

　　累计摊销

　　贷：无形资产

　　　　应交税费——应交增值税——销项税额

四、自主研发取得无形资产如何记账

执行《企业会计制度》的企业，按照《企业会计制度》第四十五条的规定，自行开发并按法律程序申请取得的无形资产，按依法取得时发生的注册费、聘请律师费等费用，作为无形资产的实际成本。在研究与开发过程中发生的材料费用、直接参与开发人员的工资及福利费、开发过程中发生的租金、借款费用等，直接计入当期损益。已经计入各期费用的研究与开发费用，在该项无形资产获得成功并依法申请取得权利时，不得再将原已计入费用的研究与开发费用资本化。

按照上述规定，执行《企业会计制度》的企业，在实务操作时一般不会有资本化的问题。因此，在本书中，我们仅讨论研发所需要的资金均通过企业自筹解决，且企业执行《企业会计准则》的情况。

执行《小企业会计准则》的企业，有关研发支出的处理与《企业会计准则》相同。

（一）政策规定

按照《〈企业会计准则第 6 号——无形资产〉应用指南》的规定，企业从事研究与开发活动时，将研发项目区分为研究阶段与开发阶段，企业应当根据研究与开发的实际情况加以判断。

1. 研究阶段的界定

该阶段是探索性的，为进一步开发活动进行资料及相关方面的准备，已进行的研究活动将来是否会转入开发、开发后是否会形成无形资产等均具有较大的不确定性。

比如，意在获取知识而进行的活动，研究成果或其他知识的应用研究、评价和最终选择，材料、设备、产品、工序、系统或服务替代品的研究，新的或经改进的材料、设备、产品、工序、系统或服务的可能替代品的配制、设计、评价和最终选择等，均属于研究活动。

2. 开发阶段的界定

相对于研究阶段而言，开发阶段应当是已完成研究阶段的工作，在很大程度上具备了形成一项新产品或新技术的基本条件。

比如，生产前或使用前的原型和模型的设计、建造和测试，不具有商业性生产经济规模的试生产设施的设计、建造和运营等，均属于开发活动。

3. 不同阶段的会计处理

按照《企业会计准则第 6 号——无形资产》的规定，企业内部研发项目研究阶段的支出，应当于发生时计入当期损益（会计准则对"管理费用"科目的核算范围进行界定时，将研究费用归入该科目）；开发阶段的支出，同时满足下列条件的，才能确认为无形资产。

（1）完成该无形资产以使其能够使用或出售在技术上具有可行性。判断无形资产的开发在技术上是否具有可行性，应当以目前阶段的成果为基础，并提供相关证据和材料，证明企业进行开发所需的技术条件等已经具备，不存在技术上的障碍或其他不确定性。比如，企业已经完成了全部计划、设计和测试活动，这些活动是使无形资产能够达到设计规划书中的功能、特征和技术所必需的活动，或经过专家鉴定等。

（2）具有完成该无形资产并使用或出售的意图。企业能够说明其开发无形资产的目的，如可以以公司经理办公会决议的形式或企业管理层声明的形式对开发无形资产的目的进行描述。

（3）无形资产产生经济利益的方式。无形资产是否能够为企业带来经济利益，应当对运用该无形资产生产的产品市场情况进行可靠预计，以证明所生产的产品存在市场并能够带来经济利益，或能够证明市场上存在对该无形资产的需求。比如，企业前期进行的市场调研所形成的市场调研报告或权威机构发布的市场预测报告等。

（4）有足够的技术、财务资源和其他资源支持，以完成该无形资产的开发，并有能力使用或出售该无形资产。企业能够证明可以取得无形资产开发所需的技术、财务和其他资源，以及获得这些资源的相关计划。

企业自有资金不足以提供支持的，应能够证明存在外部其他方面的资金支持，如银行等金融机构声明，愿意为该无形资产的开发提供所需资金，或股东承诺在研发资金不足时会追加投资以确保研发过程不会中断等。

对于技术资源的获得，除了公司内部的研发团队外，还可以和有关科研院所签订《产学研合作协议》，以获取更多、更专业的外部技术支持。

（5）归属于该无形资产开发阶段的支出能够可靠地计量。企业对研发的支出应当单独核算，比如直接发生的研发人员工资、材料费，以及相关设备的折旧费等。同时从事多项研发活动的，所发生的支出应当按照合理的标准在各项研发活动之间进行分配；无法合理分配的，应当计入当期损益。

4. 研究阶段和开发阶段无法区分的会计处理

研究阶段和开发阶段在理论上区分相对比较容易，但在实务操作中往往存在很大障碍。比如，医药研发一般会经过化学实验、动物实验、一期临床、二期临床、三期临床等多个阶段，在每个阶段未最终取得成功之前，是否会取得成功均具有较大的不确定性。究竟该从哪个阶段开始作为开发阶段呢？的确很难判定。

对于类似于上述在实务中很难划分研究阶段和开发阶段，并且企业也无法对研究阶段和开发阶段进行准确划分的研发项目，应将发生的研发支出全部费用化处理，计入当期损益[⊖]。

⊖　财政部会计司编写组. 企业会计准则讲解 2010[M]. 北京：人民出版社，2010：107.

（二）会计处理

1. 费用化处理

（1）企业用自有资金购置并使用研发用固定资产或无形资产：

1）购入固定资产或无形资产：

借：固定资产

　　无形资产

　　应交税费——应交增值税——进项税额

　　贷：银行存款等相关科目

2）固定资产按月计提折旧，无形资产按月摊销：

借：研发支出——××项目——费用化支出——折旧费

　　研发支出——××项目——费用化支出——无形资产摊销费

　　贷：累计折旧

　　　　累计摊销

3）期末结转损益：

借：管理费用——研发费用

　　贷：研发支出——××项目——费用化支出——折旧费

　　　　研发支出——××项目——费用化支出——无形资产摊销费

（2）发生工资、社会保险、住房公积金、福利费等人工成本支出，按实际发生额处理：

1）计提工资等：

借：研发支出——××项目——费用化支出——工资等

　　贷：应付职工薪酬——工资等

2）支付工资等：

借：应付职工薪酬——工资等

　　贷：银行存款等相关科目

3）期末结转损益：

借：管理费用——研发费用

　　贷：研发支出——××项目——费用化支出——工资等

（3）发生材料费支出：

1）材料采购：

借：在途物资／材料采购

　　应交税费——应交增值税（进项税额）

　　贷：银行存款等相关科目

2）材料入库：

借：原材料

　　贷：在途物资／材料采购

3）材料领用：

借：研发支出——××项目——费用化支出——材料费

　　贷：原材料

4）期末结转损益：

借：管理费用——研发费用

　　贷：研发支出——××项目——费用化支出——材料费

（4）发生其他研发费（如设备租赁费、房屋租赁费、资料费、设备维护费、试验费、专利维护费、专利申请费、研发人员差旅费、研发人员办公费、研发人员通信费等）支出：

1）发生时：

借：研发支出——××项目——费用化支出——租赁费等

　　贷：银行存款等相关科目

2）期末结转损益：

借：管理费用——研发费用

　　贷：研发支出——××项目——费用化支出——租赁费等

2. 资本化处理

首先需要明确的是，企业对研发支出采取资本化处理，必须满足会计准则所规定的资本化条件。也就是说，企业需准备好开始资本化的相关证明材料。

（1）完成该无形资产以使其能够使用或出售在技术上具有可行性。可提供企业已经在研究阶段完成了全部计划、设计和测试的证明材料，并提供研究阶段所取得技术的证明（如知识产权）或提供专家鉴定报告等。

（2）具有完成该无形资产并使用或出售的意图。可提供公司经理办公会决议或企业管理层声明。

（3）无形资产产生经济利益的方式。可提供企业前期进行的市场调研所形成的市场调研报告或权威机构发布的市场预测报告等。

（4）有足够的技术、财务资源和其他资源支持，以完成该无形资产的开发，并有能力使用或出售该无形资产。技术资源可提供企业与有关大专院校、科研院所签订的《产学研合作协议》；财务资源可提供企业与银行等金融机构签订的资金使用协议；其他资源可提供与相关机构签订的协议等。

（5）归属于该无形资产开发阶段的支出能够可靠地计量。可提供企业针对研发的财务核算办法。

上述资料准备齐全后，可通过总经理办公会或召开由技术部门、财务部门及其他相关部门参加的专项会议，与会人员对企业准备的上述资料进行讨论，达成一致意见后形成决议，确定企业针对某个具体研发项目开始资本化的日期。上述资料作为项目开始资本化的证明资料由财务部门留存备查。

有关研发支出资本化处理的会计分录如下：

（1）企业用自有资金购置并使用研发用固定资产或无形资产。

1）购置固定资产或无形资产：

借：固定资产

　　无形资产

　　应交税费——应交增值税——进项税额

　　贷：银行存款等相关科目

2）固定资产按月计提折旧，无形资产按月摊销：

借：研发支出——××项目——资本化支出——折旧费

　　研发支出——××项目——资本化支出——无形资产摊销费

贷：累计折旧

累计摊销

（2）发生工资、社会保险、住房公积金、福利费等人工成本支出，按实际发生额处理。

1）计提工资等：

借：研发支出——××项目——资本化支出——工资等

贷：应付职工薪酬——工资等

2）支付工资等：

借：应付职工薪酬——工资等

贷：银行存款等相关科目

（3）发生材料费支出。

1）材料采购：

借：在途物资／材料采购

应交税费——应交增值税——进项税额

贷：银行存款等相关科目

2）材料入库：

借：原材料

贷：在途物资／材料采购

3）材料领用：

借：研发支出——××项目——资本化支出——材料费

贷：原材料

（4）发生其他研发费（如设备租赁费、房屋租赁费、资料费、设备维护费、试验费、研发人员差旅费、研发人员办公费、研发人员通信费等）支出。

借：研发支出——××项目——资本化支出——租赁费等

贷：银行存款等相关科目

（5）研发完成，形成无形资产。

借：无形资产

贷：研发支出——××项目——资本化支出——折旧费

　　研发支出——××项目——资本化支出——无形资产摊销费

　　研发支出——××项目——资本化支出——工资等

　　研发支出——××项目——资本化支出——材料费

　　研发支出——××项目——资本化支出——租赁费等

这里需要明确的是，在实务操作中应该在什么时点确认形成无形资产。如果研发完成后，形成的无形资产以专利、软件著作权等知识产权形式体现，是应该在项目结束时、申请知识产权时还是取得知识产权时确认形成无形资产？

因为在实务操作中，企业从项目研发完成到申请知识产权，再到取得知识产权，每个阶段都需要一定的时间。甚至还可能存在一个研发项目在某一个阶段结束后，形成了相关的专利和非专利技术，然后继续进入下一个阶段的研究和开发的情况。

因此，以不同的时点作为资本化完成的时点，会导致企业计入无形资产的入账价值存在差异。

根据《企业会计准则》的相关规定，结合企业实际，建议企业在开发任务完成并达到无形资产预计可使用状态时，确认形成无形资产。相关的证据材料可提供企业内部评审报告、专家验收报告、专利申请受理通知书等。

五、如何建立研发费用辅助核算账

（一）政策要求

按照《财政部关于企业加强研发费用财务管理的若干意见》（财企[2007]194号）的规定，企业应当明确研发费用的开支范围和标准，严格审批程序，并按照研发项目或者承担研发任务的单位，设立台账归集核算研发费用。

按照《科技部 财政部 国家税务总局关于修订印发〈高新技术企业认定

管理工作指引〉的通知》（国科发火 [2016]195 号）的规定，企业应正确归集研发费用，按照"企业年度研究开发费用结构明细表"设置高新技术企业认定专用研究开发费用辅助核算账目，提供相关凭证及明细表，并按要求进行核算。

按照《财政部 国家税务总局 科技部关于完善研究开发费用税前加计扣除政策的通知》（财税 [2015]119 号）规定，企业应按照国家财务会计制度要求，对研发支出进行会计处理；同时，对享受加计扣除的研发费用按研发项目设置辅助账，准确归集核算当年可加计扣除的各项研发费用实际发生额。

因此，无论是会计处理、高新技术企业认定还是研发费用加计扣除，均要求对研发费用设置辅助账进行专账核算。

（二）费用分摊

对企业发生的与研发相关的支出均按照研发项目单独核算，理论上没有问题，但在实务中却存在很大障碍。如一人同时从事多个项目，其人工成本在各项目间应如何分摊；企业租赁的房屋，各个部门都使用，租赁费也需要在不同的研发项目之间进行分摊……

所有这些问题都会成为企业设置研发支出辅助账的障碍。该如何解决？用简单的算术平均可以吗？

按照《国家税务总局关于研发费用税前加计扣除归集范围有关问题的公告》（国家税务总局公告 2017 年第 40 号）的规定，下列费用既发生在研发活动，也发生在非研发活动的，需要按照工时占比等合理方式进行分摊。

1. 人工成本

直接从事研发活动的人员、外聘研发人员同时从事非研发活动的，企业应对其人员活动情况做必要记录，并将其实际发生的相关费用按实际工时占比等合理方法在研发费用和生产经营费用间分配，未分配的不得加计扣除。

2. 租赁费用

以经营租赁方式租入的用于研发活动的仪器、设备，同时用于非研发活动的，企业应对其仪器设备使用情况做必要记录，并将其实际发生的租赁费按实际工时占比等合理方法在研发费用和生产经营费用间分配，未分配的不得加计扣除。

3. 折旧费用

用于研发活动的仪器、设备，同时用于非研发活动的，企业应对其仪器设备使用情况做必要记录，并将其实际发生的折旧费按实际工时占比等合理方法在研发费用和生产经营费用间分配，未分配的不得加计扣除。

4. 无形资产摊销费用

用于研发活动的无形资产，同时用于非研发活动的，企业应对其无形资产使用情况做必要记录，并将其实际发生的摊销费按实际工时占比等合理方法在研发费用和生产经营费用间分配，未分配的不得加计扣除。

按照工时占比，显然就需要企业统计出每月每个研发项目的工时，而每个研发项目的工时又是由参与该项目的所有研发人员在当月耗费的工时构成。因此，按月统计每个研发人员在每月从事不同研发项目的工时就成了一项非常基础却又不得不做的工作。

工时统计仅仅完成了第一步。对于需要不同研发项目共同分摊的费用，还要逐笔按照该项目的实际工时占比进行分摊，才能最终计算出每个项目在各月发生的不同类型研发费用。

（三）建账建议

基于上述分析，建议企业在对研发费用进行日常会计核算时，可根据研发费用的具体情况进行会计处理。

1. 属于专门用于研发，但需要在不同项目进行分摊的支出

如研发人员交叉从事不同项目研发，研发人员所发生的人工成本、房租成本、仪器和设备的折旧成本、无形资产摊销等，在日常核算时，可参考本

节第四部分"自主研发取得无形资产如何记账"中有关会计处理的表述，把各分录中的"××项目"略去⊖，各月只统计不同类别研发费用的发生总额。对于各月的研发费用辅助核算账的设置，可在每半年或每年根据企业当年实际从事的研发项目，分别统计出各月的研发工时，然后按工时占比核算每个项目应分摊的研发费用。辅助核算账的模板可参考《国家税务总局关于进一步落实研发费用加计扣除政策有关问题的公告》（国家税务总局公告 2021 年第 28 号）的附件。

2. 属于研发和生产经营共用的支出

如房租支出、动力支出、共用固定资产的折旧支出、通信支出等，对于该类支出，在日常核算时，要首先计算出归属于研发的金额是多少。在具体计算时，可结合企业的实际情况分别确定。如房租支出，如果能单独划分出研发部门所占用的面积，就可以考虑按面积确定研发部门应分摊的租赁额；如果不能单独划分，就可以考虑按工时划分，以各月研发部门总工时占全员总工时的比例计算研发部门应分摊的租赁费金额。

3. 单独属于某一特定项目的支出

如为某一研发项目单独组建的团队，申请了国家课题项目，发生与研发有关的支出时，由于在发生时就已经明确其项目归属，可直接按本节第四部分"自主研发取得无形资产如何记账"中有关会计处理的操作方法执行。

第三节　应收账款的财税问题

做生意，难免被客户拖欠货款或服务费。多数情况下，大部分客户或早或晚都会把费用支付了，但也会碰到极个别的企业或个人，或许赖账习惯了，或许是"虱子多了不怕痒"，总处于"欠债不还"的"死机"状态。

打官司吧，有时候还担心影响后续合作。即便打赢了，在当前的法制环境下，"执行难"仍然是一个大问题，赢了官司也许照样一场空。

⊖　具体操作时请结合当地政策要求。有些地区要求申请高新技术企业时，研发费用必须按研发项目分别核算，这种情况下，会计科目中的"XX 项目"就必须保留。

不打官司吧，被拖欠资金犹如吃了"苍蝇"，总是让人不舒服。关键的问题是，如果拖欠的资金过多，还可能会直接危及自身的生存和发展。

在确定收款无门的情况下，国家是否对企业无法收回的款项有特殊政策呢？是否可以帮助减轻企业的负担呢？

一、坏账损失是否可以税前扣除

（一）扣除条件

按照《国家税务总局关于发布〈企业资产损失所得税税前扣除管理办法〉的公告》（国家税务总局公告 2011 年第 25 号）的规定，企业实际资产损失，应当在其实际发生且会计上已作损失处理的年度申报扣除。

企业发生的资产损失，应按规定的程序和要求向主管税务机关申报后方能在税前扣除。未经申报的损失，不得在税前扣除。

因此，企业的应收账款无法收回，如果要在企业所得税税前扣除，必须同时满足以下两个条件：一是会计上已经作为损失处理；二是按规定的程序和要求向主管税务机关申报。

（二）会计处理

1. 执行《企业会计准则》

借：资产减值损失

　　贷：坏账准备

借：坏账准备

　　贷：应收账款

2. 执行《企业会计制度》

借：管理费用

　　贷：坏账准备

借：坏账准备

　　贷：应收账款

3. 执行《小企业会计准则》

借：营业外支出

贷：应收账款

（三）扣除程序

按照《国家税务总局关于企业所得税资产损失资料留存备查有关事项的公告》（国家税务总局公告 2018 年第 15 号）的规定，企业向税务机关申报扣除资产损失，仅需填报企业所得税年度纳税申报表《资产损失税前扣除及纳税调整明细表》，不再报送资产损失相关资料。相关资料由企业留存备查。

（四）留存备查资料

企业需要按照《企业资产损失所得税税前扣除管理办法》（国家税务总局公告 2011 年第 25 号）的要求准备留存备查资料。但个别资料内容需要做适当调整。

1. 专项审计报告无须准备

按照《国家税务总局关于取消 20 项税务证明事项的公告》（国家税务总局公告 2018 年第 65 号）的规定，自 2018 年 12 月 28 日起，企业申报资产损失需要中介出具的专项报告全部取消。具体内容包括：

（1）企业向税务机关申报扣除按独立交易原则向关联企业转让资产而发生的损失，或向关联企业提供因借款、担保而形成的债权损失时，将需留存备查的"中介机构出具的专项报告及其相关的证明材料"修改为"自行出具的有法定代表人、主要负责人和财务负责人签章证实有关损失的书面申明和相关材料"。

（2）企业向税务机关申报扣除特定损失时，将需留存备查的"专业技术鉴定意见（报告）或法定资质中介机构出具的专项报告"统一修改为"自行出具的有法定代表人、主要负责人和财务负责人签章证实有关损失的书面申明"。

2. 应收款项损失的留存备查资料

按照《企业资产损失所得税税前扣除管理办法》（国家税务总局公告 2011 年第 25 号）的规定，结合《国家税务总局关于取消 20 项税务证明事项的公告》（国家税务总局公告 2018 年第 65 号）的要求，对于企业常见的应收款项发生的损失，若要税前列支，需要的留存备查资料如下。

（1）逾期三年以上的应收款项。

1）会计上已作为损失处理的会计记录。

2）法定代表人、主要负责人和财务负责人签章证实有关损失的书面申明。

（2）逾期一年以上，单笔数额不超过五万或者不超过企业年度收入总额万分之一的应收款项。

1）会计上已作为损失处理的会计记录。

2）法定代表人、主要负责人和财务负责人签章证实有关损失的书面申明。

3. 其他应收款项，根据不同类型，提供相应证据

（1）相关事项合同、协议或说明（必须提供）。

（2）属于债务人破产清算的，应有人民法院的破产、清算公告。

（3）属于诉讼案件的，应出具人民法院的判决书或裁定书或仲裁机构的仲裁书，或者被法院裁定终（中）止执行的法律文书。

（4）属于债务人停止营业的，应有工商部门注销、吊销营业执照证明。

（5）属于债务人死亡、失踪的，应有公安机关等有关部门对债务人个人的死亡、失踪证明。

（6）属于债务重组的，应有债务重组协议及其债务人重组收益纳税情况说明。

（7）属于自然灾害、战争等不可抗力而无法收回的，应有债务人受灾情况说明以及放弃债权申明。

4. 特别注意事项

按国家税务总局北京市税务局 2019 年 11 月 12 日发布的《企业所得税

实务操作政策指引》的规定，除特殊情况外，企业（包括集团内企业）间无偿拆借资金发生的损失不能按应收或预付账款损失进行税务处理，而应按债权投资损失进行税务处理。

按照《企业资产损失所得税税前扣除管理办法》（国家税务总局公告2011年第25号）的规定，企业发生非经营活动的债权投资损失不得从税前扣除。因此，企业（包括集团内企业）间因无偿拆借资金而发生的损失不得从税前扣除。

二、坏账损失是否必须税前扣除

企业出现坏账损失，是不是一定要税前扣除呢？

答案是不一定。

如果企业不愿意扣除，当然可以放弃，在年度汇算清缴时，将已经在会计上作为损失处理的应收账款做纳税调增即可。

当然，马上就有人说，那企业还不亏大了，不但税前不能扣除，还要做纳税调增。这就意味着企业需要对该损失平白多缴纳所得税款。钱没收回，还要纳税，太不公平了！

果真如此吗？

其实大家只是陷入了一个思维怪圈，被误导了，实际情况根本不是这样！

【例 5-2】 A 公司 20X9 年度预计有 100 万元的应收账款无法收回，共涉及 20 个债务人。若企业在 20X9 年将该笔应收账款确认为无法收回的坏账，并且希望在 20X9 年企业所得税汇算清缴时能够税前列支，企业需要对20 项债权逐一梳理，准备 20 套留存备查资料。要完成该项工作，A 公司大约需要投入 40 万元成本。A 公司适用的企业所得税税率为 25%。

假设 A 公司不将 100 万元应收款作为坏账税前列支，无须额外投入 40万元成本，其应纳税所得额为 x，则应纳企业所得税为 0.25x。

假设 A 公司投入 40 万元成本准备资料，将该 100 万元应收款作为坏账税前列支，则：

A 公司 20X9 年应纳企业所得税 =（x − 100 − 40）× 25% = 0.25x − 35

A 公司为扣除该损失需负担的总成本 = 0.25x − 35 + 40 = 0.25x + 5

看到这样的分析结果，A 公司认为没有必要额外花费 40 万元去准备资料，而是直接将该 100 万元应收账款在当年全部确认为坏账损失。在 20X9 年度企业所得税汇算清缴时，将该部分费用做纳税调增处理。

实际上，对于 A 公司而言，如果从开始就没打算做坏账并申报税前扣除，则上述先做坏账，而后再做纳税调整的处理办法，实际上根本没有多缴纳企业所得税税款。我们来分析一下。

假设 20X9 年 A 公司对该 100 万元应收账款不做任何处理，依然挂在应收账款科目名下（实务中，对于大量非上市、非挂牌公司而言，很少有企业会计提坏账准备）。在此情况下，A 公司当年的应纳税所得额为 500 万元，公司无任何企业所得税税收优惠，也不存在需要弥补的以前年度亏损。

A 公司 20X9 年应纳企业所得税 = 500 × 25% = 125（万元）

如果 A 公司在 20X9 年把 100 万元应收账款全部在会计上确认为损失，则 A 公司 20X9 年的会计利润会减少 100 万元。由于不进行资产损失专项申报，该 100 万元损失在税前不得列支，20X9 年度汇算清缴时，需纳税调增 100 万元。会计利润减少 100 万元，汇算清缴再调增 100 万元，20X9 年 A 公司的应纳税所得额依然是 500 万元，当年应缴纳的企业所得税依然是 125 万元！企业并没有因为将应收账款作为损失而导致多缴纳任何税款！

小提示

对于应收账款的损失问题（其他资产损失与此类同），不一定必须要做专项申报，企业要根据自身实际情况，本着"小投入，大产出"的原则，选择对自身最有利的处理方式进行操作。

第四节　存货（礼品）的财税问题

在所有的资产管理中，对于具有生产业务的企业而言，最复杂、最容易出错误的就是存货管理。从采购到销售，和存货相关的会计科目通常会涉及材料采购、在途物资、原材料、半成品、库存商品、委托加工物资、发出商品等多个科目。不仅会计核算复杂，存货的日常管理也不轻松，零部件多、型号多的产品更是如此！

囿于文章的篇幅和中小企业的特点，本节不对生产环节的存货进行展开讨论，仅对日常经营中各类企业均能接触到的对外赠送的礼品（以下简称赠品）和用于福利的礼品（以下简称福利品）涉及的存货财税问题进行探讨，为企业消除该类存货管理方面的税收隐患提供参考。

一、赠品送出时是否要按视同销售货物申报增值税

日常经营中，为了提高产品或服务的市场占有率，增加客户的黏性，很多企业都或多或少会采取不同形式的促销政策以吸引消费者的眼球。买一送一、买服务送赠品等促销策略层出不穷。

有关赠品的财税问题，参见第二章第二节"怎么卖"。本部分重点对实务中购买及赠送赠品的会计和纳税申报进行探讨。

（一）购买赠品

为了促销，企业首先要购买赠品，为了降低税负，都会要求对方开具增值税专用发票。收到礼品后通常会做如下会计处理：

借：库存商品

应交税费——应交增值税——进项税额

贷：银行存款

（二）给予赠品满足招待性质的条件

如果企业将赠品给予客户，且该赠品具有招待的性质[⊖]，财务和税务处理有哪些特殊规定呢？

⊖　礼品支出属于宣传费还是招待费，请参阅本书第三章第五节"支付礼品费的税收风险"。

按照《增值税暂行条例实施细则》的规定，单位或者个体工商户将自产、委托加工的货物用于集体福利或者个人消费的行为，视同销售货物。该规定并不包括将购买的货物用于集体福利或个人消费（包括交际应酬），也就是说，购买的货物用于招待，不按视同销售货物处理。

按照《增值税暂行条例》和《营业税改征增值税试点实施办法》（财税[2016]36号）的规定，用于个人消费（含交际应酬）的购进货物的进项税额不得从销项税额中抵扣。

因此，企业购买的赠品用于招待，其进项税额不得抵扣，要做进项税额转出处理。有关会计处理如下：

借：销售费用——招待费

　　贷：库存商品

　　　　应交税费——应交增值税——进项税额转出

年度汇算清缴时，上述招待费与其他招待费合并，按照发生额的60%和当年销售收入的0.5%比较，取较小值作为企业所得税税前扣除的金额。

（三）给予赠品满足宣传性质的条件

企业将赠品给予客户，且该赠品具有宣传的性质，赠品的所有权发生了变更，按照《增值税暂行条例实施细则》第四条第（八）项的规定，单位或者个体工商户将自产、委托加工或者购进的货物无偿赠送其他单位或者个人的行为，视同销售货物。相关会计处理如下：

借：销售费用——宣传费

　　贷：库存商品

　　　　应交税费——应交增值税——销项税额

上述处理完毕后，每月（季）申报增值税时，需要在增值税纳税申报表"无票收入"中填列。这样处理的结果是企业利润表显示的销售收入额和增值税纳税申报表申报的销售收入额不一致，如果企业类似性质的支出很多，就会导致二者的差距更大。

在业务真实的情况下，这种差异也是非常合理的。但问题是，实务中，税务机关通常会对这种差异给予重点关注，可能会让企业单独写说明，甚至还可能招致税务稽查！这绝对不是企业希望看到的，因为谁也不知道可能会查出什么。

因此，理论上合理的事情，在实务中却很可能是"此路不通"。那该如何处理呢？建议的方法是，在将具有宣传性质的赠品送出时，做如下会计处理：

借：销售费用——宣传费
　贷：库存商品
　　应交税费——应交增值税——进项税额转出

在不存在其他差异的情况下，按照上述处理，企业在每月（季）申报增值税时，就可以确保利润表的销售收入和增值税纳税申报表的数据尽可能保持一致，最大限度减少被关注的风险。

在这种情况下，有读者可能会产生疑惑，既然做进项税额转出处理，那么购买时还需要取得增值税专用发票吗？

答案是：要，一定要！

如果企业购买时未取得增值税专用发票，在购买货物记账时，就不存在进项税额的问题。同样，在将货物用于上述用途时，也不存在进项税额转出的问题，但忽略了"视同销售"的问题。一旦被稽查，依然面临要补缴增值税的风险。

若取得了增值税专用发票，在购买入库时，有进项税额记录并将发票进行了认证，在用于上述用途时，也做了进项税额转出处理。即便有人对此提出异议，无非是会计处理和增值税纳税申报表填写错误，并不会增加企业的增值税纳税额。

另外，在年度企业所得税汇算清缴时，将上述宣传费和其他广告宣传费合计，产生的发生额和当年销售收入的 15%[⊖]进行比较，取较小值在企业所得税税前列支。

二、福利品给员工使用是否按视同销售货物申报增值税

企业将购买的货物作为具有福利性质的物品，要区分不同用途，分别对待。

（一）用于集体福利的福利品

如果企业将购置的货物用于集体福利，财务和税务处理有哪些特殊规定呢？

按照《增值税暂行条例实施细则》的规定，单位或者个体工商户将自产、委托加工的货物用于集体福利或者个人消费的行为，视同销售货物。该规定中不包括购买的货物用于集体福利或个人消费，也就是说，购买的货物用于集体福利，不按视同销售货物处理。

按照《增值税暂行条例》和《营业税改征增值税试点实施办法》（财税[2016]36 号）的规定，用于集体福利的购进货物的进项税额不得从销项税额中抵扣。

因此，企业购买的货物用于集体福利，其进项税额不得抵扣，要做进项税额转出处理。有关会计处理如下：

借：管理（销售）费用——福利费

　　贷：库存商品

　　　　应交税费——应交增值税——进项税额转出

⊖ 《财政部 税务总局关于广告费和业务宣传费支出税前扣除有关事项的公告》（财政部 税务总局公告 2020 年第 43 号）规定，在 2021 年 1 月 1 日起至 2025 年 12 月 31 日期间：

对化妆品制造或销售、医药制造和饮料制造（不含酒类制造）企业发生的广告费和业务宣传支出，不超过当年销售（营业）收入 30% 的部分，准予扣除；超过部分，准予在以后纳税年度结转扣除。

对签订广告费和业务宣传费分摊协议（以下简称分摊协议）的关联企业，其中一方发生的不超过当年销售（营业）收入税前扣除限额比例内的广告费和业务宣传费支出可以在本企业扣除，也可以将其中的部分或全部按照分摊协议归集至另一方扣除；另一方在计算本企业广告费和业务宣传费支出企业所得税税前扣除限额时，可将按照上述办法归集至本企业的广告费和业务宣传费不计算在内。

烟草企业的烟草广告费和业务宣传费支出，一律不得在计算应纳税所得额时扣除。

年度企业所得税汇算清缴时，上述福利费与其他福利费合并，得到的发生额和当年工资总额的 14% 比较，取较小值作为企业所得税税前扣除的金额。

（二）用于员工个人的福利品

企业将购买的货物无偿赠予员工（如年会上给员工发放实物奖品），实质上相当于员工获取了实物工资。按照《增值税暂行条例实施细则》的规定，该行为视同销售货物，企业需要计算缴纳增值税。

按照《个人所得税法》有关规定，该实物工资应与员工当月工资或与年终奖合并计算缴纳个人所得税。

相关会计处理如下：

借：管理费用等——奖金
　　贷：应付职工薪酬——奖金
借：应付职工薪酬——奖金
　　贷：库存商品
　　　　应交税费——应交增值税——销项税额
　　　　应交税费——应交个人所得税

在后续增值税纳税申报时，同样会出现利润表显示的销售收入额和增值税纳税申报表不一致的情况。为了尽可能降低被关注的概率，上述会计分录可调整为：

借：管理费用（销售费用）——奖金
　　贷：应付职工薪酬——奖金
借：应付职工薪酬——奖金
　　贷：库存商品
　　　　应交税费——应交增值税——进项税额转出
　　　　应交税费——应交个人所得税

第五节　金融资产的财税问题

金融资产具体包括哪些内容，官方尚无明确的界定。不同部门出台政策时，基本都是基于解决特定问题的立场进行规范，从而导致在实务中区分金融资产时，只有具体问题具体分析，才能"对号入座"。

一、什么是金融资产

（一）增值税规定

按照《营业税改征增值税试点实施办法》（财税 [2016]36 号）的规定，金融商品包括外汇、有价证券、非货物期货和其他金融商品。其他金融商品则有基金、信托、理财产品等各类资产管理产品和各种金融衍生品。

按照《中华人民共和国证券法》的规定，证券包括股票、公司债券和国务院依法认定的其他证券。

（二）企业所得税规定

按照《国家税务总局关于完善关联申报和同期资料管理有关事项的公告》（国家税务总局公告 2016 年第 42 号）的规定，金融资产包括应收账款、应收票据、其他应收款项、股权投资、债权投资和衍生金融工具形成的资产等。

（三）会计规定

按照《〈企业会计准则第 22 号——金融工具确认和计量〉应用指南》的规定，金融资产包括以下资产：

（1）以公允价值计量且其变动计入当期损益的金融资产。包括交易性金融资产和直接指定为以公允价值计量且其变动计入当期损益的金融资产。

交易性金融资产包括企业以赚取差价为目的从二级市场购入的股票、债券、基金等。

直接指定为以公允价值计量且其变动计入当期损益的金融资产是指企业基于风险管理、战略投资需要等所做的指定。

（2）持有至到期投资。指企业从二级市场上购入的固定利率国债、浮动利率公司债券等，符合持有至到期投资条件的资产。

（3）贷款和应收款项。指金融企业发放的贷款和一般企业销售商品或提供劳务形成的应收款项等债权。

（4）可供出售金融资产。指企业没有划分为以公允价值计量且其变动计入当期损益的金融资产、持有至到期投资、贷款和应收款项的金融资产。比如，企业购入的在活跃市场上有报价的股票、债券和基金等，没有划分为以公允价值计量且其变动计入当期损益的金融资产或持有至到期投资等金融资产的，可归为此类。

（四）证监会规定

对于金融产品的具体类型，证监会尚无明确规定。目前，需经国家有关部门或者其授权机构批准或备案的各类金融产品包括股票、债券、基金、信托计划、资产管理计划等。

（五）本书界定

基于上述不同部门的政策，为了便于讨论，本书将金融资产划分为股权（票）、债权（券）和各类资产管理产品（包括基金、信托、理财产品等，本书主要讨论基金）。

二、持有股权（票）类金融资产要缴哪些税

企业对外投资（本书仅讨论境内企业对境内企业投资的情况）分为直接投资（投资方直接成为被投资方股东，被投资方章程发生变化且需到主管工商部门备案）和间接投资（通过二级市场买卖目标公司股票，被投资方章程不一定发生变化）。无论采取何种形式，投资人通过投资获取的收益无非就两种形式：股息和股权（票）转让收入。

另外，需要注意的是，实务中存在的"明股实债"类的"伪股权"，实质上是投资人在特定条件下将资金提供给被投资方在约定项目上的无偿使用。当双方约定的项目出现盈利时，投资方收回本金并取得收益。反之，若

项目出现亏损，投资方可能只收回部分本金或血本无归。在该模式中，投资人投入资金后，投资方和被投资方只是签订一项特殊的投资协议，投资方并不会成为被投资方的股东，也不会参与被投资方的重大决策。因此，该类投资实质上是一种债权投资，不属于本部分讨论内容。关于债权类金融资产的涉税问题，本节第三部分会有介绍。

（一）增值税

1. 股息收入

投资人取得的股息收入是否需要缴纳增值税？在《营业税改征增值税试点实施办法》（财税 [2016]36 号）中没有明确界定。

按照该实施办法的规定，在中华人民共和国境内销售服务、无形资产或者不动产的单位和个人，为增值税纳税人，应当按照该实施办法缴纳增值税。

销售服务、无形资产或者不动产，是指有偿提供服务、有偿转让无形资产或者不动产。

按照上述规定，对一项行为征收增值税必须同时满足三个条件：行为在境内发生，行为是有偿行为，行为属于销售服务、无形资产或不动产的范围。

那么，投资人取得股息的行为是否满足上述条件呢？

第一，投资方和被投资方均在中国境内，投资行为满足在境内发生的条件。

第二，投资人取得了股息，属于有偿行为。

第三，投资人取得的股息并不是由于销售服务、无形资产或不动产获取的。

投资人在未销售服务、无形资产或不动产的情况下，取得股息的行为不能同时满足上述第三个条件，因此，投资人取得股息，不属于增值税征税范围，无须缴纳增值税。

2. 股权（票）转让收入

按照《公司法》的规定，有限责任公司股东对公司入资后，其持有的是公司的股权；股份有限公司的股东对公司入资后，其持有的是公司的股份，股份的表现形式是股票。

投资人转让股权是否需缴纳增值税？投资人转让股票是否需缴纳增值税？

第一，有限责任公司的股权不属于增值税中的有价证券，而股份有限公司的股票属于增值税中的有价证券。因此，如果股东转让的是有限责任公司的股权，股权不属于金融资产，该转让不属于增值税征税范围，就不需要缴纳增值税；如果股东转让的是股份有限公司⊖的股票，股票属于金融资产，股票转让的行为属于增值税征税范围，则需要按照规定计算缴纳增值税。

第二，纳税人转让股份公司的股票计算缴纳增值税时，其买入价一般应按买入时实际支付的成本确定。但是，根据《国家税务总局关于营改增试点若干征管问题的公告》（国家税务总局公告 2016 年第 53 号），单位将其持有的限售股在解禁流通后对外转让的，对其买入价则需要按以下规定确定：

（1）上市公司实施股权分置改革时，在股票复牌之前形成的原非流通股份，以及股票复牌首日至解禁日期间由上述股份孳生的送、转股，以该上市公司完成股权分置改革后股票复牌首日的开盘价为买入价。

（2）公司首次公开发行股票并上市形成的限售股，以及上市首日至解禁日期间由上述股份孳生的送、转股，以该上市公司股票首次公开发行（IPO）的发行价为买入价。

（3）因上市公司实施重大资产重组形成的限售股，以及股票复牌首日至解禁日期间由上述股份孳生的送、转股，以该上市公司因重大资产重组股票停牌前一交易日的收盘价为买入价。

第三，转让股票如果出现亏损，按照《营业税改征增值税试点有关事项的规定》（财税 [2016]36 号）的规定，该亏损可在当年内向次月递延，抵减下月发生金融资产转让的收益，但该亏损只能递延至当年年底，不得再向以后年度递延。

⊖ 无论该股份有限公司是否上市或挂牌，转让股票的行为都属于增值税征税范围。本书所称挂牌，均指在全国中小企业股份转让系统中挂牌。

（二）企业所得税

1. 股息收入

（1）直接向居民企业投资。按照《企业所得税法》及《企业所得税法实施条例》的规定，居民企业直接向其他居民企业投资获取的股息、红利收入免征企业所得税。

（2）通过合伙企业向其他居民企业投资。在某些情况下，企业不会向其他居民企业直接投资，而是先与合伙人共同成立一家合伙企业，再由该合伙企业向其他居民企业投资。此时，法人合伙人取得的股息是否可以享受免税优惠呢？

在这种情况下，法人合伙人取得的股息、红利不属于直接投资其他居民企业所取得的投资收益，不满足《企业所得税法》和《企业所得税法实施条例》所规定的免税收入条件，不能享受企业所得税免税优惠。

2. 股权（票）转让

按照现行财税政策，除《财政部 国家税务总局关于企业所得税若干优惠政策的通知》（财税 [2008]1 号）所规定的"对证券投资基金管理人运用基金买卖股票、债券的差价收入，暂不征收企业所得税"外，其他企业无论是买卖股权还是买卖股票，均无企业所得税优惠，需按规定正常计算缴纳企业所得税。

三、持有债权（券）类金融资产要缴哪些税

有关债权的税收问题，请参见本章第三节"应收账款的财税问题"。

有关债券的税务问题，对于中小企业而言，在现行的政策框架内，自己独立发行债券基本上是不可能的事情。但中小企业可以买卖债券，因此我们在此仅讨论中小企业买卖债券的税务问题。

（一）增值税

1. 持有债券收益

（1）保本收益。如果投资人在有关合同或协议中约定其购买的债券的收

益是保本的，按照《营业税改征增值税试点实施办法》（财税 [2016]36 号）的规定，该保本收益需要按照贷款服务缴纳增值税。投资人是增值税小规模纳税人的，保本收益按 3% 的征收率计算缴纳增值税；投资人是增值税一般纳税人的，保本收益按 6% 的税率计算缴纳增值税。但如果投资人购买的是国债或地方政府债，则其获取的保本收益免征增值税。

（2）非保本收益。如果投资人在有关合同或协议约定其购买的债券的收益是非保本的，按照《财政部 国家税务总局关于明确金融、房地产开发、教育辅助服务等增值税政策的通知》（财税 [2016]140 号）的规定，该非保本收益不需要缴纳增值税。

2. 转让债券收入

（1）债券到期收回本息。投资人持有债券到期收回本息，不属于债券转让，其取得的超过本金部分的收益不属于金融商品转让收入，应视为持有收益并根据收益保本与否确认是否缴纳增值税。

（2）债券到期前转让收益。投资人在债券到期前将债券（无论何种债券）转让，属于金融商品转让，按照《营业税改征增值税试点实施办法》（财税 [2016]36 号）的规定，转让时发生的增值部分需要计算缴纳增值税。如果转让出现亏损，则该亏损可在当年内向次月递延，抵减下月发生金融资产转让的收益，但该亏损只能递延至当年底，不得再向以后年度递延。

（二）企业所得税

1. 持有债券收益

企业持有债券期间取得的债券利息，应并入生产经营所得缴纳企业所得税。但取得的国债利息可以按照《企业所得税法》的规定享受免税优惠。

需要注意的是，企业持有的债券，即使债务人在应付利息日未支付利息，投资人也需要将该利息收入纳入收入总额计算缴纳企业所得税。如果企业在购买债券时约定，债务人一次性提前给付利息，那么，企业要将该利息一次性确认为当年收入，即便债券期限跨年，企业也不能分期申报企业所得税（注意会计处理上需要分期确认收入）。

2.转让债券收益

在债券到期前，企业将债券转让，由此发生的财产增值部分并入生产经营所得计算缴纳企业所得税。通常情况下，财产转让所得按照转让收入减去财产的计税基础，再减去转让过程中的相关税费后的余额确定。

如果企业转让的是国债，根据《国家税务总局关于企业国债投资业务企业所得税处理问题的公告》（国家税务总局公告 2011 年第 36 号），按照上述办法计算债券转让所得时，还需要把持有期间应该收取的利息扣除掉，相当于持有期间应该获取的国债利息继续享受免税优惠，其他增值部分则需缴纳企业所得税。

四、持有基金类金融资产要缴哪些税

（一）增值税

1.持有基金收益

（1）保本收益。投资人购买的基金（无论内地基金还是香港基金），如果有关合同约定其收益是保本的，按照《营业税改征增值税试点实施办法》（财税 [2016]36 号）的规定，该保本收益需要按照贷款服务缴纳增值税。投资人是增值税小规模纳税人的，保本收益按 3% 的征收率计算缴纳增值税；投资人是增值税一般纳税人的，保本收益按 6% 的税率计算缴纳增值税。

（2）非保本收益。投资人购买的基金（无论内地基金还是香港基金），如果有关合同约定其收益是非保本的，按照《财政部 国家税务总局关于明确金融、房地产开发、教育辅助服务等增值税政策的通知》（财税 [2016]140 号）的规定，该非保本收益不需要缴纳增值税。

2.转让基金收益

（1）基金到期收益。投资人持有基金到期，按照《财政部 国家税务总局关于明确金融、房地产开发、教育辅助服务等增值税政策的通知》（财税 [2016]140 号）的规定，取得的超过本金部分的收益不属于金融商品转让收入，应视为持有收益并根据收益保本与否确认是否缴纳增值税。

（2）基金到期前赎回收益。投资人在基金到期前将基金赎回，属于金融商品转让，按照《营业税改征增值税试点实施办法》（财税 [2016]36 号）的规定，转让时发生的增值部分需要计算缴纳增值税。如果转让出现亏损，则该亏损可在当年内向次月递延，抵减下月发生金融资产转让的收益，但该亏损只能递延至当年底，不得再向以后年度递延。

（二）企业所得税

1. 持有基金收益

（1）持有内地基金。如果公司持有的是内地基金公司发行的基金，按照《财政部 国家税务总局关于企业所得税若干优惠政策的通知》（财税 [2008]1 号）的规定，对其从证券投资基金分配中取得的收入，暂不征收企业所得税。

（2）持有香港基金。如果公司持有的是通过基金互认购买的香港基金，按照《财政部 国家税务总局证监会关于内地与香港基金互认有关税收政策的通知》（财税 [2015]125 号）的规定，对其取得的基金收益，计入其收入总额，依法征收企业所得税。

2. 转让基金收益

（1）转让内地基金。企业转让内地基金所得，正常计算缴纳企业所得税，无税收优惠。

（2）转让香港基金。企业转让通过基金互认购买的香港基金，按照《财政部 国家税务总局证监会关于内地与香港基金互认有关税收政策的通知》（财税 [2015]125 号）的规定，对该转让差价所得，计入其收入总额，依法征收企业所得税。

（三）印花税

1. 买卖内地基金

（1）买卖开放式基金。公司买卖开放式基金，按照《财政部 国家税务总局关于开放式证券投资基金有关税收问题的通知》（财税[2002]128号）的规定，暂不征收印花税。

（2）买卖封闭式基金。公司买卖封闭式基金，按照《财政部 国家税务总局关于对买卖封闭式证券投资基金继续予以免征印花税的通知》（财税[2004]173号）的规定，免征印花税。

（3）买卖私募基金。若该基金以独立的开放式基金或封闭式基金的形式存在，投资人买卖该基金按上述政策，免征印花税。

若该基金以合伙企业形式存在，则各投资人同时属于合伙企业的合伙人。各合伙人投资购买基金时，相当于缴纳合伙企业的"注册资本"。按照《中华人民共和国印花税暂行条例》的规定，合伙企业需要按实收资本的万分之五贴花，各合伙人无须缴纳印花税。

投资人转让基金份额，相当于转让合伙份额，作为合伙份额的买卖双方是否需要缴纳印花税呢？

按照《国家税务局关于印花税若干具体问题的解释和规定的通知》（国税发[1991]155号）的规定，"财产所有权"转移书据的征税范围是经政府管理机关登记注册的动产、不动产的所有权转移所立的书据，以及企业股权转让所立的书据。

合伙人转让的合伙份额不属于上述政策所规定的产权转移书据，买卖双方无须缴纳印花税。

2. 买卖香港基金

公司通过基金互认买卖香港基金份额，根据《财政部 国家税务总局 证监会关于内地与香港基金互认有关税收政策的通知》（财税[2015]125号），需按照香港特别行政区现行印花税税法规定执行。

小提示

金融资产买卖是一个相对复杂的业务。有些老板在用企业账户买卖股票时，总以为和个人买卖股票一样。在用个人的资金买卖股票时，由于国家对个人买卖流通股股票免征增值税和个人所得税，且个人也不需要对自己的买卖行为记账，因此，个人在操作时就比较任性，愿意怎么买就怎么买，想什么时候卖就什么时候卖。

但上述业务若由公司来实施，性质就大不相同。首先，公司买卖股票，基本没有税收优惠；其次，公司的每笔业务（尤其是资金进出的业务），都需要在会计记录中予以体现。如果老板把公司当成个人，频繁进行交易，交多少税暂且不说，单记账这一件事就足以把会计给整晕了！

所以，对于非金融企业而言，买卖金融资产一定要慎重！

第六章

个人所得税的涉税风险

第一节　福利费的涉税风险

上班工作，工资自然是必不可少的。然而，除了工资，公司的福利也是吸引人才的一个重要因素。逢年过节，员工将公司发的东西大包小包地往家扛，身体累，嘴上怨，但心里美！拿工资多了，要多交税；那员工获取的福利，还要交税吗？

一、个人取得的福利费到底是否免税

（一）免税福利费

个人取得公司发放的福利，包括现金福利和实物福利，个人到底交不交个人所得税呢？有人说，当然不交了！

因为《个人所得税法》第四条第一项规定，福利费免征个人所得税。

法律都规定不需要交了，难道还能有假？

单看此条，的确如此，还真的不用交个人所得税，太好了！

真的这么好吗？这里讲的免个人所得税的福利费，是全部的福利费，还是个别的福利费呢？在该法中没有进一步的解释。但是《个人所得税法实施条例》有进一步说明。

按照《个人所得税法实施条例》的规定，免税的福利费，是指根据国家有关规定，从企业、事业单位、国家机关、社会组织提留的福利费或者工会

经费中支付给个人的生活补助费。

看到了吧，不是所有的福利费都可以免个人所得税，只有生活补助费才能免！

那问题又来了，如果公司考虑到现在物价上涨得厉害，为了减轻员工的生活压力，最大限度降低员工的个税负担，除了每月给员工发放工资外，再发一部分生活补助，该生活补助是否真的就可以不用交个人所得税了？

当然不是。《个人所得税法实施条例》规定对个人的生活补助费免征个人所得税，但没有限定员工的范围是个别员工还是全体员工。如果是全体员工，那大家都会在拿很少工资的同时获取更高金额的生活补助，这样一来，岂不是都不用交个人所得税？显然不可能如此！那如果不是全体员工，应该是谁呢？

按照《国家税务总局关于生活补助费范围确定问题的通知》（国税发[1998]155号）的规定，生活补助费，是指由于某些特定事件或原因而给纳税人本人或其家庭的正常生活造成一定困难，其任职单位按国家规定从提留的福利费或者工会经费中向其支付的临时性生活困难补助。

哦，恍然大悟！看到上面的文件，总算清楚了，只有发生特殊困难的极个别人员才可以获取这种免税的补助，而且只能是临时性的，不能是永久性的。

但问题又来了，如果真有这样的事情发生了，给员工多少钱算生活困难补助呢？一次给10万元，是否可以？分次给，总共10万元，是否可以？

如果一次补助金额不大如几百元或上千元，但是在一段时间内多次发放补助，那么，补助多长时间属于临时性呢？是1年以内，还是3年以内呢？

补助的金额标准和期限标准分别是多少，这些问题在政策中都没有明确。需要企业在实际操作时，结合当地的经济发展状况及具体人员的具体情况，自行判断处理。

总之，使用时要把握一个原则：有悖于生活常理的困难补助肯定不是免税的。

（二）征税的福利费

根据上面的分析，除了上述特殊情况下的临时性生活补助费可以免个人所得税外，其他的福利费是否都应该缴纳个人所得税呢？

理论上确实如此。

为此，国家税务总局在 1995 年专门下发《国家税务总局关于生活补助费范围确定问题的通知》（国税发 [1998]155 号），对非免税的福利费范围进行了明确，凡是属于下列情况的，都不属于具有临时性生活困难补助性质的支出，都要并入员工工资、薪金所得，计算缴纳个人所得税。

（1）从超出国家规定的比例或基数计提的福利费、工会经费中支付给个人的各种补贴、补助。如各单位逢年过节发放的超过福利费标准的过节费、过节礼物。

（2）从福利费和工会经费中支付给本单位职工的人人有份的补贴、补助。如各公司为员工支付的通信补贴费、交通补贴费等。

（3）单位为个人购买汽车、住房、电子计算机等不属于临时性生活困难补助性质的支出。

如果严格按照上述规定，有人会问，公司设有食堂，每天中午免费给员工提供午餐。食堂购买食材的各项支出属于福利费，公司把食堂做好的饭菜免费让员工食用，相当于公司让每个员工都享受到了该实物补贴。那么每个员工每天中午吃的饭菜是否都需要并入其当月工资计算缴纳个人所得税？

按照《国家税务总局关于生活补助费范围确定问题的通知》（国税发 [1998]155 号）的规定，这种人人有份的补贴确实要缴纳个人所得税。但在实际中没有公司会这么做，不这么做是否违反税法规定呢？

对此，2012 年 5 月 7 日国家税务总局纳税服务司专门进行网上答疑：发给个人的福利，不论是现金还是实物，均应缴纳个人所得税。但目前对集体享受的、不可分割的、非现金方式的福利，原则上不征收个人所得税。

通过上述政策不难看出，向员工支付福利费并不是想象的那么美好，做不好就会掉入纳税的"陷阱"，为个人、企业带来税收风险。但同样的事情，换另外一种方式处理，结果可能大相径庭。如防暑降温支出，如果直接发放现金，就属于福利费，企业要代扣代缴个人所得税。但如果企业用该笔支出购买防暑降温物品，该防暑降温物品就不属于福利费，而是劳保用品，此时将其发放给员工，就不存在个人所得税的问题。

（三）特殊"福利"

按照《征收个人所得税若干问题的规定》（国税发 [1994] 89 号）的规定，下列补贴、津贴不属于工资、薪金，不用并入纳税人本人工资、薪金所得项目的收入：

（1）独生子女补贴。

（2）执行公务员工资制度未纳入基本工资总额的补贴、津贴差额和家属成员的副食品补贴。

（3）托儿补助费。

（4）差旅费津贴、误餐补助。

对于上述补贴，实务中需要特别注意差旅费津贴和误餐补助的涉税问题。

1. 关于差旅费补贴

《关于印发〈中央和国家机关差旅费管理办法〉的通知》（财行 [2013] 531 号）规定了出差期间的伙食补贴和交通补贴标准，但该文件并未规定按此标准发放的差旅费补贴不用缴纳个人所得税。

按照 2012 年 4 月 30 日国家税务总局纳税服务司的答疑，对单位以现金方式给出差人员发放的交通费、餐费补贴应征收个人所得税，但如果单位是根据国家有关标准，凭出差人员实际发生的交通费、餐费发票作为公司费用予以报销，那么差旅费补贴可以不作为个人所得缴纳个人所得税。

2. 关于误餐补助

按照《财政部 国家税务总局关于误餐补助范围确定问题的通知》（财税字 [1995] 82 号）的规定，误餐补助仅指按财政部门规定，个人暂时因公在城区、郊区工作，不能在工作单位或返回就餐，确实需要在外就餐的，根据实际误餐顿数，按规定的标准领取的误餐费。实务中很多企业以误餐补助名义发给职工的补贴、津贴，应当并入当月工资、薪金所得计征个人所得税。

二、公司为员工负担的补充保险，个人是否需缴纳个税

为员工缴纳社会保险和住房公积金是公司的法定义务，是否为员工缴纳

补充医疗、补充养老、商业健康保险等各种补充保险，则完全取决于公司的实力。实力强的公司，在基础保险之上再为员工缴纳补充保险，相当于给了员工额外的福利。

按照本节第一部分的分析结论，该支出如果是人人有份，那就应该并入工资、薪金所得，计算缴纳个人所得税。

在补充养老和补充医疗刚开始兴起的时候，的确如此。即便是国家财税政策的制定，也都偏向于让获取福利的员工交税。

但随着经济的发展，贫富差距的拉大，为了这点儿钱征收个人所得税，的确显得不太"仁慈"。于是，财政部和国家税务总局联合其他部委纷纷出台政策，对员工取得的补充保险给予一定的税收优惠。

（一）补充养老

企业为员工缴纳的补充养老金（年金），按照《财政部 人力资源社会保障部 国家税务总局关于企业年金、职业年金个人所得税有关问题的通知》（财税 [2013]103 号）的规定，从 2014 年 1 月 1 日开始，实行特殊优惠政策。企业在具体执行该优惠政策时，需要注意以下几个问题：

（1）企业负担的年金，个人暂时不需要缴纳个人所得税。即企业根据国家有关政策规定的办法和标准，为员工缴付年金，其中公司负担的部分在计入个人账户时，个人暂不缴纳个人所得税，待未来满足条件，领取年金时再按规定计算缴纳个人所得税。

（2）个人负担的年金部分，可以在一定标准内在个人所得税税前扣除。即个人根据国家有关政策规定缴付的年金个人缴费部分，在不超过本人缴费工资计税基数的 4% 标准内的部分，暂从个人当期的应纳税所得额中扣除。

（3）超过标准的部分要并入当期工资、薪金所得纳税。企业和员工超过上述第（1）项和第（2）项规定的标准缴付的年金，要并入员工个人当期的工资、薪金所得，依法计征个人所得税。税款由建立年金的单位代扣代缴，并向主管税务机关申报解缴。

（4）正确合理确定个人缴费工资计税基数。企业年金个人缴费工资计税基数为本人上一年度月平均工资。月平均工资按国家统计局规定列入工资总额统计的项目计算。月平均工资超过职工工作地所在设区城市上一年度职工月平均工资 300% 以上的部分，不计入个人缴费工资计税基数。

（二）补充医疗

与补充养老金不同，公司为员工缴纳补充医疗保险金，尚无明确的政策规定允许员工享受税收减免和优惠。2009 年国家税务总局在下发《关于2009 年度税收自查有关政策问题的函》（企便函 [2009]33 号[⊖]）时特别强调，企业为职工缴付的补充医疗保险，如果企业委托保险公司单独建账，集中管理，未建立个人账户，则应按企业统一计提时所用的具体标准乘以每人每月工资总额计算个人每月应得补充医疗保险，全额并入当月工资扣缴个人所得税。

后续各地在执行补充医疗的个人所得税政策时，基本都是参照上述标准执行。

（三）商业健康保险

随着经济的发展，人们对健康的需求和关注越来越多，对企业为员工缴纳补充医疗保险减税的呼声也日益高涨。基于此，2017 年财政部、国家税务总局和保监会联合发布《财政部 国家税务总局 保监会关于将商业健康保险个人所得税试点政策推广到全国范围实施的通知》（财税 [2017]39 号），对公司为员工缴纳的满足特定条件的健康保险给予一定的个人所得税优惠。这相当于从另外一个方向为补充医疗的个人所得税优惠打开了一个口子。

政策的核心内容是公司统一组织并为员工购买符合规定的商业健康保险产品的支出，应分别计入员工个人工资、薪金，视同个人购买。在计算个人所得税时，可以按照每月不超过 200 元的限额在个人所得税税前扣除。

对于该政策的使用，需要注意以下几个问题：

（1）公司为员工负担的部分，要并入员工工资、薪金所得。与补充养老

⊖ 根据《国家税务总局大企业税收管理司关于停止执行企便函 [2009]33 号文件的通知》（企便函 [2011]24 号），该文件已废止，但文件内容很有参考意义。

金不同，公司为员工负担的健康保险金，需要并入员工当期工资、薪金所得，但该所得可以按照每月不超过 200 元的标准在个人所得税税前扣除，相当于对该部分给予了特定的个人所得税优惠。

（2）个人负担的部分在个人所得税税前不得扣除。如果在缴纳该健康保险时，公司和员工约定了各自负担的金额，那么员工个人负担的部分，不能在个人所得税税前列支，仍然要以工资的名义计算缴纳个人所得税。

（3）购买的健康保险需要满足规定的条件。并非企业为员工购买的所有健康保险都可以享受税收优惠。保险公司开发的保险产品必须满足《财政部 国家税务总局 保监会关于将商业健康保险个人所得税试点政策推广到全国范围实施的通知》(财税 [2017]39 号) 所规定的条件，并且还要按《保险法》规定程序上报保监会审批。如果企业从保险公司购买的不是上述保险产品，即便保险合同写的是《商业健康保险合同》，被投保的员工也无法享受上述个人所得税优惠。

（四）个人养老保险

所谓个人养老，就是个人以自有资金为自己购买养老保险。如果公司给员工购买个人养老，对于员工而言，属于因为在公司任职而取得的与任职有关的工资所得，需要并入工资总额计算缴纳个人所得税。

2022 年 11 月 3 日，财政部和国家税务总局发布《关于个人养老金有关个人所得税政策的公告》(财政部 税务总局公告 2022 年第 34 号，以下简称"34 号公告")，对个人缴纳养老保险的个人所得税政策做了明确说明。

1. 个人养老和基本养老、补充养老的关系

个人养老、基本养老和补充养老是我国建立的三个层次养老体系。

基本养老就是我们工作时正常缴纳的社会保险中的养老保险。个人在达到领取条件时（如退休，下同），领取的养老金（俗称"退休金"）包括两部分：一部分是个人缴纳的部分在一定期限内按月返还，另一部分根据个人以往缴费基数和缴费年限，通过公式计算得出结果，按月支付。

补充养老就是我们通常说的企业年金。一般由公司负担 5%，个人负

担 4%。实务中，公司通常会和保险公司合作，由保险公司管理该部分资金。个人未来达到领取条件时，保险公司将该补充养老金一次或分期返还给个人。

个人养老就是 34 号公告所讲到的内容，资金全部由个人缴纳，未来达到领取条件时，一次或逐月领取。

2. 个人养老和基本养老、补充养老的税收优惠

（1）基本养老

按个人所得税法的规定，社会保险中，个人负担的养老保险，只要缴费基数不超标，个人负担的部分就可以全额在计算个人所得税前列支。

个人退休时按月领取的养老金，无论金额多少，均免缴个人所得税。

（2）补充养老

按照《关于企业年金 职业年金个人所得税有关问题的通知》（财税【2013】103 号）的规定，个人缴费部分，在不超过本人缴费工资计税基数（不超当地社平工资 3 倍）4% 的部分，可以在计算个人所得税前列支。

个人退休时按月领取年金，全额按照"工资、薪金所得"项目（没有任何扣减，领取金额就是应纳税所得额）适用的税率，计征个人所得税。

（3）个人养老

按照 34 号公告的规定，对个人购买的个人养老保险，优惠政策比较多。

①**缴费环节，限额内据实扣除**。按照规定，对于个人向个人养老金资金账户的缴费，按照每人每年不超过 12 000 元的限额标准，在综合所得或经营所得中据实扣除。即个人年缴费不足 12 000 元的，按实际缴费额扣除；缴费额大于等于 12 000 元的，按 12 000 元扣除。

如果个人取得的是工资收入，可以选择平时每月取得工资收入时直接扣除，也可以选择在次年做汇算清缴时一次性扣除。若该 12 000 元均由公司替个人负担，则个人需先将 12 000 元并入综合所得，每月领取工资或汇算清缴时再将该 12 000 元从个人所得税前扣除。

如果个人取得的是劳务、稿酬、特许权使用费或经营所得，则只能在次年做汇算清缴时一次性扣除。

②**投资环节，收益暂免税**。按照规定，个人缴纳的养老金，也是一种投资行为，所产生的投资收益进入个人账户时，暂不征收个人所得税。

需要注意的是，如果个人年缴费额不超过 12 000 元，产生的投资收益不征收个人所得税。如果个人年缴费额超过 12 000 元，超过的部分所产生的投资收益是否还要征收个人所得税？这个暂不征收是否仅限于投资环节，待未来达到领取条件领取时还要再征收吗？还是各个环节都不征收？目前的政策对此没有明确规定。

③**领取环节，优惠税率**。按照规定，未来个人达到领取养老金条件，取得该部分养老金时，不并入当期综合所得，该部分所得单独按照 3% 的税率计算缴纳个人所得税，由开立个人养老金资金账户所在市的商业银行机构代扣代缴。

按 3% 缴纳个人所得税所对应的领取金额，应该是指每年不领取不超过 12 000 元的部分，至于这 12 000 元中有多少属于本金，有多少属于投资收益，不作区分，统一都按 3% 计算缴纳个人所得税。

如果每年领取金额超过 12 000 元，超过 12 000 元的部分，如果属于投资本金，由于先前在购买养老金时并未享受税前扣除的优惠，而是用个人税后收入进行投资，在未来领取时也不缴纳个人所得税；如果属于投资收益，是否应该纳税以及按多少税率纳税，还有待政策进一步明确。

3. 购买个人养老的实际收益

【**例 6-1**】 张三年综合所得 24 万元，个人负担的社会保险和住房公积金按收入额的 22% 缴纳（每年 5.28 万元），专项附加扣除 24 000 元。张三每年缴纳个人养老金 12 000 元。无其他可扣除事项。

未享受个人养老金优惠政策时，张三每年需要缴纳的个人所得税如下：

$$（240\ 000 - 60\ 000 - 52\ 800 - 24\ 000）\times 10\% - 2\ 520$$

$$=103\ 200 \times 10\% - 2\ 520$$

$$=7\ 800（元）$$

享受个人养老金优惠政策时，张三每年需要缴纳的个人所得税如下：

$$（240\ 000 - 60\ 000 - 52\ 800 - 24\ 000 - 12\ 000）\times 10\% - 2\ 520$$

$$= 103\ 200 \times 10\% - 2\ 520$$

$$= 6\ 600（元）$$

假设未来每年领取个人养老金 12 000 元，则领取当年需要缴纳个人所得税 360 元（12 000×3%）。

在不考虑资金的时间成本和养老金投资收益的前提下，享受个人养老金的税收优惠，张三每年可节约个人所得税 840 元。相当于年化 7% 的收益率！如果综合考虑资金的时间成本和养老金投资收益，实际年化收益率会更高！

如果个人收入更多，适用的个人所得税税率达到 20% 或更高，则收益也会更大。这也是为什么当前政策把每年的扣除限额确定为 12 000 元而不是更高的原因所在。

如果个人收入较低，比如年收入 12 万元，其他条件与上述案例相同。未享受个人养老金税收优惠时，每年需缴纳个人所得税 288 元；享受个人养老金税收优惠后，每年无需缴纳个人所得税，但在未来每年领取 12 000 元养老金时，则需缴纳 360 元个人所得税。单从绝对值数据看，收入较低的人群好像不适合购买个人养老。其实，综合考虑资金的时间成本和养老金投资收益，实际收益率超过 3% 的个人所得税税率，应该不是问题。

（五）其他保险

1. 常见保险种类

（1）意外险。《国家税务总局关于企业所得税有关问题的公告》（国家税务总局公告 2016 年第 80 号）第一条规定，企业职工因公出差乘坐交通工具发生的人身意外保险费支出，准予企业在计算应纳税所得额时扣除。

需要注意的是，公司给员工缴纳的其他意外险（如团体意外险），没有类似可在企业所得税前扣除的规定。

（2）特殊工种险。《企业所得税法实施条例》第三十六条规定，除企业依照国家有关规定为特殊工种职工支付的人身安全保险费和国务院财政、税务主管部门规定可以扣除的其他商业保险费外，企业为投资者或者职工支付的商业保险费，不得扣除。

哪些工种的人身安全保险费满足政策要求呢？

《〈中华人民共和国企业所得税法实施条例〉释义及适用指南》对该条的解释为，此类保险费，其依据必须是法定的。如果属于企业自愿为职工购买所谓人身安全保险而发生的保险费支出，则不能税前扣除。如《建筑法》中规定，建筑施工企业必须为从事危险作业的职工办理意外伤害保险；《煤炭法》规定，煤矿企业必须为煤矿井下作业职工办理意外伤害保险。

（3）雇主责任险。《国家税务总局关于责任保险费企业所得税税前扣除有关问题的公告》（国家税务总局公告 2018 年第 52 号）规定，企业参加雇主责任险、公众责任险等责任保险，按照规定缴纳的保险费，准予在企业所得税税前扣除。

2. 个税问题

该类保险的共同特点是，由公司全额负担，个人无须支付款项。

由于个人未发生支出，所以不存在个人支出是否税前列支的问题。但公司负担的支出，是否需要并入员工个人工资、薪金所得计算缴纳个税呢？

《国家税务总局关于单位为员工支付有关保险缴纳个人所得税问题的批复》（国税函 [2005]318 号）规定，依据《个人所得税法》及有关规定，对企业为员工支付各项免税之外的保险金，应在企业向保险公司缴付时（即该保险落到被保险人的保险账户）并入员工当期的工资收入，按"工资、薪金所得"项目计征个人所得税，税款由企业负责代扣代缴。

需要注意的是，雇主责任险是财产保险，不是人身保险，发生保险事故，保险公司赔付的对象是公司而不是个人。所以，雇主责任险不存在并入员工工资计算缴纳个税的问题。

三、财务人员代扣个税取得的返还款奖励是否还需缴纳个税

企业按照《税收征收管理法》的规定代扣代缴员工的个人所得税后，税务机关会按扣税额的 2% 返还给企业。企业取得该笔返还的手续费后，再将其奖励给财务部的员工，员工取得该笔奖励，相当于获得了工资收入之外的

一项福利，该奖励款是否还需要缴纳个人所得税呢？

财政部和国家税务总局在 1994 年发布《财政部 国家税务总局关于个人所得税若干政策问题的通知》（财税字 [1994]020 号），该文件规定，个人办理代扣代缴税款手续，按规定取得的扣缴手续费暂免征收个人所得税。

上述文件所称的个人，到底指的是谁？

人力资源部计算工资的人员在编制工资表时，要把个人所得税计算出来，并在工资表中列示，此人是否属于办理代扣代缴税款手续的个人？

人力资源部经理需要对工资表进行复核，以确认各员工的工资及扣除是否正确，此人是否属于办理代扣代缴税款手续的个人？

财务经理也需要对工资表进行复核，以确认各员工的工资及扣除是否正确，此人是否属于办理代扣代缴税款手续的个人？

财务部的报税人员根据核定后的数字办理报税手续，此人是否属于办理代扣代缴税款手续的个人？

…………

涉及个人所得税计算、审核、申报的人员可能还有其他人，到底哪个人取得的该手续费奖励可以免个人所得税呢？

国家税务总局在 2001 年发布《国家税务总局关于代扣代缴储蓄存款利息所得个人所得税手续费收入征免税问题的通知》（国税发 [2001]31 号），该文件规定，储蓄机构内从事代扣代缴工作的办税人员取得的扣缴利息税手续费所得免征个人所得税。

上述文件虽然是针对储蓄机构的，但有一定的借鉴意义，也就是说，只有具体从事代扣代缴工作的办税人员取得的所扣税款的 2% 奖励款才可以免征个人所得税，其他人取得的，都要并入当期工资、薪金所得，计算缴纳个人所得税。

第二节　从公司借款的涉税风险

公司经营过程中，不可避免会出现股东、员工从公司借款的情况。这种借款方式可行吗？有什么税收风险吗？风险有多大？

一、股东从公司借款有什么税收风险

股东从公司借款，是一个老生常谈的话题。如果公司要上市或挂牌，就需要股东在公司上市或挂牌前把借款还清。公司上市或挂牌后，股东从公司借款更要慎重，搞不好就得解释、说明、发公告。

对于非上市、非挂牌企业来说，由于缺少第三方监管，是否就可以任意妄为，我行我素，想怎么借就怎么借，想借多少就借多少呢？

为了规范股东从公司借款的问题，2003 年财政部和国家税务总局联合发布了《财政部 国家税务总局关于规范个人投资者个人所得税征收管理的通知》(财税 [2003]158 号)，文件规定，纳税年度内个人投资者从其投资的企业（个人独资企业、合伙企业除外[⊖]）借款，在该纳税年度终了后既不归还，又未用于企业生产经营的，其未归还的借款可视为企业对个人投资者的红利分配，依照"利息、股息、红利所得"项目计征个人所得税。

对于上述文件，在实务中需要把握以下两点：

一是对于股东从公司借款用于生产经营，政策没有规定还款期限。如公司经营需要购买一些特殊材料，且供应该类材料的供应商都是个人，公司采购时，只能带着现金到这些材料的相对集中地寻找供货人。在这种情况下，若股东带队去采购，就需要先从公司借款。如果这种采购是长期存在的，股东可能就会借入很多钱，即便这些钱有可能在年底尚未使用完毕，股东也不需要归还。在这种情况下，股东即便未归还借款，也不需要缴纳个人所得税。

二是如何证明股东借款是用于生产经营。如果股东无法提供任何证据能够证明该借款是用于公司生产经营，必然会被要求缴纳个人所得税。如果股东提供了借款确实用于生产经营的证明（如差旅支出、与出差目的地签订的合同、与当地有关人员的谈判证明等），该证明是否一定会被税务机关认可呢？目前在政策上尚未有统一的界定标准，是否能被认可，估计只能取决于

[⊖] 2005 年，国家税务总局单独发布《个人所得税管理办法》(国税发 [2005]120 号)，文件规定，加强个人投资者从其投资企业借款的管理，对期限超过一年又未用于企业生产经营的借款，严格按照有关规定征税。该规定所称的企业，指个人独资企业和合伙企业，不包括公司制企业。

现场检查人员对政策的把控程度。

二、员工从公司借款有什么税收风险

既然股东从公司借款有税收风险，有人就想，那就让员工借款，员工借款完成后再把钱转给股东。这样就可以规避上述税收风险了。

员工从公司借款一定安全吗？

按照《财政部 国家税务总局关于企业为个人购买房屋或其他财产征收个人所得税问题的批复》（财税 [2008]83 号）的规定，企业其他人员向企业借款用于购买房屋及其他财产，将所有权登记为企业其他人员，且借款年度终了后未归还借款的，按照"工资、薪金所得"项目计征个人所得税。

对于上述规定，需要从以下几个方面正确理解：

一是员工因公借款，年度终了未归还，不需要缴纳个人所得税。如员工因公出差，借款用于差旅费支出，即便年度终了未归还，也不需要对该借款缴纳个人所得税。

二是员工从公司借款购物，年度终了未归还，需要按照"工资、薪金所得"项目计征个人所得税。无论购买的是动产还是不动产，只要员工是出于个人原因从公司借款去购买且借款年度终了后未归还，都应按照"工资、薪金所得"项目计征个人所得税。

三是员工个人从公司借款未购物，年度终了未归还，也不需要缴纳个人所得税。如员工家人发生重病，急需治疗。员工从公司借款给家人看病，到年底无法归还。在这种情况下，员工所借的款项并未用于购物，而是给家人治病，该借款就不需要并入"工资、薪金所得"计算缴纳个人所得税。

小提示

借债还钱，天经地义，自古亦然。如今，又多了一个需要考虑的问题——借债是否需要交税。不理解税收政策，搞不好还要对借来的款承担纳税义务。同时，也不能对政策进行极端化理解，不能盲目认为，只要从公司借款，在规定时间内未归还，就要缴纳个人所得税。

要不要借，该怎么借，让谁来借，借钱干什么，准备什么时候还，在从公司借款之前，一定要先想清楚这些问题，避免一不小心就"踩雷"！

第三节　合伙人取得合伙企业收益的涉税风险

为了实现对员工的股权激励，各公司纷纷设立合伙性质的持股平台，让员工成为合伙企业的合伙人，合伙企业持有公司的股权（票），间接实现对员工的股权激励。

尤其是 2016 年 9 月 20 日，财政部和国家税务总局联合发布的《财政部 国家税务总局关于完善股权激励和技术入股有关所得税政策的通知》（财税 [2016]101 号），为上市公司和非上市公司实施员工股权激励提供了更好、更实际的税收优惠。同时，促进了很多公司纷纷利用合伙企业对员工进行股权激励。

合伙企业是持股平台，被激励对象是个人合伙人，而持股员工的收益来源于合伙企业的所得，包括股息所得和股权转让所得。员工取得此两类所得，该如何纳税呢？能享受税收优惠吗？

一、从合伙企业分回的股息可否享受减免税优惠

按照《财政部 国家税务总局 证监会关于上市公司股息红利差别化个人所得税政策有关问题的通知》（财税 [2015]101 号）的规定，个人从公开发行和转让市场取得的上市公司或挂牌公司的股票，持股期限超过 1 年的，股息红利所得暂免征收个人所得税。

当被激励对象以个人名义作为上市或挂牌公司的股东，且持股期超过 1 年时，其从上市或挂牌公司取得的股息红利无须缴纳个人所得税。

如果被激励对象是通过合伙企业持有上市或挂牌公司的股票，且持股期超过 1 年，那么合伙企业取得上市或挂牌公司分配的股息红利后，被激励对象还能享受免税优惠吗？

按照《国家税务总局关于〈关于个人独资企业和合伙企业投资者征收个人所得税的规定〉执行口径的通知》（国税函 [2001]84 号）的规定，个人独资企业和合伙企业对外投资分回的利息或者股息、红利，不并入企业的收入，

而应单独作为投资者个人取得的利息、股息、红利所得,按"利息、股息、红利所得"应税项目计算缴纳个人所得税。以合伙企业名义对外投资分回利息或者股息、红利的,应按规定确定各个投资者的利息、股息、红利所得,分别按"利息、股息、红利所得"应税项目计算缴纳个人所得税。

因此,自然人合伙人从合伙企业分回的股息、红利,要按照"利息、股息、红利所得"应税项目正常缴纳个人所得税,没有任何税收优惠。

二、从合伙企业分回的股票(权)转让所得可否享受减免税优惠

按照《财政部 国家税务总局关于完善股权激励和技术入股有关所得税政策的通知》(财税 [2016]101 号)的规定,非上市公司授予本公司员工的股票期权、股权期权、限制性股票和股权奖励,符合规定条件的,经向主管税务机关备案,可实行递延纳税政策,即员工在取得股权激励时可暂不纳税,递延至转让该股权时纳税;股权转让时,按照股权转让收入减除股权取得成本以及合理税费后的差额,适用"财产转让所得"项目,按照 20% 的税率计算缴纳个人所得税。

当被激励对象以个人名义作为公司的股东时,按照上述政策享受递延纳税不存在任何障碍。

【例 6-2】 A 公司(非上市、非挂牌企业)拟对员工张三进行股权激励(满足递延纳税的条件),激励的股权数量为 100 000 股,张三可以每股 1 元的价格行权。张三行权时(授予日和行权日间隔 4 年),A 公司每股净资产为 10 元,则张三行权时相当于获得了 90 万元的股权形式的所得,计算方法如下:

张三行权时取得的股权形式薪酬所得 = 100 000×(10−1)= 900 000(元)

但由于上述股权激励满足递延纳税条件,张三在行权时无须缴纳个人所得税。张三行权 2 年后,以每股 15 元的价格将股权全部卖出,此时张三转让股权所得的计算方法如下(不考虑交易过程中的其他税费):

张三转让股权所得 = 100 000×(15−1)= 1 400 000(元)

张三转让股权应缴纳的个人所得税 = 1 400 000×20% = 280 000(元)

但现实情况是,张三获得的股权是通过持股平台实现的。持股平台以每

股 15 元的价格转让股权时，各合伙人能适用上述"财产转让所得"项目，均按照 20% 的税率计算缴纳个人所得税吗？

按照《国家税务总局关于切实加强高收入者个人所得税征管的通知》（国税发 [2011]50 号）的规定，对个人独资企业和合伙企业从事股权（票）、期货、基金、债券、外汇、贵重金属、资源开采权及其他投资品交易取得的所得，应全部纳入生产经营所得，依法征收个人所得税。

按照《财政部 税务总局关于权益性投资经营所得个人所得税征收管理的公告》（财政部 税务总局公告 2021 年第 41 号）的规定，自 2022 年 1 月 1 日起，持有股权、股票、合伙企业财产份额等权益性投资的个人独资企业、合伙企业，一律适用查账征收方式计征个人所得税。

按照《关于个人独资企业和合伙企业投资者征收个人所得税的规定》（财税 [2000]91 号）的规定，对于合伙企业各合伙人的生产经营所得，比照《个人所得税法》的"个体工商户的生产经营所得"应税项目，适用 5%~35% 的五级超额累进税率，计算征收个人所得税。

因此，合伙企业在转让股权（票）时的所得，属于合伙企业的生产经营所得，各自然人合伙人要根据其持有合伙企业的份额确定各自的所得，分别适用 5%~35% 的五级超额累进税率，计算征收个人所得税，而不能直接按 20% 的财产转让所得缴纳个人所得税！

按照上述规定，如果持股平台当年有很多所得，按照合伙份额分配，最终给张三的正好是 140 万元（为了方便比较，做理论上的假设），张三应缴纳的个人所得税如下：

张三从持股平台分回所得应纳个人所得税

$$= 1\ 400\ 000 \times 35\% - 65\ 500 = 424\ 500\ （元）$$

张三通过持股平台作为被激励对象取得股权转让所得缴纳的个人所得税，比个人作为被激励对象直接转让股权缴纳的个人所得税要多 144 500 元（424 500-280 000）！

但对国有科技型企业有例外规定。

按照财政部、科技部、国资委关于《国有科技型企业股权和分红激励暂行办法》的《问题解答》，国有科技型企业可以通过设立合伙企业持股平台对员工进行股权激励。员工通过股权激励取得的所得，只要满足政策要求，就可以享受《财政部 国家税务总局关于完善股权激励和技术入股有关所得税政策的通知》（财税 [2016]101 号）中有关递延纳税的优惠。

政策虽如此，但在实务操作时，员工通过合伙企业持股平台行权并转让公司股票（权），能否适用上述递延纳税优惠，完全取决于主管税务机关对政策的把握。

小提示

对于合伙企业中的个人合伙人到底该按多少的税率计算缴纳个人所得税，还取决于合伙企业的性质。

按照《财政部 税务总局 发展改革委 证监会关于创业投资企业个人合伙人所得税政策问题的通知》（财税 [2019]8 号）的规定，从 2019 年 1 月 1 日起至 2023 年 12 月 31 日止，对于合伙性质的创投企业可以选择按单一投资基金核算，也可以选择按创投企业年度所得整体核算。

如果合伙性质的创投企业选择按年度所得整体核算，其个人合伙人应从创投企业取得的所得，按照"经营所得"项目、5%～35% 的超额累进税率计算缴纳个人所得税。

如果合伙性质的创投企业选择按单一投资基金核算，其个人合伙人从该基金应分得的股权转让所得和股息红利所得，按照 20% 税率计算缴纳个人所得税。

1. 股息红利所得

创投合伙企业的单一投资基金的股息红利所得以其来自所投资项目分配的股息、红利收入以及其他固定收益类证券等收入的全额计算，无任何扣减事项。

个人合伙人按照其应从各单一投资基金的股息红利所得中分得的份额计算其应纳税额，并由合伙创投企业按次代扣代缴个人所得税。

2.股权转让所得

在一个纳税年度内，单一投资基金的单个投资项目的股权转让所得，按年度股权转让收入扣除对应股权原值和转让环节合理费用后的余额计算，对于合伙企业日常经营发生的其他支出，在计算上述股权转让所得时，不能扣减。

如果单一投资基金投资于多个项目，且在一个纳税年度转让了多个投资项目的股权，需将不同投资项目的转让所得和损失进行加总，加总后的余额大于或等于零的，即确认为该单一投资基金的年度股权转让所得；余额小于零的，该单一投资基金年度股权转让所得按零计算且不能跨年结转。

个人合伙人按照其应从单一投资基金年度股权转让所得中分得的份额计算其应纳税额，并由合伙创投企业在次年3月31日前代扣代缴个人所得税。如符合《财政部 税务总局关于创业投资企业和天使投资个人有关税收政策的通知》（财税[2018]55号）规定条件的，合伙创投企业的个人合伙人可以按照被转让项目对应投资额的70%抵扣其应从该单一投资基金年度股权转让所得中分得的份额后再计算其应纳税额，当期不足抵扣的，不得向以后年度结转。

第四节　权益转增注册资本或股本涉及的个税风险

公司发展到一定阶段后，随着利润的不断积累，股东开始蠢蠢欲动，总想把投资的钱赶快收回，能多拿点更好，毕竟投资是有回报的。但怎么拿呢？

以工资的形式拿，税负太重，拿不起。

以分红的形式拿，企业交完企业所得税后再分给个人股东时，个人股东还需缴纳20%的个人所得税，税负也不低。

以借款的形式拿，年底不还也会视同分红，按股息红利所得缴纳个人所得税。

那该怎么拿呢？

于是有股东想到，用公司权益（未分配利润、盈余公积和资本公积）转增注册资本或股本，自己没有拿到真金白银，只是表现为公司的注册资本或股本增加，个人拥有的权益总额增加，这应该不用交税吧。

有些企业在股份制改制时，或被投资人溢价投资后，喜欢这样操作。相当于自己不用再额外出钱，就可以净增个人的权益，简直就是天上掉下的馅饼！

事实真如想象的那么美好吗？

非也！

一、非上市、非挂牌企业权益转增注册资本或股本，个人股东是否缴纳个人所得税

非上市、非挂牌企业的个人股东，将权益转增注册资本或股本是否需要缴纳个人所得税，以及如何进行缴纳，取决于非上市、非挂牌企业的性质及转增注册资本或股本的时间。

（一）2015 年 12 月 31 日之前权益转增注册资本或股本

对于非上市、非挂牌企业在 2015 年 12 月 31 日之前将权益转增注册资本或股本的，应分情况确定个人股东是否需要缴纳个人所得税，以及如何缴纳个人所得税。

（1）以未分配利润、盈余公积转增注册资本或股本的，无论主体公司是有限公司还是股份公司，都应遵照《国家税务总局关于进一步加强高收入者个人所得税征收管理的通知》（国税发 [2010]54 号）的规定，对以未分配利润、盈余公积和除股票溢价发行外的其他资本公积转增注册资本或股本的，要按照"利息、股息、红利所得"项目，依据现行政策规定计征个人所得税。个人股东由此增加的权益金额，都要依照"利息、股息、红利所得"项目，按照 20% 的税率计算并一次缴纳个人所得税。

（2）以资本公积转增注册资本或股本的，需参照《国家税务总局关于原城市信用社在转制为城市合作银行过程中个人股增值所得应纳个人所得税的批复》（国税函 [1998]289 号）的规定。如果主体公司是有限公司，则无论该资本公积是如何形成的，个人股东由此增加的权益金额，要依照"利息、股息、红利所得"项目，按照 20% 的税率计算并一次缴纳个人所得税。

有限责任公司改制为股份公司，权益转增注册资本或股本时，个人股东需要缴纳个人所得税，就属于上述第（1）项和第（2）项的情形。

如果主体公司是股份公司，且该资本公积是股份制企业股票溢价发行收入所形成的资本公积金，则按照《国家税务总局关于原城市信用社在转制为城市合作银行过程中个人股增值所得应纳个人所得税的批复》（国税函[1998]289号）的规定，公司将此转增股本，个人因此取得的权益金额，不作为应税所得征收个人所得税。

如果资本公积是其他原因形成的（如公司的长期股权投资采用权益法核算，被投资单位的未分配利润以外的其他权益增加，则投资方的资本公积按比例增加），个人股东由此增加的权益金额，要依照"利息、股息、红利所得"项目，按照20%的税率计算缴纳个人所得税。

对于该事项，股份公司在未上市或未挂牌的情况下，是否可以溢价发行股票？也就是说，股份制企业股票溢价发行收入所形成的资本公积金转增股本，个人股东免征个人所得税的税收优惠是否只能由上市公司或挂牌公司的股东享受，而其他非上市、非挂牌的股份公司股东不能享受。

按照《公司法》的规定，代表股东对有限责任公司行使权利的表现形式是股权；代表股东对股份公司行使权利的表现形式是股份，股份有限公司的股份采取股票的形式。也就是说，股份公司无论是否上市，只要有股东入资，其持有的就是股票。如果股份公司增资时要求新股东溢价入资，是否就意味着股份公司向新股东定向溢价发行（非公开发行）股票？

按照《公司法》的规定，股份公司增加资本采取的形式就是股份发行。也就是说对于股份公司而言，发行股份（股票）并非上市公司或挂牌企业的特权。

因此，即便是非上市、非挂牌的股份公司溢价发行股份（票）所形成的资本公积金，公司将其转增注册资本或股本后，个人股东因此取得的权益金额也无须缴纳个人所得税。

（3）中关村国家示范区内的企业权益转增注册资本或股本的特殊政策。按照《财政部 国家税务总局关于中关村国家自主创新示范区企业转增股本个人所得税试点政策的通知》（财税[2013]73号）的规定，如果企业注册地在中关村国家自主创新示范区内，并且在 2013 年 1 月 1 日至 2015 年 12 月 31 日期间发生权益转增注册资本或股本的，则无论是有限责任公司还是股份公司，无论用哪部分权益转增，无论资本公积如何形成，个人股东由此形成的增值部分，均需一次缴纳个人所得税。

为了缓解个人纳税压力，文件规定，对于中小高新技术企业的个人股东一次缴纳个人所得税确有困难的，经主管税务机关审核后，可分期缴纳，但最长不得超过 5 年。

那么什么样的企业属于中小高新技术企业呢？文件规定，中小高新技术企业是指，注册在示范区内实行查账征收的、经认定取得高新技术企业资格，且年销售额和资产总额均不超过 2 亿元、从业人数不超过 500 人的企业。

（二）2016 年 1 月 1 日之后权益转增注册资本或股本

对于非上市、非挂牌企业在 2016 年 1 月 1 日之后将权益转增注册资本或股本的，个人股东该如何纳税呢？

按照《国家税务总局关于股权奖励和转增股本个人所得税征管问题的公告》（国家税务总局公告 2015 年第 80 号）的规定，对于 2016 年 1 月 1 日之后发生的权益转增注册资本或股本，无论主体公司是有限责任公司还是股份公司，无论用哪部分权益转增，无论资本公积如何形成，个人股东由此形成的增值部分，均需一次缴纳个人所得税。

但对于中小高新技术企业，有额外的特殊优惠。无论企业注册在何地，只要满足中小高新技术企业的认定条件（条件同上），个人股东一次缴纳个人所得税确有困难的，可根据实际情况自行制订分期缴税计划，在不超过 5 个公历年度内（含）分期缴纳，并将有关资料报主管税务机关备案。

二、上市或挂牌企业权益转增股本，个人股东是否缴纳个人所得税

上市公司或挂牌公司用权益转增股本，个人股东是否需要缴纳个人所得税？如果缴纳，又该如何缴纳呢？

（一）股票发行溢价收入形成的资本公积转增股本

按照《国家税务总局关于股权奖励和转增股本个人所得税征管问题的公告》（国家税务总局公告 2015 年第 80 号）的规定，上市或挂牌公司使用溢价发行股票形成的资本公积转增股本，对于自然人股东而言，无论其持股多长时间，均无须缴纳个人所得税。

（二）其他权益转增股本

按照《国家税务总局关于股权奖励和转增股本个人所得税征管问题的公告》（国家税务总局公告 2015 年第 80 号）的规定，上市公司或在全国中小企业股份转让系统挂牌的企业转增股本（不含以股票发行溢价形成的资本公积转增股本），自然人股东是否纳税，按现行有关股息红利差别化政策执行。

按照《财政部 国家税务总局 证监会关于上市公司股息红利差别化个人所得税政策有关问题的通知》（财税 [2015]101 号）的规定，自然人股东取得的股息如何缴纳个人所得税根据其持股期限按以下要求执行。

如果持股时间超过 1 年，其他权益转增股本后，自然人股东免缴个人所得税。

如果持股期间超过 1 个月，未超过 1 年（含 1 年），应纳税所得额按 50% 计算，并按 20% 的税率缴纳个人所得税（实际上相当于按归属于个人所得的 10% 计算缴纳个人所得税）。

如果持股期间未超过 1 个月（含 1 个月），无税收优惠，按归属于个人所得的 20% 计算缴纳个人所得税。

需要特别注意的是，对于个人持有上市公司的限售股和挂牌公司的原始股期间取得的股息、红利，其纳税规定是有差异的。

按照《财政部 国家税务总局 证监会关于实施上市公司股息红利差别化个人所得税政策有关问题的通知》（财税 [2012]85 号）的规定，对个人持有的上市公司限售股，解禁后取得的股息红利，按照上述持股时间计算纳税，持股时间自解禁日起计算；解禁前（无论解禁前已经持有多长时间）取得的股息红利继续暂减按 50% 计入应纳税所得额，适用 20% 的税率计征个人所得税。

按照《财政部 国家税务总局 证监会关于实施全国中小企业股份转让系

统挂牌公司股息红利差别化个人所得税政策有关问题的通知》（财税 [2014]48 号）和《财政部 国家税务总局 证监会关于上市公司股息红利差别化个人所得税政策有关问题的通知》（财税 [2015]101 号）的规定，个人持有挂牌公司的股票（无论是否属于原始股），持股期超过 1 年的，无论是否解禁，其取得的股息均免缴个人所得税。

小提示

权益转增注册资本或股本，看似简单，实际上蕴含着很大的风险，尤其是对于非上市、非挂牌企业来说，这种风险尤为明显。公司创始人在引进风险投资时，想的是如何把溢价做得更多，如何能尽快引进第二轮甚至第三轮融资。于是在上市或挂牌前股份制改革时，直接将该溢价转增注册资本或股本，实现个人权益的最大化。殊不知，这种操作模式，在一开始就注定是一个巨大的坑，是一个不可触碰的雷。如果能在公司设立时或引进投资人前，事先做好注册资本和股权架构的设计和规划，将能很好规避这种涉税风险。

第五节　股权激励的涉税风险

公司发展到一定阶段，单靠工资已经无法留住优秀人才。股权激励逐渐成为一个热门的话题。即便是新设立的企业，通常也会在设立之初考虑员工未来的期权问题。

"理想很丰满，现实很骨感"，美好的股权激励设想，一旦落实到实际操作环节，通常都会面临或多或少的税收问题。

一、如何选择激励对象

当公司决定对员工进行股权激励时，马上就会面临"激励谁"的问题。到底该选择哪些人作为合作伙伴呢？激励对了，事半功倍；激励错了，功亏一篑。

怎么选择适合的人？常见的如业绩、能力通常都是首先要考虑的指标。

其实，在选择激励对象时，最先考虑的应该是"品德"。激励时，不是在当下公司业务蒸蒸日上的背景下选人，而是要考虑如果公司马上青黄不接，有谁愿意留下来和公司共渡难关。正所谓"路遥知马力，日久见人心""疾风知劲草，板荡识诚臣"。

具体操作时，可参考荀子在《荀子·大略》中对不同人的划分："口能言之，身能行之，国宝也。口不能言，身能行之，国器也。口能言之，身不能行，国用也。口言善，身行恶，国妖也。治国者敬其宝，爱其器，任其用，除其妖。"

在公司里面，若能找到"宝"，必然要列为激励首选。对于"妖"，根本就不用考虑激励的问题，而是要赶快"送客"。对于"器"和"用"，则股东要慎重选择了。

股权激励，尽量不要"撒胡椒面"，人选对了，事就对了。人人都得到股权激励的结果不一定是每个人都会把自己当成企业的主人认真做事，而更可能发生的是"祸起萧墙"。

二、如何确定激励的股权比例

拿出多少股权进行激励，取决于原股东希望在公司留存多少话语权。我们可以把原股东对公司的股权把控分为绝对控股和相对控股两种情况。

绝对控股，指原股东对公司的表决权比例在66.67%及以上。在该比例下，按照《公司法》的有关规定，公司的重大决策权还是由原股东把控。原股东做出的决策，可以直接在公司实施。

相对控股，指原股东对公司的表决权比例在33.33%及以上，66.67%以下（不含66.67%）。在该比例下，原股东对公司仍然有很大的控制权，但原股东提出的重大政策，如果被其他股东一致否决，则无法实施。相反，对于其他股东提出的建议，如果原股东不同意，也可以行使否决权。

因此，在确定进行股权激励时，原股东要想好，其未来对公司的控股是想实现相对控股还是绝对控股，然后根据确定的结果释放适当的股权。

当然，是否可以将超过2/3的表决权全部释放进行激励呢？理论上可以。实务中，如果原股东不担心将来在具体经营时，可能因为"一言不合"就被其他股东集体罢免进而被"扫地出门"的话，也可以尝试。

1号店创始人的黯然离场，不能不让大家警醒。作为尚在创业成长中的中小企业的股东，如果真的想和企业共同发展，对于要不要永远守住控股权这一底线，一定要三思而后行。

三、通过平价转让股权实现激励有哪些风险

我们先看一个案例。

【例6-3】 A有限责任公司当前净资产2 000万元，其中实收资本500万元。A公司原股东（均为自然人股东）决定，拟对技术骨干王五给予4%的股权激励，王五出资20万元即可成为公司股东。王五同意。

如果你是公司的负责人，你会选择什么样的操作方法，以实现对王五4%的股权激励呢？

基于上述事实，常见的方案如下。

A公司原股东与王五签订《股权转让协议》，约定将4%的股权以20万元的价格转让给王五。协议在市场监管部门备案并办理公司章程变更手续后，王五成为A公司股东，持有A公司4%的股权。

按照《股权转让所得个人所得税管理办法（试行）》（国家税务总局公告2014年第67号）的规定，如果王五不属于原股东的特定关系人（实际上一般都不是），该转让价格就属于明显不合理低价，税务机关通常会按每股净资产核定转让价格。核定后，原股东需缴纳的个人所得税的计算方法为（不考虑印花税及其他交易费用）：

$$原股东应纳税额 = （2\,000 - 500）\times 4\% \times 20\% = 12（万元）$$

该激励方法操作非常简单，但代价比较大，需要原股东承担更多的税款。

四、通过原股东代持实现激励有哪些风险

A公司原股东李四和王五签订《股权代持协议》，约定王五把20万元转

至李四个人账户，李四持有的 A 公司股权中，20（= 500×4%）万元属于替王五代持的股权。签订协议后，他们未履行工商和税务变更手续。

按照《最高人民法院关于适用〈中华人民共和国公司法〉若干问题的规定（三）》（法释 [2020]18 号）的规定，有限责任公司的实际出资人与名义出资人订立合同，约定由实际出资人出资并享有投资权益，以名义出资人为名义股东，实际出资人与名义股东对该合同效力发生争议的，如无法律规定的无效情形，人民法院应当认定该合同有效。

签订《股权代持协议》后，由于并未发生名义上的股权变更，且未履行备案手续，因而暂时不涉及个人所得税问题（待实际股东显名时，发生股权变更，再按规定计算缴纳税款）。同时，《股权代持协议》只要不涉及例外情形，同样受到法律保护，可以考虑作为股权激励的一种方式。但是，如果公司在短期内有上市或挂牌的考虑，则股权代持就会成为一个很大的障碍。

五、通过税收优惠进行股权激励有哪些障碍

按照《财政部 国家税务总局关于完善股权激励和技术入股有关所得税政策的通知》（财税 [2016]101 号）的规定，非上市公司授予本公司员工的股票期权、股权期权、限制性股票和股权奖励，符合规定条件的，经向主管税务机关备案，可实行递延纳税政策，即员工在取得股权激励时可暂不纳税，递延至转让该股权时纳税；股权转让时，按照股权转让收入减除股权取得成本以及合理税费后的差额，适用“财产转让所得”项目，按照 20% 的税率计算缴纳个人所得税。

公司在实施股权激励时，如果要享受上述递延纳税的政策优惠，必须同时满足以下条件：

（1）属于境内居民企业的股权激励计划。

（2）股权激励计划经公司董事会、股东（大）会审议通过。未设股东（大）会的国有单位，经上级主管部门审核批准。股权激励计划应列明激励目的、对象、标的、有效期，各类价格的确定方法，激励对象获取权益的条件、程序等。

（3）激励标的应为境内居民企业的本公司股权，也可以是将技术成果投资入股到其他境内居民企业所取得的股权。公司可以通过增发、大股东直接让渡以及法律法规允许的其他合理方式将股票（权）授予激励对象。

（4）激励对象应为公司董事会或股东（大）会决定的技术骨干和高级管理人员，激励对象累计人数不得超过本公司近 6 个月在职职工平均人数的 30%。

（5）股票（权）期权自授予日起应持有满 3 年，且自行权日起持有满 1 年；限制性股票自授予日起应持有满 3 年，且解禁后持有满 1 年；股权奖励自获得奖励之日起应持有满 3 年。上述时间条件须在股权激励计划中列明。

（6）股票（权）期权自授予日至行权日的时间不得超过 10 年。

（7）实施股权奖励的公司及其奖励股权标的公司所属行业均不在《股权奖励税收优惠政策限制性行业目录》的范围内。公司所属行业按公司上一纳税年度主营业务收入占比最高的行业确定。

A 公司的股权激励政策如果符合上述政策要求，并按照《国家税务总局关于股权激励和技术入股所得税征管问题的公告》（国家税务总局公告 2016 年第 62 号）的规定向税务机关履行备案手续，则王五可享受递延纳税的优惠。王五在行权时暂时不需要缴纳个人所得税，等未来转让股权时，如果有增值，再按照财产转让所得计算缴纳个人所得税。

该方案完全符合政策要求。但问题就是操作相对复杂，稍有不慎，哪怕仅有一个条件不符合，被激励对象都要面临即时缴纳税款的风险，而且还是按照工资、薪金所得七级超额累进税率计算缴纳个人所得税。

实务中，有很多公司会设立合伙企业作为持股平台对员工进行股权激励，员工通过合伙企业间接持有公司的股票（权）。该模式下，被激励员工能否适用上述优惠，可参见本章第三节"二、从合伙企业分回的股票（权）转让所得可否享受减免税优惠"。

🖋 小提示

股权激励是一个复杂的问题，复杂之处在于如何实现激励股权在各激励对象之间的平衡。搞不好弄得"鸡飞狗跳"，适得其反，做了不如不做。因此，各企业一定要结合自身实际情况考虑，不要盲目模仿他人，不要盲目跟风。激励员工的方法有很多，股权激励只是其中一种。有时候，把公司内部的考核政策制定好，效果可能比股权激励更佳。

掌握好一个原则：三思而行，量力而为！

第六节　个人转让股权的涉税风险

公司经营过程中，基于各种原因，经常会出现自然人股东需要把股权转让他人的情形。如果公司早已资不抵债，无论以什么价格转让，只要公司账面没有无形资产、长期股权投资、不动产，一般都不会引起税务机关的关注。

但如果个人在转让股权时，净资产超过实收资本，那么如何转让股权才能省税呢？

我们先看一个案例。

【例6-4】　A有限责任公司当前净资产2 000万元，其中实收资本450万元。A公司股东张三决定，将其10%的股权（原值45万元）平价转让给王五（王五和张三无血缘关系，也不是A公司员工）。A公司账面没有无形资产、长期股权投资和不动产。A公司的其他股东意见：只要变更后自己的股权不被稀释，股权怎么转都无异议。

如果你是公司财务负责人，股东就该股权转让手续征求你的建议，你会怎么办？

一、股权是否可以平价转让

按照《国家税务总局关于发布〈股权转让所得个人所得税管理办法（试行）〉的公告》（国家税务总局公告2014年第67号）的规定，如果是基于国家的特殊政策或转让方和受让方之间的特殊关系，平价或低价转让股权，都是合理的。这种合理的情况包括：

（1）转让方能出具有效文件，证明被投资企业因国家政策调整，生产经营受到重大影响，导致低价转让股权。

（2）继承或将股权转让给其能提供具有法律效力身份关系证明的配偶、父母、子女、祖父母、外祖父母、孙子女、外孙子女、兄弟姐妹以及对转让人承担直接抚养或者赡养义务的抚养人或者赡养人。

（3）相关法律、政府文件或企业章程规定，并有相关资料充分证明转让价格合理且真实的本企业员工持有的不能对外转让股权的内部转让。

（4）股权转让双方能够提供有效证据证明其合理性的其他合理情形。

如果个人转让股权不能满足上述情形，对于以不合理低价转让股权的行为，主管税务机关会按照适当的方法核定该股权转让的收入。

基于此，张三转让上述股权，明显属于价格偏低的情形，一般情况下，税务机关不会认可。那么，税务机关会如何办呢？

二、股权转让价格不合理会如何核定

按照《国家税务总局关于发布〈股权转让所得个人所得税管理办法（试行）〉的公告》（国家税务总局公告 2014 年第 67 号）的规定，当股权转让价格不合理时，主管税务机关会按照净资产核定法、类比法以及其他合理方法核定股权转让收入，其中最常用的就是净资产核定法。

净资产核定法就是按照每股净资产或股权对应的净资产份额（实务中，一般按照签订《股权转让协议》时的上月末净资产额判定）核定股权转让收入。

被投资企业的土地使用权、房屋、房地产企业未销售房产、知识产权、探矿权、采矿权、股权等资产占企业总资产比例超过 20% 的，还需要提供具有法定资质的中介机构出具的资产评估报告⊖，主管税务机关以此报告所显示的净资产额核定股权转让收入。

上述案例中，张三将 10% 股权平价转让给王五，税务机关不会认可该

⊖《国家税务总局关于〈股权转让所得个人所得税管理办法〉的解读》第五条规定，净资产主要依据被投资企业会计报表计算确定。对于土地使用权、房屋、房地产企业未销售房产、知识产权、探矿权、采矿权、股权等资产占比超过 20% 的企业，其以上资产需要按照评估后的市场价格确定。评估有关资产时，由纳税人选择有资质的中介机构进行操作。

转让价格，如按净资产核定张三的股权转让价格，张三应缴纳的个人所得税如下（不考虑印花税及其他交易费用，下同）：

张三应缴纳个人所得税 =（2 000−450）× 10% × 20% = 31（万元）

核定股权转让价格后的应缴税额明显较多，那么，是否可以按照《国家税务总局关于发布〈股权转让所得个人所得税管理办法（试行）〉的公告》（国家税务总局公告 2014 年第 67 号）的要求进行适当策划呢？

（一）为转让股权而修改章程是否适合

按照《国家税务总局关于发布〈股权转让所得个人所得税管理办法（试行）〉的公告》（国家税务总局公告 2014 年第 67 号）的规定，企业章程有单独约定，并有相关资料充分证明转让价格合理且真实的本企业员工持有的不能对外转让股权的内部转让，即便股权转让收入明显偏低，也视为有正当理由。

于是，有人认为：这个简单。在股权转让前，让 A 公司和王五签订劳动合同，并给王五发工资，让王五变为 A 公司员工。同时 A 公司修改章程，约定张三持有的股权属于本企业员工持有的不能对外转让的股权，只能在公司内部转让。章程修改完毕后到工商部门备案。备案完成后再做股权转让，就可以满足平价转让的要求。

股权转让完毕后，再修改章程，恢复原来的约定。如此一来，既符合政策要求，又节约了税款，一举两得！

看起来的确不错，好像和政策也不违背。但需要注意的是，在实务操作中，税务机关对上述政策的执行标准是：章程约定的内部转让必须是在公司设立时就已经约定或者某次股权正常转让后，对新股东的股权在章程中单独约定仅限内部转让。因此，如果是为了低价转让股权而刻意修改的章程（实务中经常出现），税务机关不予认可。

（二）通过变更婚姻关系策划税款有什么风险

按照《国家税务总局关于发布〈股权转让所得个人所得税管理办法（试行）〉的公告》（国家税务总局公告 2014 年第 67 号）的规定，夫妻之间可以平价或低价转让股权。

因此，张三向王五转让股权可以通过以下方式：张三和其夫人离婚，王五和其夫人离婚。张三和王五夫人结婚，然后将其股权以 45 万元的价格平价转让给王五夫人。王五夫人取得股权后和张三离婚，然后和王五复婚，复婚后再将该股权以 45 万元的价格平价转让给王五。

上述转让属于政策规定的可以低价转让的情形，不涉及个人所得税的问题（当前许多地方已经把离婚后马上买房的路堵死了，但还没有封堵离婚后买卖股权的路）。尽管把税款省了，但风险也不容忽视，万一假戏真做，偷鸡不成蚀把米，那可真是"叫天天不应，叫地地不灵"！这个风险谁能承受？

（三）通过增资进行策划是否存在障碍

王五对 A 公司增资 50 万元，A 公司实收资本增加至 500 万元，王五持股比例 10%。该过程不涉及股权转让。同时，王五也不是公司员工，平价增资也不涉及股权激励缴纳个人所得税的问题。虽然比之前 45 万元（股权转让）多支付 5 万元，却以很小的代价，取得了 A 公司 10% 的股权，这种做法还是比较合适的。

这样操作后，A 公司其他股东的股权比例被同步稀释，如果其他股东没有不同意见，这显然是不错的方案。但问题是，只要其他股东中有一个股东不同意，该方案就无法实施，除非不同意被稀释股权的股东也能一起增资，确保自己的股权比例不变。

三、以激励为目的的股权转让策划方法

在案例中，张三转让给王五的 10% 的股权到底是一种什么权利需要明确。涉及股东权益的比例包括持股比例、分红比例、表决权比例和剩余财产分配比例，有关四者的差异可参见本书第一章第四节"股权如何分配"。假设张三只是希望对王五进行激励，让王五在获取工资收入的同时还能取得公司发展的红利收入，并不希望给王五更多的表决权比例和剩余财产分配比例。王五自己也表示只要分红比例满足要求即可，其他的也不是自己关注的事项。

基于上述假设，张三只需转让 0.1% 的股权给王五，并在公司章程中约定，王五享受 10% 的分红权，其他权利和持股比例一致。张三的分红权减少 10%，其他权利和其持股比例一致。则：

张三应缴纳个人所得税 ＝（2 000－450）×0.1%×20% ＝ 0.31（万元）

通过策划，张三仅需缴纳 0.31 万元的税款，比直接转让 10% 的股权少缴 30.69（＝31－0.31）万元，但同样达到了所希望的目的！

四、转让认缴股权的现实问题

上述讨论的都是转让实缴股权的涉税问题。实务中，股东认缴注册资本后并未全部实缴或仅部分实缴的情形比比皆是。如果自然人股东转让的是认缴的股权，又会有哪些税务问题及法律问题呢？

（一）转让认缴的股权后，原股东是否还应履行出资义务

【例 6-5】　张三和李四共同投资设立 A 公司，注册资本 1 000 万元，全部认缴。张三持股 40%，李四持股 60%。经营几年后，张三将其认缴的 400 万元股权以 0 元转让给丙，并正常办理了工商、税务变更手续。

股权变更后，张三不再是 A 公司股东，并且和 A 公司不再有任何关系。如果后续 A 公司要求张三履行 400 万元出资义务，张三是否可以理直气壮地拒绝呢？

按照《最高人民法院关于适用〈中华人民共和国公司法〉若干问题的规定（三）》第十八条的规定，有限责任公司的股东未履行或者未全面履行出资义务即转让股权，受让人知道或者应当知道，公司请求该股东履行出资义务、受让人对此承担连带责任的，人民法院应予支持……

依据上述规定，张三是否一定要履行出资义务呢？

先来看一个真实的案例。

【例 6-6】[⊖]　2015 年，浙江真才建材集团有限公司（后改名为"浙江佳

⊖　资料来源：中国裁判文书网（2020）苏 05 民终 6414 号。

源创盛物产集团有限公司",以下简称"佳源公司")与苏州松日电梯销售有限公司(以下简称"苏州松日")签订《设备采购合同订货单》并支付定金403 136元。双方约定：佳源公司向苏州松日采购电梯20台，用于黄桥·佳源中心广场2号楼项目的建设，苏州松日应当自收到定金次日起60天内将设备送至指定工地。

2015年11月2日、2015年12月15日，佳源公司分别向苏州松日支付提货款605 614元、201 750元。

苏州松日未在交货期限内将电梯交付给佳源公司，且经催告后在合理期限内仍未交货。

············

2016年4月22日，佳源公司诉至法院，要求苏州松日返还定金、货款及利息，并要求苏州松日的历史股东承担连带责任。

苏州松日于2014年7月15日设立。注册资本1 000万元，丁某认缴出资510万元，持股比例51%；徐某认缴出资390万元，持股比例39%；松日电梯有限公司认缴出资100万元，持股比例10%。出资期限均为2024年。

2014年9月30日，丁某、徐某、松日电梯有限公司分别与潘某签订股权转让协议，后苏州松日的股权结构变更为：潘某出资990万元，持股比例99%；松日电梯有限公司出资10万元，持股比例1%。

2015年3月12日，潘某和顾某签订股权转让协议，股权变更后，苏州松日的股权结构为：顾某出资990万元，持股比例99%；松日电梯有限公司出资10万元，持股比例1%。

2016年1月5日，苏州松日股东会做出决议，注册资本由1 000万元增加至10 000万元，增资后顾某出资9 990万元，持股比例99.9%，松日电梯有限公司出资10万元，持股比例0.1%；修改公司章程，确认顾某、松日电梯有限公司分别认缴出资9 990万元、10万元，出资方式均为货币，出资期限均为2016年7月1日。此次注册资本及出资期限变更办理了工商登记。

2017年6月9日，顾某与陈某签订股权转让协议，股东变更后，苏州松日的股权结构为：陈某出资9 990万元，持股比例99.9%；松日电梯有限公司出资 10 万元，持股比例 0.1%。

丁某、徐某、潘某、顾某、陈某均未对苏州松日实际出资。

二审法院认为，《公司法》确立了认缴资本制，股东依法享有期限利益，公司债权人在与公司进行交易时有机会在审查公司股东出资时间等信用的基础上综合考虑是否与公司进行交易，债权人决定交易时即应受股东出资时间的约束。

故，出资期限未届满的股东尚未完全履行其出资义务不应认定为《最高人民法院关于适用〈中华人民共和国公司法〉若干问题的规定（三）》第十三条第二款规定的"未履行或者未全面履行出资义务"。

因而，股东在出资期限届满前转让股权，不应承担瑕疵出资责任，除非在公司无力清偿债务的情况下，转让股东与受让股东恶意串通，利用股权转让规避出资义务。

本案所涉交易发生于丁某、徐某、潘某股权转让之后，丁某、徐某、潘某均不存在通过股权转让规避出资义务的可能。佳源公司交易时对苏州松日的合理信赖基于当时公示的股权信息，其对丁某、徐某、潘某并无出资的期冀。故丁某、徐某、潘某不应对佳源公司的该笔债权承担瑕疵出资责任。

在顾某转让认缴股权前，苏州松日对佳源公司的债务已经存在，因此顾某应在认缴出资额 9 990 万元本息范围内（自 2016 年 7 月 1 日开始计息）对上述债务（金钱给付义务）承担补充赔偿责任；陈某对顾某的上述义务承担连带清偿责任。

根据这个案例，张三要对转让认缴的股权进行如下分析和考量：

如果张三转让的认缴股权尚未到注册资本的缴纳期限，且 A 公司不存在未清偿的债务，则张三转让该认缴股权后，就无须对 A 公司后续发生的债务承担连带责任。

如果张三转让的认缴股权尚未到注册资本的缴纳期限，且 A 公司存在未清偿的债务，则张三转让该认缴股权后，就须对转让认缴股权时 A 公司存在的债务承担连带责任。

如果张三转让的认缴股权已经到了注册资本的缴纳期限，但张三并未缴纳，即便转让认缴股权时 A 公司不存在未清偿债务，张三也可能需要对 A 公司后续发生的债务承担连带责任。

因此，在不清楚被投资公司是否存在未清偿债务的情况下，股东转让尚未到达出资期限的认缴股权，该如何从根本上合理规避上述风险呢？

下面的方案或许能提供一点参考。

方案一：转让前先实缴，然后再转让。

在转让方自有资金足够实缴的情况下，采取该方式比较适合。转让方将注册资本进行实缴后，通过股权转让（至少平价转让），取得受让方支付的股权转让款。钱最终还是回到自己手中，但绝对不会再出现案例中的麻烦。

方案二：被投资公司先减资，转让方再实缴，然后再转让。

在转让方没有足够资金实缴的情况下，可以让被投资公司先减资，一直减少到转让方有能力实缴为止。然后再按方案一操作。

方案三：受让方先借款给转让方，转让方实缴出资，然后再转让。

当标的公司是特殊性质公司，无法通过减资操作实现规避风险的目的时，采取该方法比较合适。具体路径如下：

（1）转让方和受让方签订借款协议，受让方将需要实缴的资金先借给转让方（为确保资金安全，转让方应单独办理银行卡，由受让方设置密码并保管银行卡）。

（2）转让方获得资金后对目标公司进行实缴，完成出资义务。

（3）转让方将实缴的股权按约定价格转让给受让方，并正常办理工商、税务变更手续。

（4）受让方向转让方支付转让款。受让方支付的股权转让款和转让方应向受让方偿还的借款，两者相当的部分直接冲抵，受让方仅支付超过转让方借款额的部分即可。

（二）转让认缴股权的涉税问题

我们先看一个案例。

【**例 6-7**】　A 公司注册资本为 100 万元，甲和乙两个自然人分别认缴 60 万元（已实缴 45 万元）和 40 万元（已实缴 25 万元）。甲和乙拟将未实际出资的 30 万股以 0 元价格全部转让。发生股权转让的上月，A 公司的净资产为 140 万元，A 公司账面上不存在土地使用权、房屋、房地产企业未销售房产、知识产权、探矿权、采矿权、股权等资产。

甲和乙转让股权的公允价格如何确认？应如何计算缴纳个人所得税（不考虑交易过程中的印花税及其他费用）？

该案例所描述的情形，在实务中比较常见。这个案例涉及的几个实务问题需要大家引起重视。

1. 实缴股权和认缴股权并存的情况下，优先转让哪项股权

如果转让方个人的股权都是实缴股权，或者都是认缴股权，就不需要考虑这个问题。在既存在实缴股权，又存在认缴股权的情况下，个人转让股权是否需要优先转让实缴股权，然后再转让认缴股权？

这个问题在与国家税收相关的法律、法规及规章中没有明确规定。

所以，在实务中发生类似转让时，一定要在股权转让合同中明确，转让的股权到底是实缴股权还是认缴股权，以及对应的股数是多少。

需要注意的是，当某一股东的认缴股权和实缴股权共存时，即便转让合同中明确转让的是认缴股权，主管税务机关也可能会按照该股东实缴股权和认缴股权的占比对拟转让的股权进行拆分，分别按转让实缴股权和认缴股权计算股东应缴纳的个人所得税税款。

2. 认缴股权的公允价格如何确定

如果该 0 元转让价格低于公允价格，则税务机关会按照公允价格确定股权转让收入，并以此为基础计算缴纳个人所得税。

例 6-6 中，甲和乙转让认缴股权的公允价格该如何界定？

观点一：公允价格为 60 万元。

此观点认为，A 公司有净资产 140 万元，对应的股数为 70 万，按照《国家税务总局关于发布〈股权转让所得个人所得税管理办法（试行）的公告〉》

（国家税务总局公告 2014 年第 67 号）的规定，每股的公允价格应为 2 元。将转让的股数 30 万（无论是实缴还是认缴）与每股价格相乘，即可计算得出公允价格为 60 万元。

该观点的致命弱点就在于将实缴股权和认缴股权混为一谈，错误地将实缴股权的每股价格直接套用到认缴股权上。按此观点，如果甲和乙转让全部股权，则公允价格应该为 200（＝100×2）万元。

而 A 公司的净资产总计才 140 万元！按照上述公告的原则，如果 A 公司的所有股东将全部股权转让，税务机关核定的公允价格最多也不会超过 140 万元（实务中，受让方可以自愿高出此价格购买）！

因此，观点一不可取。

观点二：公允价格为 51 万元。

该观点认为，如果要遵照上述公告的精神，就需要把认缴的股权按 1 元价格先计入净资产额。这样 A 公司的净资产就是 170 万元，而不是 140 万元；对应的股数是 100 万，而不是 70 万。则：

转让 30 万认缴股权的公允价格 ＝ 30×（140＋30）÷（70＋30）＝ 51（万元）

该观点看似合理，但也存在一个缺陷，就是认缴的股权在未实际出资的前提下，为什么要按 1 元价格先计入净资产额？在理论上缺乏合理的解释。

观点三：根据认缴股权是否参与利润分配确定价格[注]。

该观点基于认缴股权所能享受的权益确定其公允价格，比较符合实际。个人股东认缴的股权不参与利润分配的，股东转让该认缴股权的公允价格可以按 0 元确认；个人股东认缴的股权参与利润分配的，股东转让认缴股权的公允价格按下列公式确认：

个人转让认缴股权的公允价格 ＝（资本公积＋盈余公积＋未分配利润）× 转让认缴的股权占被投资公司全部股权的比例

按照上述原则，针对案例中的情况，如果甲和乙转让认缴的股权参与利润分配，则甲和乙转让的认缴股权对应的净资产额（即公允价格）为：

⊖　目前北京市允许采取该方法确定公允价格。

甲和乙转让认缴股权的公允价格＝（公司净资产额－甲实际出资额－乙实际出资额）×拟转让认缴股权的数量÷公司注册资本总额＝（140－45－25）×30÷100＝21（万元）

甲和乙合计需要缴纳的个人所得税＝（认缴股权的公允价格－认缴股权的出资成本）×20%＝（21－0）×20%＝4.2（万元）

如果甲和乙转让的认缴股权不参与利润分配，则甲乙转让的认缴股权对应的净资产额（即公允价格）为0元。

需要注意的是，由于甲和乙同时存在实缴股权和认缴股权，如果主管税务机关对甲乙双方全部转让认缴股权的方式不认可，就会对甲乙双方各自转让的股权按比例进行拆分。

甲转让的股权中属于实缴的部分＝拟转让的股权数量×甲已经实缴的股权数量÷甲认缴的全部股权数量＝15×45÷60＝11.25（万股）

甲转让的股权中属于认缴的部分＝拟转让的股权数量×甲尚未实缴的股权数量÷甲认缴的全部股权数量＝15×15÷60＝3.75（万股）

乙转让的股权中属于实缴的部分＝拟转让的股权数量×乙已实缴的股权数量÷乙认缴的全部股权数量＝15×25÷40＝9.375（万股）

乙转让的股权中属于认缴的部分＝拟转让的股权数量×乙尚未实缴的股权数量÷乙认缴的全部股权数量＝15×15÷40＝5.625（万股）

如果认缴的股权参与利润分配：

股权转让上月净资产增加总额＝净资产额－实收资本＝140－70＝70（万元）

甲转让实缴股权的公允价格＝甲转让实缴股权的实际出资成本＋净资产增加额×甲转让实缴股权的数量÷公司注册资本总额＝11.25＋70×11.25÷100＝19.125（万元）

甲转让认缴股权的公允价格＝甲转让认缴股权的实际出资成本＋净资产增加额×甲转让认缴股权的数量÷公司注册资本总额＝0＋70×3.75÷100＝2.625（万元）

甲转让股权需要缴纳的个人所得税＝（甲转让实缴股权公允价格＋甲转让认缴股权公允价格－甲转让实缴和认缴股权的实际出资成本）×20%＝（19.125＋

2.625－11.25）×20%＝2.1（万元）

乙转让实缴股权的公允价格＝乙转让实缴股权的实际出资成本＋净资产增加额 × 乙转让实缴股权的数量 ÷ 公司注册资本总额＝9.375＋70×9.375÷100＝15.937 5（万元）

乙转让认缴股权的公允价格＝乙转让认缴股权的实际出资成本＋净资产增加额 × 乙转让认缴股权的数量 ÷ 公司注册资本总额＝0＋70×5.625÷100＝3.937 5（万元）

乙转让股权需要缴纳的个人所得税＝（乙转让实缴股权公允价格＋乙转让认缴股权公允价格－乙转让实缴和认缴股权的实际出资成本）×20%＝（15.937 5＋3.937 5－9.375）×20%＝2.1（万元）

甲乙合计需要缴纳的个人所得税＝2.1＋2.1＝4.2（万元）

如果认缴的股权不参与利润分配：

股权转让上月净资产增加总额＝净资产额－实收资本＝140－70＝70（万元）

甲转让实缴股权的公允价格＝甲转让实缴股权的实际出资成本＋净资产增加额 × 甲转让实缴股权的数量 ÷ 公司实收资本总额＝11.25＋70×11.25÷70＝22.5（万元）

甲转让认缴股权的公允价格＝0（万元）

甲转让股权需要缴纳个人所得税＝（甲转让实缴股权公允价格＋甲转让认缴股权公允价格－甲转让实缴和认缴股权的实际出资成本）×20%＝（22.5＋0－11.25）×20%＝2.25（万元）

乙转让实缴股权的公允价格＝乙转让实缴股权的实际出资成本＋净资产增加额 × 乙转让实缴股权的数量 ÷ 公司实收资本总额＝9.375＋70×9.375÷70＝18.75（万元）

乙转让认缴股权的公允价格＝0（万元）

乙转让股权需要缴纳个人所得税＝（乙转让实缴股权公允价格＋乙转让认缴股权公允价格－乙转让实缴和认缴股权的实际出资成本）×20%＝（18.75＋0－9.375）×20%＝1.875（万元）

甲乙合计需要缴纳个人所得税＝2.25＋1.875＝4.125（万元）

第七节 常见个税策划方案的涉税风险

年薪 20 万元，高吗？若没有任何负担，好像还可以。如果在背负巨额房贷的基础上，一边供养妻儿（女），一边赡养夫妻双方的父母，年薪 20 万元恐怕就不是高不高的问题了，而是根本就不够！

为了解决"高收入"个人税负较高的问题，各企业可谓是"八仙过海，各显神通"，策划方案五花八门，我们在此进行系统梳理并解析。

一、常见个税策划方案有什么风险

（一）偷梁换柱

常见的做法就是找发票报销，即部分收入正常申报个税，其他部分用发票进行报销，借此达到"节税"的目的。

此法"由来已久"，因其操作简便，难度系数极低，目前仍在各企业"大行其道"。但其实这种方法根本就是"此地无银三百两"般的策划，严重低估了税务稽查人员的智商。

【例 6-8】 青岛国税稽查人员对青岛立隆佳自动化有限公司的纳税和发票使用情况进行了纳税检查。经查，该单位法定代表人陶某购买家用电器、家装材料、家居用品用于个人消费，购买时直接支付现金，取得青岛某商业有限公司开具的普通发票 25 份，计入单位账簿"管理费用——办公费"30 万元。事后陶某将发票交与财务人员报销，进行税前扣除，未做纳税调整。该公司由于在 2012 年偷税数额达 8.46 万元，因此被税务机关处以罚款 4.23 万元，同时偷税比例达 12.14%，被移送公安机关做进一步处理。

🔔 小提示

莫伸手，伸手必被捉！

（二）掩耳盗铃

常见的做法就是部分工资正常申报个税，其他部分以老板借款的形式提现，再通过老板个人账户把钱分别打入员工个人账户。

进行如此操作的人员通常认为，反正公司是老板的，老板的就是公司的，老板从公司借钱也不需要还，把老板的借款挂在"其他应收款"科目，也不影响公司损益，员工还节约了税款，何乐而不为？

殊不知，按照《财政部 国家税务总局关于规范个人投资者个人所得税征收管理的通知》（财税 [2003]158 号）的规定，纳税年度内个人投资者从其投资企业（个人独资企业、合伙企业除外）⊖借款，在该纳税年度终了后既不归还，又未用于企业生产经营的，其未归还的借款可视为企业对个人投资者的红利分配，依照"利息、股息、红利所得"项目计征个人所得税。

小提示

搬起石头砸了老板的脚！

（三）借水推船

常见的做法是，公司把高收入员工的工资在报税时以较低的金额申报，把低收入员工的工资在报税时以较高的金额申报（多出的税款由高收入员工承担），发放时均按实际应得的金额发放。在保持工资总额不变且全额申报个税的情况下，通过把高收入员工的工资拆散，化整为零隐藏在低收入员工的工资内，达到为高收入员工"节税"的目的。

此种方案操作手法比较隐蔽，如果只对申报个税的总额和企业所得税税前列支的工资薪金总额进行比对（假设当期实际发放的工资均计入了当期成本费用），通常很难发现问题。但也不是因此就判定该方案万无一失。

假的真不了，一旦被举报或被税务机关稽查，很容易就会露出马脚。企业所面临的风险就是因未足额代扣代缴个人所得税被行政处罚。

⊖ 2005 年，国家税务总局又单独发布《个人所得税管理办法》（国税发 [2005]120 号），文件规定，加强个人投资者从其投资企业借款的管理，对期限超过一年又未用于企业生产经营的借款，严格按照有关规定征税。该规定所称的企业，是指个人独资企业和合伙企业，不包括公司制企业。

按照《税收征收管理法》的规定，扣缴义务人应扣未扣、应收而不收税款的，由税务机关向纳税人追缴税款，对扣缴义务人处应扣未扣、应收未收税款百分之五十以上三倍以下的罚款。

小提示

弄巧成拙，偷鸡不成反蚀把米。

（四）表表不一

社会保险缴费基数、住房公积金缴费基数和个人所得税计税基数不一致这种"表里不一"的情况已数见不鲜，在此不予分析。

"表表不一"的常见做法是，提高高收入员工的住房公积金缴费基数，使其和社保基数拉开较大差距。在满足特定条件后，无论是个人还是公司负担的住房公积金均可定期自动转入个人账户。提高住房公积金基数（不超过当地上年度社会平均工资的3倍），相当于变相地把个人的一部分收入合理合法地直接从个人所得税税前扣除，从而达到减少纳税的目的。

由于社保和住房公积金缴费基数的确定要依据过去的工资而不是当下的工资，缴费基数和当下工资不一致也很正常，因此，有些"表里不一"的企业在当下基本都还可以"浑水摸鱼""高枕无忧"。但"表表不一"就大不相同，毕竟此类企业不多，加上金税系统强大的自动比对功能，社保管理机构很容易发现这种异常。一旦被关注到，到企业现场稽查时就非常容易发现破绽。

按照《中华人民共和国社会保险法》的规定，用人单位未按时足额缴纳社会保险费的，由社会保险费征收机构责令限期缴纳或者补足，并自欠缴之日起，按日加收万分之五的滞纳金；逾期仍不缴纳的，由有关行政部门处欠缴数额一倍以上三倍以下的罚款。

小提示

聪明反被聪明误！

（五）欠债不还

常见做法是把员工的工资分成两部分，一部分以工资名义发放，另一部分让员工从公司借款，不需要归还。公司每年根据欠债的账龄计提坏账准备，通过会计方法把该部分应收款项处理掉，年度汇算清缴时再做纳税调增处理。

按照《财政部 国家税务总局关于企业为个人购买房屋或其他财产征收个人所得税问题的批复》（财税 [2008]83 号）的规定，企业其他人员（员工）向企业借款用于购买房屋及其他财产，将所有权登记为企业其他人员，且借款年度终了后未归还借款的，按照"工资、薪金所得"项目计征个人所得税。

看来，公司和个人合作采取"周瑜打黄盖———一个愿打，一个愿挨"的赖账模式，也是税法不予认可的。

小提示

该来的总归是要来的。

（六）化整为零

常见做法是把同一个人的工资在两家或两家以上公司发放，把工资打散，化整为零，分别由不同公司代扣代缴个人所得税，有效降低个人税负。

上述方法明显属于对政策认知不足。按照《个人所得税法实施条例》的规定，从中国境内两处或者两处以上取得工资、薪金所得的纳税人，应当将所得合并，计算应纳税额，并按规定（自行）办理纳税申报。

这样的操作，对于具体发放工资的公司而言，并不存在扣税瑕疵。只是这样操作的结果，是需要个人将在不同地方获取的工资薪金所得合并，自行办理纳税申报。也就是说，税收风险全部由个人承担。

小提示

引火烧身，作茧自缚。

（七）雾里看花

常见做法是自己开公司，利用自己的特长创业，摆脱给他人打工的束缚。公司有收入也不给自己发工资，只从公司获取分红收益。

由于工资所得适用的是七级超额累进税率，最高可达 45%，而个人股东从非上市、非挂牌企业取得的股息适用税率仅为 20%。通过策划可以把自己的个人所得税税率降低 25 个百分点！

这种策划看似很好，实则不然。因为公司在向个人股东分红前，需先缴纳 25% 的企业所得税（特殊企业会有适当优惠），完税后向个人分红再代扣代缴 20% 的个人所得税。公司和个人纳税合计后，所缴纳的税款不一定比直接向个人发放工资少！

【**例 6-9**】 张三在 A 公司任职，年薪 350 万元，每年正常扣除费用 6 万元，专项扣除额（个人负担的社会保险和住房公积金）12 万元，专项附加扣除额 2.4 万元，无其他扣除事项。

张三领取工资全年应纳个人所得税 =（350 − 7 − 12 − 2.4）× 45% − 18.192
$$= 130.128（万元）$$

实际税（费）负担率 =（130.128 + 12）÷ 350 = 40.61%

若张三成立一人有限公司 B，并以 B 公司名义和 A 公司合作。B 公司从 A 公司取得收入后，向 A 公司开具税率为 3% 的增值税专用发票。张三不从 B 公司取得工资（实务中很多投资人都喜欢这么做），每年只从 B 公司取得分红收入（假定公司收入扣除成本和税费后全部用于分红）。B 公司每年日常运营成本（地址费、记账报税费）3 万元。B 公司和 A 公司签订的服务合同不属于印花税征税范围，且 B 公司不享受附加税费减半优惠。

B 公司每年缴纳增值税 = 350 ÷（1 + 3%）× 3% = 10.19（万元）

B 公司每年缴纳附加税费 = 10.19 × 12% = 1.22（万元）

B 公司每年应缴纳企业所得税 =（350 − 10.19 − 3 − 1.22）× 25%
$$= 83.90（万元）$$

张三从 B 公司取得分红应纳个人所得税 =（350－10.19－3－1.22－83.90）× 20% = 50.338（万元）

张三和 B 公司实际税（费）负担率 =（10.19＋3＋1.22＋83.90＋50.338）÷ 350 = 42.47%

对比后，张三以个人名义从 A 公司取得工资收入的税负担率更低，成立公司反而不合适！

如果张三每年从 B 公司取得工资收入 50 万元，B 公司符合小型微利企业的条件并享受小型微利企业的所得税优惠。B 公司为张三据实缴纳社会保险和住房公积金（公司负担比例 44%，个人负担比例 22%）。张三和 B 公司的其他扣除事项同上。

张三个人负担的社会保险和住房公积金 = 50×22% = 11（万元）

张三领取工资全年应纳个人所得税 =（50－6－11－2.4）×25%－3.192 = 4.458（万元）

B 公司每年缴纳增值税 = 350÷（1＋3%）×3% = 10.19（万元）

B 公司每年缴纳附加税费 = 10.19×12% = 1.22（万元）

B 公司每年负担的社会保险和住房公积金 = 50×44% = 22（万元）

B 公司每年应纳税所得额 = 350－10.19－3－1.22－50－22 = 263.59（万元）

B 公司每年应缴纳企业所得税 = 263.59×5% = 13.18（万元）

张三从 B 公司取得分红应纳个人所得税 =（263.59－13.18）×20%
= 50.08（万元）

张三和 B 公司实际税（费）负担率 =[（4.458＋11）＋（22＋10.19＋3＋1.22＋13.18＋50.08）]÷350 = 32.89%

调整后，张三设立 B 公司取得工资加分红收入的税（费）负担率（这个负担率会随着张三从 B 公司取得工资收入的变化而发生变化）比直接从 A 公司取得工资收入低一些，但张三因此而操的心会更多。

实务中，在税费负担率相差不大的情况下，还是直接获取工资收入更简单些。

小提示

不盲从、不偏信，尤其是在财税领域，怎么强调都不为过！利用公司进行个人所得税策划是一个比较复杂的问题，一定要具体问题具体分析。

二、利用专项附加税前扣除需要注意的问题

按照《个人所得税法》的规定，对于一个年薪20万元的纳税人而言，即便不考虑专项扣除、专项附加扣除和其他扣除，其税负率也已下降到一个相对合理水平。

有关数据测算如下：

$$年应纳税所得额 = 200\ 000 - 60\ 000 = 140\ 000（元）$$
$$应纳税额 = 140\ 000 \times 10\% - 2\ 520 = 11\ 480（元）$$
$$实际税负率 = 11\ 480 \div 200\ 000 \times 100\% = 5.74\%$$

对于年薪30万元的纳税人而言，如果不考虑专项扣除、专项附加扣除和其他扣除，其税负率测算如下：

$$年应纳税所得额 = 300\ 000 - 60\ 000 = 240\ 000（元）$$
$$应纳税额 = 240\ 000 \times 20\% - 16\ 920 = 31\ 080（元）$$
$$实际税负率 = 31\ 080 \div 300\ 000 \times 100\% = 10.36\%$$

因此，在考虑专项扣除、专项附加扣除和其他扣除后，即便对于年薪30万元的纳税人而言，其实际税负率也完全可以控制在10%以内。

在实务操作中，专项扣除金额通常无法由自己决定，其他扣除一般人涉及不到，即便涉及，也很难由自己控制。唯一剩下的专项附加扣除就需要纳税人好好把握，把专项附加扣除的政策用足、用对，尽可能享受个税新政为纳税人带来的好处，这就是最好的策划。

按照《个人所得税法》的规定，专项附加扣除包括子女教育、继续教育、大病医疗、住房贷款利息或者住房租金、赡养老人等支出。

（一）婴幼儿照护和子女教育

《国务院关于提高个人所得税有关专项附加扣除标准的通知》（国发〔2023〕13号，以下简称"13号文"）规定，纳税人照护3岁以下婴幼儿专项附加扣除标准，从2023年1月1日起，为每个婴幼儿每月2000元。婴幼儿人数无限制。

纳税人对3岁以上子女教育专项附加扣除标准，从2023年1月1日起，为每个子女每月2000元。子女人数无限制。

1. 子女的界定

按照《国务院关于印发个人所得税专项附加扣除暂行办法的通知》【国发【2018】41号，以下简称"41号文"】的规定，子女包括婚生子女、非婚生子女、继子女、养子女。

2. 教育的界定

（1）国内教育。41号文规定，学历教育包括义务教育（小学、初中教育）、高中阶段教育（普通高中、中等职业、技工教育）、高等教育（大学专科、大学本科、硕士研究生、博士研究生教育）。

年满3岁至小学入学前处于学前教育阶段的子女，按上述规定执行。

《国家税务总局关于发布〈个人所得税专项附加扣除操作办法（试行）〉的公告》（国家税务总局公告2018年第60号，以下简称"60号公告"）规定，学前教育阶段，为子女年满3周岁当月至小学入学前一月。学历教育，为子女接受全日制学历教育入学的当月至全日制学历教育结束的当月。

按照41号文的规定，税务部门和教育部门核实子女的全日制教育信息时，教育部门需提供有关学生的学籍信息（包括学历继续教育学生的学籍、考籍信息）。

因此，如果纳税人的子女在私立学校就读（如私塾、打工学校等），且该类学校的学生信息未在教育部门备案，则纳税人无法享受子女教育附加扣除。

（2）境外教育。41号文规定，纳税人子女在中国境外接受教育的，纳税人应当留存境外学校录取通知书、留学签证等相关的教育证明资料备查。

对于女子在境外接受教育的，税务部门和教育部门核实信息时，教育部门需提供境外教育机构在相关部门备案的资质信息。

因此，如果境外教育机构未在有关部门备案的，即便有境外学校录取通知书、留学签证等相关的教育证明资料，纳税人也无法享受子女教育附加扣除。

3. 教育暂时"中止"

60号公告规定，学历教育期间包含因病或其他非主观原因休学但学籍继续保留的休学期间，以及施教机构按规定组织实施的寒暑假等假期。

因此，对于子女在就学期间参军、中途辍学或被开除的情形，只要学籍信息继续保留，就不影响纳税人继续享受子女教育附加扣除。

（二）继续教育

41号文第八条规定，纳税人在中国境内接受学历（学位）继续教育的支出，在学历（学位）教育期间按照每月400元定额扣除。同一学历（学位）继续教育的扣除期限不能超过48个月。纳税人接受技能人员职业资格继续教育、专业技术人员职业资格继续教育的支出，在取得相关证书的当年，按照3 600元定额扣除。

1. 继续教育的界定

60号公告规定，学历（学位）继续教育期间为在中国境内接受学历（学位）继续教育入学的当月至学历（学位）继续教育结束的当月。

在实务中，该种教育的形式既可以是脱产，也可以是非脱产，无论是自考、函授、电大还是党校等，只要未来取得的学历被教育部门认可，均属于继续教育。

2. 继续教育的扣除

60号公告规定，同一学历（学位）继续教育的扣除期限最长不得超过48个月。

41号文规定，个人接受本科及以下学历（学位）继续教育，符合规定扣除条件的，可以选择由其父母扣除，也可以选择由本人扣除。

因此，在实务中需要注意：

（1）同一学历（学位）继续教育，扣除期限最多为48个月。48个月内未通过考试，不得再进行扣除；如果48个月后更换专业，但仍然是相同学历（学位）的，也不能再进行扣除。

（2）个人接受本科及以下学历（学位）继续教育，如果选择由父母扣除，父母是否可以按照"子女教育附加扣除"每月1 000元的标准扣除？

对于子女教育附加扣除，41号文规定，子女接受的必须是"全日制教育"。

继续教育是否属于全日制教育呢？

中华人民共和国教育部网站官方答疑称⊖：高等教育的形式根据受教育者在校学习的时间分为全日制和非全日制。全日制的教育形式是指学生在国家规定的修业年限内，全日在校学习。采取全日制高等教育形式的学校称为全日制高等学校。非全日制的教育形式是指学生在规定的修业年限内，部分时间在校学习，部分时间参与社会工作，一般利用业余时间进行学习，非全日制高校包括实施各种高等教育的夜大学、函授大学、广播电视大学等。

按照上述规定，如果子女继续教育采取的是全日制形式，父母在扣除时，就可按每月1 000元的标准执行；如果子女继续教育采取的是非全日制形式，父母在扣除时，就可按每月400元的标准执行。

（3）个人接受研究生及以上学历（学位）继续教育，只能由本人扣除，不能由父母扣除。

3. 职业资格教育的界定

41号文规定，税务部门在核实职业资格教育信息时，人力资源社会保障等部门需提供有关技工院校学生学籍信息、技能人员职业资格继续教育信息、专业技术人员职业资格继续教育信息。

⊖ http://www.moe.gov.cn/jyb_hygq/hygq_zczx/moe_1346/moe_1347/tnull_16259.html.

税务部门认可的职业资格教育信息可查看人力资源社会保障部发布的《国家职业资格目录》。

4. 职业资格教育的扣除

纳税人接受技能人员职业资格继续教育、专业技术人员职业资格继续教育的支出，在取得相关证书的当年，按照 3 600 元定额扣除。

在扣除时，并未强调资格的数量。也就是说，无论当年拿到了多少个资格证，都是 3 600 元定额扣除。因此，对于"学霸"而言，合理安排考试时间很有必要，不要一年考多个资格证书，每年考一个，那么年年可享受 3 600 元定额扣除。

（三）大病医疗

41 号文第十一条规定，在一个纳税年度内，纳税人发生的与基本医保相关的医药费用支出，扣除医保报销后个人负担（指医保目录范围内的自付部分）累计超过 15 000 元的部分，由纳税人在办理年度汇算清缴时，在 80 000 元限额内据实扣除。

1. 医疗支出范围

按上述规定，医疗支出仅限于在医保范围内且自付的部分。按照 60 号公告的规定，大病医疗为医疗保障信息系统记录的医药费用实际支出的当年。

因此，在实务中，下列医疗支出不能累加：

（1）完全自费的支出。

（2）属于医保范围内的医药费，但未在正规医院就诊（如未纳入医保定点的私立医院或诊所）或自己到药店买药，导致该支出未在当年医疗保障信息系统中记录。

2. 医疗支出的扣除

41 号文规定，纳税人发生的医药费用支出可以选择由本人或者其配偶扣除；未成年子女发生的医药费用支出可以选择由其父母一方扣除。

纳税人及其配偶、未成年子女发生的医药费用支出，按41号文第十一条的规定分别计算扣除额。

因此，在实务中，医疗支出扣除时需要注意：

（1）如果医疗支出达到扣除标准，可以自己扣除，也可以由配偶扣除。

（2）子女发生的医疗支出达到扣除标准，若子女未成年，可由父母一方扣除；若子女已成年，只能自己扣除或由自己的配偶扣除。

（3）自己、配偶、未成年子女当年的医疗支出不能合并计算。如A家庭和B家庭均为三口之家，孩子均未成年。

A家庭一家三口在当年符合要求的自费医疗支出各1.5万元，家庭自费医疗支出共计4.5万元，则A家庭当年的医疗支出无法税前列支。

B家庭只有孩子在当年发生符合要求的自费医疗支出4.5万元，全年家庭共计也是4.5万元，但B家庭当年的医疗支出就可以有3万元允许税前列支，可由孩子父母任意一方扣除。

（四）住房贷款利息

41号文第十四条规定，纳税人本人或者配偶单独或者共同使用商业银行或者住房公积金个人住房贷款为本人或者其配偶购买中国境内住房，发生的首套住房贷款利息支出，在实际发生贷款利息的年度，按照每月1 000元的标准定额扣除，扣除期限最长不超过240个月。纳税人只能享受一次首套住房贷款的利息扣除。

1. 购房对象

仅限给自己或配偶购买住房。纳税人为自己的父母、岳父母、公婆、爷爷奶奶、姥姥姥爷、兄弟姐妹等亲属购买住房，即便是首套住房，该住房贷款利息也不得扣除。

2. 房子类型

仅限境内住房（无论房子有多大）。若购买的是境外住房或境内外商铺，则该贷款利息不得扣除。

3. 首套房的界定

41 号文规定，首套住房贷款是指购买住房享受首套住房贷款利率的住房贷款。

因此，首套住房贷款并非一定是第一次购买住房时发生的贷款，无论手中已经持有多少套房产，只要在后续买房时享受了首套住房贷款利率，该贷款利息就符合扣除条件。

4. 扣除期限

按照 60 号公告的规定，住房贷款利息扣除期限为贷款合同约定开始还款的当月至贷款全部归还或贷款合同终止的当月，扣除期限最长不得超过 240 个月。

因此，在实务中需注意：

（1）若提前将贷款在 20 年之内还清，则扣除截止到贷款合同终止当月。

（2）若贷款期限超过 20 年，则在 20 年之内可以按每月 1 000 元税前扣除（无论每月偿还银行的利息是否超过 1 000 元，均按每月 1 000 元税前扣除），超过 20 年的年限则不能享受贷款利息税前扣除。

5. 扣除次数

按照 41 号文的规定，纳税人只能享受一次首套住房贷款的利息扣除。

如果纳税人购买了一套住房后在 5 年之内还清贷款（5 年内每月按 1 000 元标准享受贷款利息税前扣除，贷款还清后，贷款利息税前扣除终止），后来再次购房签订贷款合同时享受了首套住房贷款利率优惠，则其第二次购房的利息支出，不得享受住房贷款利息税前扣除的政策。

6. 婚前购房

41 号文规定，夫妻双方婚前分别购买住房发生的首套住房贷款，其贷款利息支出，婚后可以选择其中一套购买的住房，由购买方按扣除标准的 100% 扣除，也可以由夫妻双方对各自购买的住房分别按扣除标准的 50% 扣除，具体扣除方式在一个纳税年度内不能变更。

在实务中需注意以下几个问题：

（1）婚前分别购买住房发生的首套住房贷款，可以各自分别扣除；但婚后只能选择其中一套房子的贷款利息由购买方按扣除标准的 100% 扣除或夫妻双方各自按扣除标准的 50% 扣除。

这一点和婚后购房扣除方法不同。按 41 号文的规定，婚后购买的房屋，经夫妻双方约定，可以选择由其中一方扣除，没有双方各扣 50% 的规定。

（2）婚前共同购买住房发生的首套房贷款，是否可以认定为各自为自己购买住房分别在税前扣除呢？政策没有说可以，也没有说不可以。

（五）住房租金

41 号文第十七条规定，纳税人在主要工作城市没有自有住房而发生的住房租金支出，可以按照以下标准定额扣除：

（1）直辖市、省会（首府）城市、计划单列市以及国务院确定的其他城市，扣除标准为每月 1 500 元。

（2）除上述所列城市以外，市辖区户籍人口超过 100 万的城市，扣除标准为每月 1 100 元；市辖区户籍人口不超过 100 万的城市，扣除标准为每月 800 元。

1. 自有住房的界定

纳税人在主要工作城市无自有住房，但配偶在该城市有自有住房，按 41 号文的规定，视同纳税人在主要工作城市有自有住房。

按照北京市税务局 2020 年 12 月对个人所得税热点问题的解答，纳税人有自有住房是指，纳税人已经取得自有住房产权证或取得购买自有住房时的契税完税证明。

按照上述规定，即便纳税人在当年购买了住房，但如果购房当年未取得自有住房产权证或未取得购买自有住房时的契税完税证明，也不能认定该纳税人在当年拥有自有住房。

2. 谁来扣除

（1）夫妻双方主要工作城市相同的，只能由一方扣除住房租金支出，且只能由签订住房租赁合同的承租人扣除（不能协商由哪一方扣除）。

（2）夫妻双方主要工作城市不相同，且在各自主要工作城市均无住房的，各自发生的租金均可按规定标准税前扣除。

3. 扣除期限

按照 60 号公告的规定，扣除期限为租赁合同（协议）约定的房屋租赁期开始的当月至租赁期结束的当月。提前终止合同（协议）的，以实际租赁期限为准。

4. 租金和房贷利息并存

按照 41 号文的规定，纳税人及其配偶在一个纳税年度内不能同时分别享受住房贷款利息和住房租金专项附加扣除。

（六）赡养老人

按照 41 号文和 13 号文的规定，纳税人赡养一位及以上被赡养人的赡养支出，统一按照以下标准定额扣除：

（1）纳税人为独生子女的，按照每月 3 000 元的标准定额扣除。

（2）纳税人为非独生子女的，由其与兄弟姐妹分摊每月 3 000 元的扣除额度，每人分摊的额度不能超过每月 1 500 元。可以由赡养人均摊或者约定分摊，也可以由被赡养人指定分摊。约定或者指定分摊的须签订书面分摊协议，指定分摊优先于约定分摊。具体分摊方式和额度在一个纳税年度内不能变更。

在实务操作中注意以下问题。

1. 非独生子女有未成年的弟弟或妹妹

政策没有对未成年弟弟、妹妹参与分摊进行排除，因此，只要父母一方年满 60 岁，纳税人即便有未成年的弟弟或妹妹，也需要参与 3 000 元扣除的分摊。

2. 赡养公婆、岳父母

按照 41 号文的规定，被赡养人是指年满 60 岁的父母，以及子女均已去世的年满 60 岁的祖父母、外祖父母。

因此，在夫妻一方离世，且自己又没有父母、祖父母、外祖父母需要赡养的情况下，发生的赡养公婆、岳父母行为，不属于赡养老人附加扣除的情况。

3. 被赡养人不识字

按照 41 号文的规定，指定分摊的须签订书面分摊协议。如果被赡养人不识字，也不会写字，书面分摊协议该如何签订？

在实务中，可以考虑将拟定好的协议交由被赡养人摁手印即可扣除。

4. 父母如何证明

按照 41 号文的规定，公安部门有义务向税务部门提供与纳税人有关户籍人口基本信息、户成员关系信息、出入境证件信息、相关出国人员信息、户籍人口死亡标识等信息。

因此，个人有需要赡养的老人，无须自证"我爸妈是我爸妈"，只需填写 60 号公告的附件《个人所得税专项附加扣除信息表》，并将此表交给所在单位即可。

按照 60 号公告的规定，纳税人未取得工资、薪金所得，仅取得劳务报酬所得、稿酬所得、特许权使用费所得需要享受专项附加扣除的，应当在次年 3 月 1 日至 6 月 30 日内，自行向汇缴地主管税务机关报送《个人所得税专项附加扣除信息表》，并在办理汇算清缴申报时扣除。

5. 失独父母

计划生育政策下，存在一个特殊的群体——失独父母。对于失独父母来说，当夫妻二人满 60 岁时，没有子女对他们进行赡养。如果在未来退休年龄延长，年满 60 岁仍需继续工作，那么是否可以允许他们自我赡养，即从个人工资中每月扣除 1 500 元或 3 000 元作为一项扣除优惠呢？

现有政策没有这方面的规定。

6. 扣除期限

按照 60 号公告的规定，赡养老人的扣除期限为被赡养人年满 60 周岁的当月至赡养义务终止的年末。

三、利用年终奖策划个税需要注意的问题

按照《财政部 税务总局关于延续实施全年一次性奖金个人所得税政策的公告》(财政部 税务总局公告 2023 年第 30 号)的规定，居民个人取得全年一次性奖金，在 2027 年 12 月 31 日前，符合《国家税务总局关于调整个人取得全年一次性奖金等计算征收个人所得税方法问题的通知》(国税发 [2005] 9 号，以下简称"9 号文")规定的，可以不并入当年综合所得，以全年一次性奖金收入除以 12 个月得到的数额，按照 164 号文所附按月换算后的综合所得税率表(以下简称月度税率表)，确定适用税率和速算扣除数，单独计算纳税。计算公式为：

$$应纳税额 = 全年一次性奖金收入 × 适用税率 - 速算扣除数$$

居民个人取得全年一次性奖金，也可以选择并入当年综合所得计算纳税。按照 9 号文的规定，在一个纳税年度内，每一个纳税人只能使用一次利用年终奖计税的方法。

是否并入综合所得纳税，从税收的角度考虑即可。如年薪为 7 万元的个人，平时每月发放 5 000 元，剩余 1 万元在年底按奖金一次性发放。在有专项附加扣除的前提下，将 1 万元奖金并入当年综合所得，该个人可能根本不需要纳税；如果单独按年终奖申报，则需要缴纳 300 元的个人所得税。

实务中，还有企业认为，年终奖单独计税，该奖金就不需要计入员工工资总额，来年确定个人社会保险缴费基数时，就不需考虑该项奖金，从而公司在来年负担的社会保险费用就会下降。

这种理解实际上是对社会保险缴费基数确定原则的误解。

按照《中华人民共和国社会保险法》的规定，用人单位应当按照国家规定的本单位职工工资总额的比例缴纳基本养老保险费，记入基本养老保险统筹基金。

按照《中华人民共和国社会保险法释义（十一）》[1]的规定，工资总额是指用人单位在一定时期（一般以年计算）内，直接支付给本单位全部职工的劳动报酬的总额。工资总额的计算，应以直接支付给全体职工的全部劳动报酬为根据。

国家统计局 1990 年 1 月发布的《关于工资总额组成的规定》（国家统计局令第 1 号），工资总额由以下六个部分组成：①计时工资，指按计时工资标准和工作时间支付给劳动者个人的劳动报酬；②计件工资，指按计件单价支付的劳动报酬；③奖金，指支付给职工的超额劳动报酬和增收节支的劳动报酬等；④津贴和补贴，指为了补偿职工特殊或额外的劳动消耗和因其他特殊原因支付给职工的津贴，以及为了保证职工工资水平不受物价影响支付给职工的物价补贴；⑤加班加点工资，指对法定节假日和休假日工作的职工以及在正常工作日以外延长工作时间的职工按规定支付的工资；⑥特殊情况下支付的工资，指根据国家法律、法规和政策规定，对劳动者因病、婚、丧、产假、工伤及定期休假等原因支付的工资及附加工资、保留工资等。

按照上述规定，公司给员工发放的年终奖属于工资总额的范畴。无论将该奖金单独报税，还是并入综合所得报税，都不影响工资总额的计算。

四、利用海南自贸港策划个税需要注意的问题

按照《财政部 税务总局关于海南自由贸易港高端紧缺人才个人所得税政策的通知》（财税 [2020] 32 号）的规定，对在海南自由贸易港工作的高端人才和紧缺人才，其个人所得税实际税负超过 15% 的部分，予以免征。

上述个人所得包括综合所得（包括工资薪金、劳务报酬、稿酬、特许权使用费四项所得）、经营所得以及经海南省认定的人才补贴性所得。

以综合所得为例，海南的个税政策和中国其他地方现行的个税政策相

---

[1] http://www.mohrss.gov.cn/SYrlzyhshbzb/rdzt/syshehuibaoxianfa/bxffaguijijiedu/201208/t20120806_28572.htm。

比，绝对有非常强的竞争力。政策发布后，很多企业考虑，是否可以在海南设立一个分公司或子公司，将员工的工资——尤其是高收入人员的工资从海南公司发放？如果可以，岂不是很容易就把个税税负较高的问题给解决了！

为了落实上述政策，海南省政府发布《海南自由贸易港享受个人所得税优惠政策高端紧缺人才清单管理暂行办法》（琼府 [2020]41 号），文件对个人在 2020 年 1 月 1 日至 2024 年 12 月 31 日期间享受海南省的个人所得税优惠的条件做出了明确规定。

琼府 [2020]41 号文的发布，对很多想在海南做个税策划的人浇了一盆冷水。我们对文件所设定的个税优惠条件梳理如下。

（一）在海南有工作

享受个人所得税优惠政策的高端人才和紧缺人才，须在海南自由贸易港工作并一个纳税年度内在海南自由贸易港连续缴纳基本养老保险等社会保险 6 个月以上（须包含本年度 12 月当月），且能提供与在海南自由贸易港注册并实质性运营的企业或单位签订的 1 年以上的劳动合同或聘用协议等劳动关系证明材料。

无法缴纳社会保险的境外高端人才和境外紧缺人才，须提供与在海南自由贸易港注册并实质性运营的企业或单位签订的 1 年以上劳动合同或聘用协议等劳动关系证明材料。

这个条件需要从以下几个方面理解：

（1）6 个月以上的社保缴纳记录。如果个人属于境内的高端人才或紧缺人才，当年享受海南个税优惠，需要在海南有 6 个月以上社会保险缴纳记录。且该记录必须是连续缴纳，中间不能中断，还必须包含 12 月当月。也就是说，个人必须在当年 7 月至 12 月在海南缴纳社会保险（1 月至 6 月是否在海南缴纳或是否连续在海南缴纳都没有影响），只要中间有任何 1 个月的社保缴纳中断，都无法满足连续 6 个月的要求。

（2）任职的企业或单位在海南自由贸易港注册并有实质性运营。该条款对于很多想在海南设立空壳公司以便享受个税优惠的人来说，绝对是一个

"致命约束"。

按照《财政部 税务总局关于海南自由贸易港企业所得税优惠政策的通知》（财税 [2020] 31 号）的要求，实质性运营必须同时满足以下两个条件：

一是企业的实际管理机构设在海南自由贸易港。有些人设想的只在海南注册公司（主要用于开票），在异地遥控指挥的情形，肯定不满足这个条件。

二是该实际管理机构对企业的生产经营、人员、账务、财产等实施实质性的全面管理和控制。该条强调的是实际管理机构应具备的职能。如果设立的管理机构仅仅是形式上的，对公司运营涉及的生产、人员、财务、财产等均没有实际控制权，则不能满足实际经营的条件。

（3）个人须和公司签订 1 年以上劳动合同或聘用协议。该条款比较容易满足，只要前两条都满足了，签订 1 年以上劳动合同或聘用协议，通常不是问题。

（二）满足人才认定条件

享受个人所得税优惠政策的高端人才，在符合上述规定的同时，还应当符合下列条件之一：

（1）属于海南省各级人才管理部门所认定的人才。认定办法由海南省人才管理部门会同有关部门另行规定；海南省税务部门也可根据需要临时提出确定高端人才和紧缺人才，海南省人才管理部门也应予以配合。

（2）一个纳税年度内在海南自由贸易港收入达到 30 万元人民币以上（海南省根据经济社会发展状况实施动态调整）。对于高收入个人而言，满足该条款不是问题。

（三）在紧缺人才目录内

享受个人所得税优惠政策的紧缺人才，应当符合海南自由贸易港行业紧缺人才需求目录范围。该目录由海南省人才管理部门负责发布并适时更新。

在琼府 [2020]41 号文中，附列了《海南自由贸易港行业紧缺人才需求目录（2020 年版）》。

除了上述三个条件外，如果在纳税年度内，个人被依法列为失信联合惩戒对象，则无法享受海南个人所得税优惠政策。

从以上分析可以看出，如果想针对高收入个人进行个税策划，采用常见的"皮包公司"操作模式，肯定是"此路不通"。

只有认真学习并把控好政策，才能确保正确适用税收优惠。

小提示

在税收监管日益严格的情形下，任何涉及个人所得税的"策划"都存在或多或少的风险。正如文中所分析的，策划操作不当，就很容易搬起石头砸自己的脚，得不偿失。近些年税务机关对个别影视明星偷逃个税的处罚就是这方面非常典型的案例。在个税政策已经充分照顾大多数纳税人的背景下，遵守政策规定，及时、准确、充分地准备各项备查资料，按照政策实施各项附加扣除，不失为最安全的选择！

第七章

税 收 优 惠

第一节　小微企业、小型微利企业和小规模纳税人的税收优惠

小微企业、小型微利企业和小规模纳税人中的"小"，是一回事吗？这些相似但不完全相同的表述有什么意义呢？

存在的就是合理的，既然叫法不同，自然各有不同的含义。在财税实务工作中，大家要擦亮眼睛，仔细阅读政策，千万不要"张冠李戴"，以免出现不必要的尴尬。

一、小微企业、小型微利企业、小规模纳税人如何区分

（一）小微企业的划分依据和标准

小微企业是基于统计的口径而设定的概念，首先，从国民经济中划分出16大类行业，然后根据营业收入、资产总额、从业人员数量中的一个或多个指标对各个行业的小微企业进行判定。划分的主要目的是为 GDP 统计提供支持，也为国家制定有关财税优惠政策提供支持。

按照《中小企业划型标准规定》（工信部联企业 [2011]300 号）的规定，各行业中小微企业的划型标准如下：

（1）农、林、牧、渔业。营业收入 20 000 万元以下的为中小微型企业。其中，营业收入 500 万元及以上的为中型企业；营业收入 50 万元及以上的为小型企业；营业收入 50 万元以下的为微型企业。

（2）工业。从业人员 1 000 人以下或营业收入 40 000 万元以下的为中小微型企业。其中，从业人员 300 人及以上，且营业收入 2 000 万元及以上的为中型企业；从业人员 20 人及以上，且营业收入 300 万元及以上的为小型企业；从业人员 20 人以下或营业收入 300 万元以下的为微型企业。

（3）建筑业。营业收入 80 000 万元以下或资产总额 80 000 万元以下的为中小微型企业。其中，营业收入 6 000 万元及以上，且资产总额 5 000 万元及以上的为中型企业；营业收入 300 万元及以上，且资产总额 300 万元及以上的为小型企业；营业收入 300 万元以下或资产总额 300 万元以下的为微型企业。

（4）批发业。从业人员 200 人以下或营业收入 40 000 万元以下的为中小微型企业。其中，从业人员 20 人及以上，且营业收入 5 000 万元及以上的为中型企业；从业人员 5 人及以上，且营业收入 1 000 万元及以上的为小型企业；从业人员 5 人以下或营业收入 1 000 万元以下的为微型企业。

（5）零售业。从业人员 300 人以下或营业收入 20 000 万元以下的为中小微型企业。其中，从业人员 50 人及以上，且营业收入 500 万元及以上的为中型企业；从业人员 10 人及以上，且营业收入 100 万元及以上的为小型企业；从业人员 10 人以下或营业收入 100 万元以下的为微型企业。

（6）交通运输业。从业人员 1 000 人以下或营业收入 30 000 万元以下的为中小微型企业。其中，从业人员 300 人及以上，且营业收入 3 000 万元及以上的为中型企业；从业人员 20 人及以上，且营业收入 200 万元及以上的为小型企业；从业人员 20 人以下或营业收入 200 万元以下的为微型企业。

（7）仓储业。从业人员 200 人以下或营业收入 30 000 万元以下的为中小微型企业。其中，从业人员 100 人及以上，且营业收入 1 000 万元及以上的为中型企业；从业人员 20 人及以上，且营业收入 100 万元及以上的为小型企业；从业人员 20 人以下或营业收入 100 万元以下的为微型企业。

（8）邮政业。从业人员 1 000 人以下或营业收入 30 000 万元以下的为中小微型企业。其中，从业人员 300 人及以上，且营业收入 2 000 万元及以上的为中型企业；从业人员 20 人及以上，且营业收入 100 万元及以上的为小型企业；从业人员 20 人以下或营业收入 100 万元以下的为微型企业。

（9）住宿业。从业人员 300 人以下或营业收入 10 000 万元以下的为中小微型企业。其中，从业人员 100 人及以上，且营业收入 2 000 万元及以上的为中型企业；从业人员 10 人及以上，且营业收入 100 万元及以上的为小型企业；从业人员 10 人以下或营业收入 100 万元以下的为微型企业。

（10）餐饮业。从业人员 300 人以下或营业收入 10 000 万元以下的为中小微型企业。其中，从业人员 100 人及以上，且营业收入 2 000 万元及以上的为中型企业；从业人员 10 人及以上，且营业收入 100 万元及以上的为小型企业；从业人员 10 人以下或营业收入 100 万元以下的为微型企业。

（11）信息传输业。从业人员 2 000 人以下或营业收入 100 000 万元以下的为中小微型企业。其中，从业人员 100 人及以上，且营业收入 1 000 万元及以上的为中型企业；从业人员 10 人及以上，且营业收入 100 万元及以上的为小型企业；从业人员 10 人以下或营业收入 100 万元以下的为微型企业。

（12）软件和信息技术服务业。从业人员 300 人以下或营业收入 10 000 万元以下的为中小微型企业。其中，从业人员 100 人及以上，且营业收入 1 000 万元及以上的为中型企业；从业人员 10 人及以上，且营业收入 50 万元及以上的为小型企业；从业人员 10 人以下或营业收入 50 万元以下的为微型企业。

（13）房地产开发经营。营业收入 200 000 万元以下或资产总额 10 000 万元以下的为中小微型企业。其中，营业收入 1 000 万元及以上，且资产总额 5 000 万元及以上的为中型企业；营业收入 100 万元及以上，且资产总额 2 000 万元及以上的为小型企业；营业收入 100 万元以下或资产总额 2 000 万元以下的为微型企业。

（14）物业管理。从业人员 1 000 人以下或营业收入 5 000 万元以下的为中小微型企业。其中，从业人员 300 人及以上，且营业收入 1 000 万元及以上的为中型企业；从业人员 100 人及以上，且营业收入 500 万元及以上的为小型企业；从业人员 100 人以下或营业收入 500 万元以下的为微型企业。

（15）租赁和商务服务业。从业人员 300 人以下或资产总额 120 000 万元以下的为中小微型企业。其中，从业人员 100 人及以上，且资产总额 8 000 万元及以上的为中型企业；从业人员 10 人及以上，且资产总额 100 万元及以上的为小型企业；从业人员 10 人以下或资产总额 100 万元以下的为微型企业。

（16）其他未列明行业。从业人员 300 人以下的为中小微型企业。其中，从业人员 100 人及以上的为中型企业；从业人员 10 人及以上的为小型企业；从业人员 10 人以下的为微型企业。

（二）小型微利企业的划分依据和标准

小型微利企业是基于企业所得税优惠而设定的概念，首先从国民经济中划分出两大类行业，然后设定应纳税所得额、从业人数和资产总额三个指标进行判定，主要目的是为制定企业所得税税收优惠政策提供支持。

按照《企业所得税法实施条例》的规定，小型微利企业所从事的行业不能是国家限制或禁止的行业。如果其从事的行业在国家限制或禁止行业内，不管规模有多小，也不属于小型微利企业。

另外，小型微利企业每年的人员、资产和应纳税所得额也必须满足下列要求：

（1）工业企业。年度应纳税所得额不超过 30 万元，从业人数不超过 100 人，资产总额不超过 3 000 万元。

（2）其他企业。年度应纳税所得额不超过 30 万元，从业人数不超过 80 人，资产总额不超过 1 000 万元。

按照《财政部 税务总局关于实施小微企业普惠性税收减免政策的通知》（财税 [2019]13 号）和《财政部 税务总局关于进一步实施小微企业"六税两费"减免政策的公告》（财政部 税务总局公告 2022 年第 10 号）的规定，在 2019 年 1 月 1 日至 2024 年 12 月 31 日，小型微利企业按以下标准判定（同时满足）：

（1）从事国家非限制和禁止行业；

（2）年度应纳税所得额不超过 300 万元、从业人数不超过 300 人、资产总额不超过 5 000 万元。

（三）小规模纳税人的划分依据和标准

小规模纳税人是基于企业增值税而设定的概念，根据纳税人的业务类型，依据过去 12 个月的销售额进行判定，主要目的是为制定增值税税收优惠政策提供支持。

按照《财政部 税务总局关于统一增值税小规模纳税人标准的通知》（财税 [2018]33 号）的规定，从 2018 年 5 月 1 日开始，增值税小规模纳税人标准统一为年应征增值税销售额 500 万元及以下。

按照《国家税务总局关于增值税一般纳税人登记管理若干事项的公告》（国家税务总局公告 2018 年第 6 号）的规定，销售额是指纳税人自行申报的全部应征增值税销售额，其中包括免税销售额和税务机关代开发票销售额。"稽查查补销售额"和"纳税评估调整销售额"计入查补税款申报当月（或当季）的销售额，不计入税款所属期销售额。

二、小微企业有哪些税收优惠

（一）增值税优惠

按照《财政部 税务总局关于增值税小规模纳税人减免增值税政策的公告》（财政部 国家税务总局公告 2023 年第 19 号）的规定，2027 年 12 月 31 日前，对月销售额 10 万元以下（含本数）的增值税小规模纳税人，免征增值税。

对于上述优惠政策，在实际应用时，需要把握好以下几方面的内容：

1. 销售额的把握

按照《国家税务总局关于增值税小规模纳税人减免增值税等政策有关征管事项的公告》（国家税务总局公告 2023 年第 1 号）的规定，实务中对于销售额的把控，需从以下几个方面考虑：

（1）小规模纳税人发生增值税应税销售行为，按月纳税的，月销售额未超过 10 万元；以 1 个季度为 1 个纳税期的，季度销售额未超过 30 万元。

（2）小规模纳税人发生增值税应税销售行为，合计月销售额超过 10 万元，但扣除本期发生的销售不动产的销售额后未超过 10 万元的，其销售货物、劳务、服务、无形资产取得的销售额免征增值税。

（3）适用增值税差额征税政策的小规模纳税人，以差额后的销售额确定是否可以享受上述免征增值税政策。

（4）其他个人（自然人）采取一次性收取租金形式出租不动产（仅限于自然人出租不动产，如果出租动产如车辆、设备等取得的租金收入，无此优惠），取得的租金收入，可在对应的租赁期内平均分摊，分摊后的月租金收入未超过 10 万元的，免征增值税。

2. 小微企业可否享受增值税免税优惠

（1）小微企业同时是小规模纳税人。如果企业同时满足"小微"和"小规模"两个条件，则在 2023 年 12 月 31 日前，月销售额不超过 10 万元（按季纳税 30 万元）的，可享受增值税免税优惠。

（2）小微企业不是小规模纳税人。对于属于小型微利企业但不属于小规模纳税人的，即便月销售额不超过 10 万元（按季纳税 30 万元）的，也不能享受增值税免税优惠。

（3）不是小微企业但属于小规模纳税人。在 2023 年 12 月 31 日前，月销售额不超过 10 万元（按季纳税 30 万元）的小规模纳税人，即便不属于小微企业，也可按享受增值税免税优惠。

（二）政府性基金减免

《财政部 国家税务总局关于对小微企业免征有关政府性基金的通知》（财税 [2014]122 号）规定，自工商登记注册之日起 3 年内，对安排残疾人就业未达到规定比例、在职职工总数 20 人以下（含 20 人）的小微企业，免征残疾人就业保障金。

《财政部 国家税务总局关于扩大有关政府性基金免征范围的通知》（财税 [2016]12 号）规定，对按月纳税的月销售额或营业额不超过 10 万元（按季度纳税的季度销售额或营业额不超过 30 万元）的缴纳义务人，免征教育费附加、地方教育附加、水利建设基金。

对于上述优惠政策，在实际应用时，需要把握好以下两方面的内容：

（1）小微企业。只要企业满足小微企业的条件，即便不属于小规模纳税人，月销售额或营业额不超过 10 万元（按季度纳税的季度销售额或营业额不超过 30 万元）的，也可享受免征教育费附加、地方教育附加、水利建设基金、文化事业建设费的优惠。

（2）非小微企业。非小微企业月销售额或营业额不超过 10 万元（按季度纳税的季度销售额或营业额不超过 30 万元）是否也可以享受上述优惠？《财政部 国家税务总局关于扩大有关政府性基金免征范围的通知》（财税 [2016]12 号）并未对企业的性质进行限制，只是把享受优惠的额度从 3 万元调整至 10 万元，而且也未强调文件是对《财政部 国家税务总局关于对小微企业免征有关政府性基金的通知》（财税 [2014]122 号）的延伸。因此，从文字层面上理解，即便企业不属于小微企业，但满足月销售额或营业额不超过 10 万元（按季度纳税的季度销售额或营业额不超过 30 万元）的条件，也可以享受免征教育费附加、地方教育附加、水利建设基金、文化事业建设费的优惠。

企业要想适用该政策，还是先咨询一下主管税务机关。毕竟，对于政策未说得很清楚的事情，各税务机关的理解肯定会有偏差。小心驶得万年船！

三、小型微利企业有哪些税收优惠

（一）企业所得税优惠

按照《财政部 税务总局关于进一步支持小微企业和个体工商户发展有关税费政策的公告》（财政部 税务总局公告 2023 年第 12 号）的规定，2027 年

12 月 31 日前，对小型微利企业减按 25% 计算应纳税所得额，按 20% 的税率缴纳企业所得税（实际按 5% 的比例征收）。

对于该政策的运用，需要注意以下几个问题：

（1）小型微利企业的标准。上述文件规定，小型微利企业是指从事国家非限制和禁止行业，且同时符合年度应纳税所得额不超过 300 万元、从业人数不超过 300 人、资产总额不超过 5 000 万元等三个条件的企业。

（2）行业划分。在三年优惠期内，对小型微利企业的划分，不再区分行业（和《企业所得税法实施条例》按工业企业和其他企业划分小型微利企业不同），均按统一的标准，便于大家在实务中掌握。

（3）所得税优惠是否需要备案。按照《企业所得税优惠政策事项办理办法》（国家税务总局公告 2018 年第 23 号）的规定，从 2018 年 1 月 1 日起，企业享受的所有企业所得税优惠，包括免税收入、减计收入、加计扣除、加速折旧、所得减免、抵扣应纳税所得额、减低税率、税额抵免等，一律采取"自行判别、申报享受、相关资料留存备查"的办理方式，无须提前履行备案手续。

因此，小型微利企业享受企业所得税优惠，无须向税务机关单独报备，符合条件的，在纳税申报时自动享受税收优惠政策。但企业需按照《企业所得税优惠事项管理目录（2017 年版）》的要求，准备如下资料以备税务机关检查：

1）所从事行业不属于限制和禁止行业的说明。

2）从业人数的计算过程。

3）资产总额的计算过程。

从业人数，包括与企业建立劳动关系的职工人数和企业接受的劳务派遣用工人数。所称从业人数和资产总额指标，应按企业全年的季度平均值确定。具体计算公式如下：

$$季度平均值 = （季初值 + 季末值）\div 2$$
$$全年季度平均值 = 全年各季度平均值之和 \div 4$$

年度中间开业或者终止经营活动的，以其实际经营期作为一个纳税年度确定上述相关指标。

（4）何时享受所得税优惠。小型微利企业在预缴和汇算清缴企业所得税时，通过填写纳税申报表相关内容，即可享受小型微利企业所得税减免政策。

企业预缴企业所得税时已享受小型微利企业所得税减免政策，汇算清缴企业所得税时不符合小型微利企业条件的，应当按照规定补缴企业所得税税款。

（5）从非小型微利企业转变为小型微利企业如何享受优惠。原不符合小型微利企业条件的企业，在年度中间预缴企业所得税时，按规定判断符合小型微利企业条件的，应按照截至本期申报所属期末累计情况计算享受小型微利企业所得税减免政策。当年度此前期间因不符合小型微利企业条件而多预缴的企业所得税税款，可在以后季度应预缴的企业所得税税款中抵减。

（二）"六税两费"减免优惠

按照《财政部 税务总局关于进一步支持小微企业和个体工商户发展有关税费政策的公告》（财政部 税务总局公告 2023 年第 12 号）的规定，2027 年 12 月 31 日前，小型微利企业可以享受减半缴纳资源税（不含水资源税）、城市维护建设税、房产税、城镇土地使用税、印花税（不含证券交易印花税）、耕地占用税和教育费附加、地方教育附加的优惠。

四、小规模纳税人有哪些税收优惠

（一）增值税优惠

按照《财政部 税务总局关于增值税小规模纳税人减免增值税政策的公告》（财政部 国家税务总局公告 2023 年第 19 号）的规定，2027 年 12 月 31 日前增值税小规模纳税人的增值税优惠如下：

（1）月销售额不超过 10 万元（以 1 个季度为 1 个纳税期的，季度销售额未超过 30 万元）的，无论适用 3% 征收率还是 5% 征收率，均可享受增值税免税优惠。

若纳税人享受免税优惠，只能开具增值税普通发票；若纳税人放弃免税，可按适用征收率开具增值税专用发票。对于适用 3% 征收率的，放弃免税后，纳税人可以选择按 1% 征收率或 3% 征收率开具增值税专用发票。

属于上述情况的增值税小规模纳税人，基于同一应税行为，可以针对不同客户选择性享受上述优惠。即，如果客户不需要抵扣，就开具增值税普通发票，享受增值税免税优惠；如果客户需要抵扣，就开具增值税专用发票，不享受增值税免税优惠。这一点，和《财政部 国家税务总局关于增值税纳税人放弃免税权有关问题的通知》（财税 [2007]127 号）的规定有所差异，需要在实务中引起注意。

（2）销售额超过 10 万元（以 1 个季度为 1 个纳税期的，季度销售额超过 30 万元）的，应税销售收入适用 3% 征收率的，减按 1% 征收率缴纳增值税。应税销售收入适用 5% 征收率的，按 5% 征收率正常纳税。

以季度纳税为例，若纳税人季度销售额为 40 万元，应税销售收入均适用 3% 征收率。则该纳税人需就 40 万元全额计算缴纳增值税。纳税人对该 40 万元的销售收入，可以选择按 1% 征收率或 3% 征收率开具增值税专用发票。

（二）"六税两费"减免优惠

按照《财政部 税务总局关于进一步支持小微企业和个体工商户发展有关税费政策的公告》（财政部 税务总局公告 2023 年第 12 号）的规定，2027 年 12 月 31 日前，小规模纳税人企业可以享受减半缴纳资源税（不含水资源税）、城市维护建设税、房产税、城镇土地使用税、印花税（不含证券交易印花税）、耕地占用税和教育费附加、地方教育附加的优惠。

小规模纳税人享受该项优惠，无论从事什么行业，无论是否盈利，无论盈利多少（理论上应纳税所得额可能超过 300 万元），只要纳税人在优惠期间一直属于小规模纳税人，即可享受优惠，没有任何行业和其他指标的限制。

因此，如果公司既是小规模纳税人，又是小型微利企业，按小规模纳税人的条件享受"六税两费"减免优惠会更加便捷。

实务操作中，当小规模纳税人发展到一定阶段，转为一般纳税人，是否还能享受"六税两费"减免优惠呢？

我们可以通过一个实例分析一下。

A公司从事国家非限制和禁止行业，2022年3月从增值税小规模纳税人登记为增值税一般纳税人，并于3月1日生效。3月末，A公司从业人数为200人，资产总额为3 000万元。

（1）A公司于2022年3月征期申报2月的"六税两费"时，按照3号公告的要求，可以按增值税小规模纳税人申报享受减免优惠。

（2）2022年4月征期申报3月的"六税两费"时，是否可以享受减免优惠，按照3号公告的要求，要分情况对待：

1）若A公司在2020年及之前年度设立，且2021年办理2020年汇算清缴时，符合小型微利企业条件，则可以享受减免优惠；否则，不能享受减免优惠。

2）若A公司在2021年设立，且未办理2021年度汇算清缴，如果2022年3月底A公司的从业人数和资产总额符合小型微利企业的条件，则可以享受减免优惠。

3）若A公司在2021年设立，且已办理2021年度汇算清缴，如果符合小型微利企业的条件，则可以享受减免优惠；否则，不能享受减免优惠。

4）若A公司在2022年设立，且2022年3月底A公司的从业人数和资产总额符合小型微利的条件，则可以享受减免优惠。

（三）其他与小规模纳税人有关的实务问题

1. 设立公司时纳税人类型的选择

实务中，许多创始人还关注另外一个问题，就是在设立公司时，是先按增值税小规模纳税人纳税还是直接申请增值税一般纳税人纳税。

　　小规模纳税人不存在进项税额抵扣问题（购置税控设备及支付的税控技术服务费除外），每月或每季按销售额直接乘以征收率（3%或5%）计算缴纳增值税。而一般纳税人在一般计税模式下，有进项税额可以抵扣，每月先按销售额计算增值税销项税额，再减去当月可以抵扣的进项税额（若有上期留抵，还需减去上期留抵额），得出当月应缴纳的增值税额。

　　基于上述事实，公司在设立之初，是否选择增值税一般纳税人要根据公司的实际业务确定。

　　（1）新设生产型企业。由于该类型企业销售额比较大，企业一旦进入正常生产经营，很容易达到一般纳税人标准。建议在设立时直接申请增值税一般纳税人，这样在取得营业执照后的筹建期间购置的资产就可以取得增值税专用发票，认证后留待以后进行抵扣（没有设置抵扣年限，该进项税额可一直留存至全部抵扣完毕）。

　　（2）新设货物批发型企业。如果预计年销售额不会超过500万元，且购进的货物不容易取得增值税专用发票，则在设立时不申请增值税一般纳税人，日常按小规模纳税人计算缴纳增值税。

　　（3）新设属于"营改增"征税范围，且前期投入较高、容易取得增值税进项发票的服务型企业。如某些研发型科技企业，在设立的前几年，可能会购置大量研发设备、研发材料进行试验，一旦研发完成，后续利用科研成果为客户提供技术服务就很容易达到年销售额500万元的标准。此类企业适合在设立时就申请增值税一般纳税人，这样一来，在取得营业执照后的前期研发投入及其他投入，就可以取得增值税专用发票，认证后留待以后进行抵扣。

　　（4）新设属于"营改增"征税范围，不易取得增值税进项发票且年销售额一般不会超过500万元的服务型企业。此类企业在设立时不需要申请增值税一般纳税人，日常按小规模纳税人计算缴纳增值税。

　　（5）申请增值税小规模纳税人和增值税一般纳税人的转换。如果企业在设立时选择按小规模纳税人缴纳增值税，经营一段时间后，即便未达到一般纳税人标准，只要企业会计核算完整并能正确计算税款，就可根据业务需要，直接申请增值税一般纳税人。

但是，企业申请为增值税一般纳税人后，按照《关于全面推开营业税改征增值税试点的通知》（财税 [2016]36 号）和《增值税一般纳税人资格认定管理办法》（国家税务总局令第 43 号）的规定，再想转为小规模纳税人，如果没有国家特殊政策支持，是不可以的。

2. 小规模纳税人达到一般纳税人节点时的发票开具

某公司为小规模纳税人，本月需要开具 30 万元发票。根据过去 11 个月的销售额，本月开票只要达到 10 万元，就正好达到了年销售额 500 万元的标准，满足了一般纳税人的认定条件。

现在的问题是，该公司本月 30 万元的发票该怎么开？有以下三种做法：

一是将 10 万元按小规模纳税人适用征收率开，将 20 万元按一般纳税人适用税率开；

二是将 30 万元全额按小规模纳税人适用征收率开；

三是将 30 万元全额按一般纳税人适用税率开。

按照《国家税务总局关于界定超标准小规模纳税人偷税数额的批复》（税总函 [2015] 311 号）的规定，纳税人年应税销售额超过小规模纳税人标准且未在规定时限内申请一般纳税人资格认定的，主管税务机关应制作《税务事项通知书》予以告知。纳税人在《税务事项通知书》规定时限内仍未向主管税务机关报送一般纳税人认定有关资料的，其《税务事项通知书》规定时限届满之后的销售额依照增值税税率计算应纳税额，不得抵扣进项税额。税务机关送达的《税务事项通知书》规定时限届满之前的销售额，应按小规模纳税人简易计税方法，依 3% 征收率计算应纳税额。其中，涉及滞纳金和罚款的计算等问题，仍按照相关规定执行。

依据上述规定，第二种做法是正确的。只是在满足一般纳税人标准后，公司需要及时（通常是满足一般纳税人标准的次月）到主管税务机关申请一般纳税人资格认定。

第二节 高新技术企业的税收优惠

按照《企业所得税法》的规定，对国家需要重点扶持的高新技术企业，减按 15% 的税率征收企业所得税。

面对如此优惠的政策，自然会有人问：认定高新技术企业需要满足什么条件？企业如何申请高新技术？只要获得高新技术企业资质，就一定可以按 15% 的税率缴纳企业所得税吗？

一、高新技术企业的认定需要满足哪些条件

按照《高新技术企业认定管理办法》（国科发火 [2016]32 号，以下简称《认定办法》）和《高新技术企业认定管理工作指引》（国科发火 [2016]195 号，以下简称《认定指引》）的规定，高新技术企业的认定应同时满足以下八个条件。

（一）设立年限

企业申请认定时（在"高新技术企业认定管理工作网"填报资料的日期）须注册成立一年以上（365 个日历天数以上）。

（二）知识产权

企业通过自主研发、受让、受赠、并购等方式，获得对其主要产品（服务）在技术上发挥核心支持作用的知识产权的所有权。该条款的具体内容包括：

（1）无论企业何时获取的知识产权，只要在提交申报材料时该知识产权是有效的即可。

（2）知识产权的获取方式没有独占许可。

（3）知识产权的类型包括按 I 类评价的知识产权和按 II 类评价的知识产权。

按 I 类评价的知识产权包括发明专利（含国防专利）、植物新品种、国家级农作物品种、国家新药、国家一级中药保护品种、集成电路布图设计专有

权等。该类知识产权在有效期内认定高新技术企业时可重复使用。

按Ⅱ类评价的知识产权包括实用新型专利、外观设计专利、软件著作权等（不含商标）。该类知识产权在认定高新技术企业时只能使用一次。

（4）共有知识产权。知识产权的所有权人是多人的，需要其他产权人提供放弃使用该知识产权申请高新技术企业的声明。

（5）主要产品的界定。主要产品（服务）是指高新技术产品（服务）中，拥有在技术上发挥核心支持作用的知识产权的所有权，且收入之和在企业同期高新技术产品（服务）收入中超过50%的产品（服务）。

企业在实际填报资料时，如果上报的高新技术产品（服务）种类较多，对于有知识产权的，要在"是否属于主要产品（服务）"栏内选择"是"，而且要确保选择"是"的高新技术产品（服务）收入总额占申报的全部高新技术产品（服务）收入总额的比例超过50%。

（三）技术领域

对企业主要产品（服务）发挥核心支持作用的技术应属于《国家重点支持的高新技术领域》规定的范围，包括电子信息、生物与新医药、航空航天、新材料、高技术服务、新能源与节能、资源与环境、先进制造与自动化等八个领域。企业需要根据自身产品（服务）的核心技术，从上述领域中选择一个最适合的，在选择的时候，需要一直确定到大领域下的最末端领域。由于技术领域的选择只能单选，企业在确定时一定要认真核对。

（四）科技人员

企业中从事研发和相关技术创新活动的科技人员占企业当年（申报认定的上一年，下同）职工总数的比例不低于10%。

企业当年职工总数、科技人员数均按照全年月平均数计算。

$$月平均数 = （月初数 + 月末数）÷ 2$$
$$全年月平均数 = 全年各月平均数之和 ÷ 12$$

年度中间开业或者终止经营活动的，以其实际经营期作为一个纳税年度确定上述相关指标。

科技人员是指直接从事研发和相关技术创新活动，以及专门从事上述活动的管理和提供直接技术服务的，累计实际工作时间在 183 天以上的人员（不要求学历），包括在职、兼职和临时聘用人员。

需要注意的是，对于科技人员，无论是在职、兼职还是临时聘用人员，都要求其当年在企业累计实际工作的时间在 183 天以上。这也就意味着当年上半年离职或下半年新入职的从事科研的人员通常都无法满足上述 183 天的要求，无论其学历有多高，无论其能力有多强，无论其技术有多么资深，都不能算是科技人员。

企业职工总数包括企业在职、兼职和临时聘用人员。在职人员可以通过企业是否签订了劳动合同或缴纳社会保险费来鉴别；兼职、临时聘用人员全年须在企业累计工作 183 天以上。职工总数不含公司接收的劳务派遣人员。

需要注意的是，统计职工总数，只要求兼职、临时聘用人员全年须在企业累计工作 183 天以上，而对于在职人员，没有工作时间要求。这是和科技人员的一个根本区别！

（五）研发费用

企业近三个会计年度（实际经营期不满三年的按实际经营时间计算，下同）的研究开发费用总额占同期销售收入总额的比例需符合如下要求：

（1）企业最近一年（申报认定的上一年，下同）销售收入小于 5 000 万元（含）的，该比例不低于 5%。

（2）企业最近一年销售收入在 5 000 万元至 2 亿元（含）的，该比例不低于 4%。

（3）企业最近一年销售收入在 2 亿元以上的，该比例不低于 3%。

其中，企业在中国境内发生的研究开发费用总额占全部研究开发费用总额的比例不低于 60%。

研发费用的范围按《认定指引》的要求执行，大部分中小企业的研发费用一般以人工成本（包括工资、公司负担的社会保险和住房公积金）为主。企业发生的研发费用应按我国会计政策的要求正确核算。

销售收入指企业主营业务收入与其他业务收入之和，以企业所得税年度纳税申报表的口径为准。

（六）高新技术产品（服务）收入

近一年高新技术产品（服务）收入占企业同期总收入的比例不低于60%。

1. 高新技术产品（服务）收入

高新技术产品（服务）收入是指企业通过研发和相关技术创新活动，取得的产品（服务）收入与技术性收入的总和。对企业取得上述收入发挥核心支持作用的技术应属于《国家重点支持的高新技术领域》规定的范围。其中，技术性收入包括以下三项。

（1）技术转让收入：指企业技术创新成果通过技术贸易、技术转让所获得的收入，如企业转让各类知识产权取得的收入。

（2）技术服务收入：指企业利用自己的人力、物力和数据系统等为社会和本企业外的用户提供技术资料、技术咨询与市场评估、工程技术项目设计、数据处理、测试分析及其他类型的服务所获得的收入，如企业对外提供的设计、咨询、评估、测试分析等服务收入。

（3）接受委托研究开发收入：指企业承担社会各方面委托研究开发、中间试验及新产品开发所获得的收入，如公司受托提供的开发收入。

实务中，高新技术产品（服务）收入的界定是一个比较复杂的问题，尤其是在公司的收入来源于传统业务的情况下，这种界定就更为不易。

如某互联网公司建立一个网上货物销售平台，公司基于该网站取得了大量的软件著作权。该公司从商家购进产品后在自己的交易平台进行销售，利润就是买卖的差价。

在这种模式下，该互联网公司的销售收入全是商贸性质的销售货物收入。该货物的核心技术和该互联网公司取得的软件著作权没有任何关联，其取得的货物销售收入就不属于高新技术产品（服务）收入。

因此，实务中，在把握一项收入是否是某公司的高新技术产品（服务）收入时，关键在于该产品（服务）的核心技术是否归该公司所有，且核心技术是否在《国家重点支持的高新技术领域》范围内。

2. 总收入

总收入指收入总额减去不征税收入。

收入总额与不征税收入按照《企业所得税法》及《企业所得税法实施条例》的规定计算。

需要注意的是，税法中的收入总额并非企业当年利润表中主营业务收入、其他业务收入、投资收益、营业外收入、利息收入等的加总。在税法中，各类收入的确认时间有很多和会计上是不一致的。如销售分期收款的商品，按照《企业会计准则》的要求，货物发出后就要确认收入；而按照税法规定，需要按合同约定的收款时间确认收入。如果分期收款的时间跨年了，则会计上确认的收入和税法确认的收入就会存在差异。

不征税收入，通常情况都是企业从政府部门获取的财政性资金。但是并非企业获取的财政性资金都属于不征税收入。对此的判定依据，要严格按照《财政部 国家税务总局关于专项用途财政性资金企业所得税处理问题的通知》（财税 [2011]70 号）的要求，只有同时满足以下四个条件的收入才能作为不征税收入：

（1）资金是从县级以上各级人民政府财政部门及其他部门取得的。

（2）企业能够提供规定资金专项用途的资金拨付文件。

（3）财政部门或其他拨付资金的政府部门对该资金有专门的资金管理办法或具体管理要求。

（4）企业对该资金以及以该资金发生的支出单独进行核算。

因此，企业在识别收入总额和不征税收入时，一定要认真对待，对号入座，确保数据的真实、准确。

还有一类不征税收入是软件企业销售自产软件产品取得的增值税退税

收入。按照《财政部 国家税务总局关于进一步鼓励软件产业和集成电路产业发展企业所得税政策的通知》（财税 [2012]27 号）的规定，符合条件的软件企业按照《财政部 国家税务总局关于软件产品增值税政策的通知》（财税 [2011]100 号）规定取得的即征即退增值税款，由企业专项用于软件产品研发和扩大再生产并单独进行核算，可以作为不征税收入。

根据上述政策，软件退税可以作为不征税收入必须要同时满足以下条件：

一是公司主体必须是软件企业。哪些类型的企业属于软件企业，可以参阅本章第三节的有关内容。如果公司主体不满足软件企业的认定条件，其销售自产软件产品取得的退税款无论用于什么用途，都属于征税收入。

二是资金要专项用于软件产品研发和扩大再生产，不能用于其他用途，否则不能作为不征税收入。

三是对该笔资金要专项核算。以执行《企业会计准则》且将退税款用于费用化的研发支出为例，有关会计核算如下。

收到退税款时：

借：银行存款

　　贷：递延收益——软件退税

用于研发时：

借：研发支出——费用化支出——工资等

　　贷：应付职工薪酬等

借：管理费用——研发费用

　　贷：研发支出——费用化支出（或资本化支出）——工资等

借：递延收益——软件退税

　　贷：其他收益

（七）专家打分

企业创新能力主要从知识产权、科技成果转化能力、研究开发组织管理水平、企业成长性四个方面进行评价。各级指标均按整数打分，满分为 100 分，综合得分达到 70 分以上（不含 70 分）为符合认定要求。四项指标分值结构详见表 7-1。

表7-1 企业创新能力指标分值结构

序 号	指 标	分 值
1	知识产权	≤ 30
2	科技成果转化能力	≤ 30
3	研究开发组织管理水平	≤ 20
4	企业成长性	≤ 20

1.知识产权（≤ 30 分）

由技术专家对企业申报的知识产权是否符合《认定办法》和《工作指引》要求，进行定性与定量结合的评价（见表7-2）。

表7-2 知识产权相关评价指标

序 号	知识产权相关评价指标	分 值
1	技术的先进程度	≤ 8
2	对主要产品（服务）在技术上发挥核心支持作用	≤ 8
3	知识产权数量	≤ 8
4	知识产权获得方式	≤ 6
5	企业参与编制国家标准、行业标准、检测方法、技术规范的情况（作为参考条件，最多加2分）	≤ 2

（1）技术的先进程度：

A.高 （7~8分） B.较高 （5~6分）

C.一般 （3~4分） D.较低 （1~2分）

E.无 （0分）

（2）对主要产品（服务）在技术上发挥核心支持作用：

A.强 （7~8分） B.较强 （5~6分）

C.一般 （3~4分） D.较弱 （1~2分）

E.无 （0分）

（3）知识产权数量：

A.1项及以上（Ⅰ类） （7~8分）

B.5项及以上（Ⅱ类） （5~6分）

C. 3～4 项　　（Ⅱ类）　　（3～4 分）

D. 1～2 项　　（Ⅱ类）　　（1～2 分）

E. 0 项　　　　　　　　　（0 分）

（4）知识产权获得方式：

A. 有自主研发　　　　　　（1～6 分）

B. 仅有受让、受赠和并购等　（1～3 分）

（5）企业参与编制国家标准、行业标准、检测方法、技术规范的情况（此项为加分项，加分后"知识产权"总分不超过 30 分，相关标准、方法和规范须经国家有关部门认证认可）：

A. 是　　（1～2 分）

B. 否　　（0 分）

2. 科技成果转化能力（≤30 分）

依照《中华人民共和国促进科技成果转化法》，科技成果是指通过科学研究与技术开发所产生的具有实用价值的成果（专利、版权、集成电路布图设计等）。科技成果转化是指为提高生产力水平而对科技成果进行的后续试验、开发、应用、推广直至形成新产品、新工艺、新材料，发展新产业等活动。

科技成果转化形式包括：自行投资实施转化；向他人转让该技术成果；许可他人使用该科技成果；以该科技成果作为合作条件，与他人共同实施转化；以该科技成果作价投资、折算股份或者出资比例；其他协商确定的方式。

由技术专家根据企业科技成果转化总体情况和近三年内（申请认定的前三年，下同）科技成果转化的年平均数进行综合评价。同一科技成果分别在国内外转化的，或转化为多个产品、服务、工艺、样品、样机等的，只计为一项。

A. 转化能力强　　≥5 项　　（25～30 分）

B. 转化能力较强　≥4 项　　（19～24 分）

C. 转化能力一般　≥3 项　　（13～18 分）

D. 转化能力较弱　≥2 项　　（7～12 分）

E. 转化能力弱　　≥1 项　　（1～6 分）

F. 转化能力无　　0 项　　　（0 分）

（1）科技成果转化数量，指的是科技成果的数量，而不是转化的产品（服务）数量。通俗地讲，若一个产品用到了5项科技成果，就是5个科技成果转化；若5个产品用的是同一个科技成果，则只是1个科技成果转化。

（2）科技成果，是指通过科学研究与技术开发所产生的具有实用价值的成果（专利、版权、集成电路布图设计等），包括近三年中首次转化的成果，也包括三年前已经转化和在近三年仍在转化的成果。

（3）转化证据，包括销售合同、客户验收证明、质量检验报告、产品证书等。如果企业只是生产出来了样品或样机，还没有进行销售，没有上述证明材料，则企业可以提供内部的证明材料予以说明。

3. 研究开发组织管理水平（≤20分）

由技术专家根据企业研究开发与技术创新组织管理的总体情况，结合以下几项评价，进行综合打分。

（1）制定了企业研究开发的组织管理制度，建立了研发投入核算体系，编制了研发费用辅助账。（≤6分）

（2）设立了内部科学技术研究开发机构并具备相应的科研条件，与国内外研究开发机构开展多种形式的产学研合作。（≤6分）

（3）建立了科技成果转化的组织实施与激励奖励制度，建立开放式的创新创业平台。（≤4分）

（4）建立了科技人员的培养进修、职工技能培训、优秀人才引进，以及人才绩效评价奖励制度。（≤4分）

4. 企业成长性（≤20分）

由财务专家选取企业净资产增长率、销售收入增长率等指标对企业成长性进行评价。企业实际经营期不满三年的按实际经营时间计算，其计算方法如下。

（1）净资产增长率：

$$净资产增长率 = \frac{1}{2} \times \left(\frac{第二年末净资产}{第一年末净资产} + \frac{第三年末净资产}{第二年末净资产} \right) - 1$$

$$净资产 = 资产总额 - 负债总额$$

资产总额、负债总额应以具有资质的中介机构鉴证的企业会计报表期末数为准。

（2）销售收入增长率：

$$销售收入增长率 = \frac{1}{2} \times \left(\frac{第二年销售收入}{第一年销售收入} + \frac{第三年销售收入}{第二年销售收入} \right) - 1$$

企业净资产增长率或销售收入增长率为负的，按 0 分计算。第一年末净资产或销售收入为 0 的，按后两年计算；第二年末净资产或销售收入为 0 的，按 0 分计算。

实务中常见的情况是净资产为负数。由于两个负数相除得正数，若严格按公式计算，三年净资产均为负值且每年都在大幅递减的公司，其净资产增长率反而为正数！因此，为避免此类尴尬现象，也便于实务操作，若净资产为负数，按 0 对待。

以上两个指标分别对照下表评价档次（A、B、C、D、E、F）得出分值，两项得分相加计算出企业成长性指标综合得分（见表 7-3）。

表 7-3　企业成长性指标得分

成长性得分	指标赋值	分　数					
		≥35%	≥25%	≥15%	≥5%	>0	≤0
≤20分	净资产增长率赋值≤10分	A 9～10分	B 7～8分	C 5～6分	D 3～4分	E 1～2分	F 0分
	销售收入增长率赋值≤10分						

（八）守法合规

企业申请认定前一年内未发生重大安全、重大质量事故或严重环境违法行为。"申请认定前一年内"是指申请前的 365 天之内（含申报年）。

二、申报高新技术企业需要提交哪些资料

（1）《高新技术企业认定申请书》。企业将在"高新技术认定管理工作网"上填写的《高新技术企业认定申请书》打印即可。

（2）证明企业依法成立的营业执照等相关注册登记证件的复印件。包括企业营业执照副本、税务登记证书复印件，或者"三证合一"后企业取得的新的注册登记证件复印件。

（3）知识产权证明材料（知识产权证书及反映技术水平的证明材料、参与制定标准情况等）、科研项目立项证明（已验收或结题项目需附验收或结题报告）、科技成果转化（总体情况与转化形式、应用成效的逐项说明）、研究开发组织管理（总体情况与四项指标符合情况的具体说明）等相关材料。具体包括：

1）《知识产权及技术性说明》。

2）《立项报告》。

3）已完成项目的《验收报告》。

4）《科技成果转化明细表》及应用成效说明和转化证明，证明材料包括销售合同、客户评价等。

5）研究开发的组织管理材料：

① 企业研究开发的组织管理制度，研发投入核算体系，研发费用辅助账；② 设立内部科学技术研究开发机构并具备相应的科研条件的证明，与国内外研究开发机构开展多种形式的产学研合作证明；③ 科技成果转化的组织实施与激励奖励制度，建立开放式的创新创业平台的证明；④ 科技人员培养进修、职工技能培训、优秀人才引进，以及人才绩效评价奖励制度。

（4）企业高新技术产品（服务）的关键技术和技术指标的具体说明，相关的生产批文、认证认可和资质证书、产品质量检验报告等材料。具体包括：

1）关键技术和技术指标的具体说明。对企业提供的和主营业务相关的产品（服务）所使用的关键技术和技术指标进行具体说明。

2）企业获取的资质证书。如企业取得的 ISO9001 质量管理体系认证、ISO14001 环境管理体系认证等资质证明，没有的可不提供。

（5）企业职工和科技人员情况说明材料，包含在职、兼职和临时聘用人员人数、人员学历结构、科技人员名单及其工作岗位等。具体包括：

1）《企业职工和科技人员情况说明》。

2）《科技人员花名册》。

（6）经具有资质并符合《工作指引》相关条件的中介机构出具的企业近三个会计年度（实际年限不足三年的按实际经营年限，下同）研究开发费用、近一个会计年度高新技术产品（服务）收入专项审计或鉴证报告，并附研究开发活动说明材料。具体包括：

1）《研发费用和高新技术产品（服务）收入专项审计报告》。

2）《研究开发活动说明》。

（7）经具有资质的中介机构鉴证的企业近三个会计年度的财务会计报告（包括会计报表、会计报表附注和财务情况说明书）。具体包括：

1）过去三个会计年度的《财务会计报告》。

2）《财务情况说明书》。

（8）近三个会计年度的企业所得税年度纳税申报表（包括主表及附表）。

对涉密企业，须将申请认定高新技术企业的申报材料做脱密处理，确保涉密信息安全。

三、获得高新技术企业资格是否一定可以享受税收优惠

按照《认定办法》和《认定指引》的规定，自认定当年起，企业可持"高新技术企业"证书及其复印件，按照规定到主管税务机关办理相关手续，享受税收优惠。

需要注意的是，高新技术企业资格有效期和高新技术企业税收优惠有效期不是同一个概念，在实务中要做好区分。

高新技术企业资格有效期为三年，自证书颁发之日起的三年内，为高新技术企业资格有效期。

高新技术企业税收优惠期为三年，自认定当年起三年内，在各年指标均符合政策要求的情况下，享受本纳税年度的税收优惠。

高新技术企业资格有效期满当年内，在通过重新认定前，其企业所得税暂按15%的税率预缴，在年度汇算清缴前未取得高新技术企业资格的，应按规定补缴税款。

在企业享受上述优惠时，按照《企业所得税优惠政策事项办理办法》（国家税务总局公告 2018 年第 23 号）附件《企业所得税优惠事项管理目录（2017 年版）》的规定，企业还需准备以下资料留存备查：

（1）高新技术企业资格证书。

（2）高新技术企业认定资料。

（3）知识产权相关材料。

（4）年度主要产品（服务）发挥核心支持作用的技术属于《国家重点支持的高新技术领域》规定范围的说明，高新技术产品（服务）及对应收入的资料。

（5）年度职工和科技人员情况证明材料。

（6）当年和前两个会计年度研发费用总额及占同期销售收入比例、研发费用管理资料以及研发费用辅助账，研发费用结构明细表（具体格式请自行查阅《工作指引》附件 2）。

（7）省税务机关规定的其他资料。

这是否意味着只要获得高新技术企业资格，企业就一定可以享受 15% 的企业所得税优惠税率吗？不一定。

（一）取得资格但优惠年度内认定指标有瑕疵

公司取得高新技术企业资格后，只要享受优惠税率就需要向税务机关履行备案手续。如果优惠年度内企业的资格不再满足高新技术企业要求，还能享受 15% 的优惠税率吗？

《关于实施高新技术企业所得税优惠政策有关问题的公告》（国家税务总局公告 2017 年第 24 号）规定，2016 年 1 月 1 日以后按《认定办法》认定的高新技术企业按本公告规定执行。2016 年 1 月 1 日以前按《科技部 财政部 国家税务总局关于印发〈高新技术企业认定管理办法〉的通知》（国科发火[2008]172 号）认定的高新技术企业，仍按《国家税务总局关于实施高新技术企业所得税优惠有关问题的通知》（国税函 [2009]203 号）和国家税务总局公告 2015 年第 76 号的规定执行。

按照上述规定，如果公司在 2015 年 12 月 31 日以前取得（以证书右下方盖戳时间为准，下同）高新技术企业证书，判定 2015 年、2016 年和 2017 年各年是否持续满足高新技术企业条件，所依据的政策是旧的高新技术企业认定政策。

如果公司在 2016 年 1 月 1 日以后取得高新技术企业证书，判定后三年内是否属于高新技术企业的依据是新的高新技术企业认定政策。

如甲公司 2015 年 12 月取得"高新技术企业"证书，乙公司 2016 年取得该证书，两公司在 2016 年的销售收入均未超过 5 000 万元。则在判定甲乙两公司是否满足高新技术企业条件时，有哪些不同标准呢？

（1）研发费用比例不同。甲公司需要按照老办法计算研发费用比例，其 2014 ～ 2016 年的研发费用占 2014 ～ 2016 年的销售收入比例不能低于 6%。而乙公司要按照新办法计算研发费用比例，其 2014 ～ 2016 年的研发费用占 2014 ～ 2016 年的销售收入比例不能低于 5%。

（2）科技人员比例不同。甲公司需要按照老办法计算人员比例，其 2016 年需要同时满足研发人员占职工总数比例不低于 10%，大专以上科技人员占职工总数比例不低于 30% 的要求。而乙公司要按照新办法计算人员比例，只需要满足科技人员（无学历要求）占职工总数的比例不低于 10% 即可。

如果企业在优惠期内相关指标不符合要求，按照《关于实施高新技术企业所得税优惠政策有关问题的公告》（国家税务总局公告 2017 年第 24 号）的规定，对取得高新技术企业资格且享受税收优惠的高新技术企业，税务部门如在日常管理过程中发现其在高新技术企业认定过程中或享受优惠期间不符合《认定办法》第十一条规定的认定条件的，应提请认定机构复核。复核后确认不符合认定条件的，由认定机构取消其高新技术企业资格，并通知税务机关追缴其证书有效期内自不符合认定条件年度起已享受的税收优惠。

（二）有效期内符合高新技术企业条件但未准备备查资料

无论按照新办法还是老办法，是否只要符合高新技术企业的政策要求，就可以直接享受 15% 的优惠税率？非也！

具体来说，企业在有效期内享受了税收优惠，但没有准备留存备查资料，按照《企业所得税优惠政策事项办理办法》（国家税务总局公告 2018 年第 23 号）的规定，税务机关到企业现场检查时，企业未能按照税务机关要求提供留存备查资料，或者提供的留存备查资料与实际生产经营情况、财务核算情况、相关技术领域、产业、目录、资格证书等不符，无法证实符合优惠事项规定条件的，或者存在弄虚作假情况的，税务机关将依法追缴其已享受的企业所得税优惠，并按照税收征管法等相关规定处理。

（三）来源于境外子公司的所得

企业生产经营所得的来源，有境内所得，也有境外所得。在优惠年度内，企业满足税收优惠条件，境内所得可以享受优惠，境外所得是否也可以享受呢？

按照《关于高新技术企业境外所得适用税率及税收抵免问题的通知》（财税 [2011]47 号）的规定，以境内、境外全部生产经营活动有关的研究开发费用总额、总收入、销售收入总额、高新技术产品（服务）收入等指标申请并经认定的高新技术企业，其来源于境外的所得可以享受高新技术企业所得税优惠政策，即对其来源于境外所得可以按照 15% 的优惠税率缴纳企业所得税，在计算境外抵免限额时，可按照 15% 的优惠税率计算境内外应纳税总额。

根据上述规定，可以得出如下结论。

如果境外是分公司，且总公司在申请高新技术企业资格时，是以境内、境外与全部生产经营活动有关的研究开发费用总额、总收入、销售收入总额、高新技术产品（服务）收入等指标申请并经认定的，其来源于境外的所得可以享受高新技术企业所得税优惠政策。否则，不可以享受。

如果境外是子公司，由于子公司具有独立法人资格，母公司在申请高新技术企业资格时，无法将境外子公司与全部生产经营活动有关的指标与境内母公司的一并申请，因此该境外所得无法享受 15% 的优惠税率。

假如境外既没有子公司也没有分公司，但有来源于境外的利息、租金和特许权使用费所得。若公司在申请高新技术企业资格时，将该收入纳入总收入，则该境外所得可以享受 15% 的优惠税率；若公司在申请高新技术企业资格时，未将境外所得纳入总收入，则该境外所得只能适用 25% 的所得税率。

（四）清算所得

按照《财政部 国家税务总局关于企业清算业务企业所得税处理若干问题的通知》（财税 [2009]60 号）的规定，企业应将整个清算期作为一个独立的纳税年度计算清算所得。

按照《国家税务总局关于印发〈中华人民共和国企业清算所得税申报表〉的通知》（国税函 [2009]388 号）的规定，填报企业清算所得的"税率"明确为"25%"。

因此，高新技术企业的清算期间为一个独立的纳税年度，清算所得应依照 25% 的法定税率缴纳企业所得税。

四、亏损结转年限

按照《财政部 税务总局关于延长高新技术企业和科技型中小企业亏损结转年限的通知》（财税 [2018]76 号）的规定，自 2018 年 1 月 1 日起，当年具备高新技术企业或科技型中小企业资格的企业，其具备资格年度之前 5 个年度发生的尚未弥补完的亏损，准予结转以后年度弥补，最长结转年限由 5 年延长至 10 年。

如果公司一直有高新技术企业资格，享受上述优惠政策没有障碍。

如果一家公司不是持续拥有高新技术企业资格的，在享受上述优惠时就会复杂得多。

若 A 公司在 2018 年满足高新技术企业或科技型中小企业认定条件，2017 年出现亏损（2016 年之前一直盈利）。按上述规定，A 公司 2017 年的亏损可在 2018～2027 年弥补。

若 A 公司在 2019 年不满足高新技术企业或科技型中小企业的认定条件。假设 2018 年有盈利，弥补完 2017 年的亏损后还有未弥补的亏损，此时该未弥补的亏损是继续在剩余的 9 年（2019～2027 年）内弥补，还是只能在剩余的 4 年（2019～2022 年）内弥补？

如果是在剩余的 4 年内弥补，若 2020 年该公司又具备了高新技术企业或科技型中小企业资格，且 2019 年仍然亏损，则 2017 年尚未弥补的亏损是否又可以延长至 2020～2027 年弥补？

如果企业的上述资格多次变更，这样的亏损弥补期到底该如何计算才好？！

目前从政策上还看不到明确的规定。

实务操作时，类似上述问题，建议按确定的最长可弥补期限执行，不因资格变更而缩短可弥补年限。

💡 小提示

取得高新技术企业资格，并不意味着此后三年内可以无忧无虑。企业每年在年度汇算清缴时，也需要根据当年的实际情况，综合判定当年的条件是否依然满足高新技术企业认定的要求，如果不能满足，就不要盲目适用高新技术企业的税收优惠政策。毕竟，在税收监管日益严格的今天，税收优惠基本上已经变成了必查事项。公司只有在日常经营中严格遵守高新技术企业认定政策，确保各项指标均符合要求，才可安心享受税收优惠。

第三节　软件企业和软件产品的税收优惠

2015 年 2 月 24 日，国务院发布《国务院关于取消和调整一批行政审批项目等事项的决定》(国发 [2015]11 号)，取消了软件企业和软件产品的认定。

2020 年 12 月 11 日，财政部、国家税务总局、国家发展改革委、工业和信息化部联合发布《关于促进集成电路产业和软件产业高质量发展企业所得税政策的公告》(财政部 税务总局 发展改革委 工业和信息化部公告 2020 年第 45 号，以下简称"45 号公告")，对软件企业和集成电路企业在 2020 年 1 月 1 日之后的所得税优惠进行了明确。

一、软件企业优惠

（一）一般软件企业优惠

按照 45 号公告的规定，国家鼓励的软件企业，自获利年度起，第一年至第二年免缴企业所得税，第三年至第五年按照 25% 的法定税率减半缴纳企业所得税。

对于上述优惠政策，实务操作中需要注意以下两个问题。

1. 获利年度如何确认

按照《国家税务总局关于执行软件企业所得税优惠政策有关问题的公告》（国家税务总局公告 2013 年第 43 号）的规定，软件企业的获利年度，是指软件企业开始生产经营后，第一个应纳税所得额大于零的纳税年度（不是当年会计利润大于零的年度），包括对企业所得税实行核定征收方式的纳税年度。

【例 7-1】　A 公司是一家符合软件企业要求的公司，成立于 2019 年 3 月，2019 年当年亏损 100 万元，2020 年盈利 60 万元，2021 年预计盈利 20 万元，2022 年预计盈利 50 万元。假设 A 公司从 2019 年起各年均满足软件企业条件，那么，A 公司从哪年开始可以享受免税优惠？

2020 年应纳税所得额 = 60 − 100 = − 40（万元）

2021 年预计应纳税所得额 = 20 − 40 = − 20（万元）

2022 年预计应纳税所得额 = 50 − 20 = 30（万元）

由于 2022 年 A 公司的应纳税所得额大于零，因此 2022 年属于 A 公司的获利年度。A 公司从 2022 年开始享受软件企业免税优惠。

2. 优惠期间如何纳税

按照《财政部 国家税务总局 发展改革委 工业和信息化部关于软件和集成电路产业企业所得税优惠政策有关问题的通知》（财税 [2016]49 号）的规定，软件企业应从企业的获利年度起计算定期减免税优惠期。如获利年度不符合优惠条件的，应自首次符合软件企业条件的年度起，在其优惠期的剩余年限内享受相应的减免税优惠。

【例7-2】　B公司是一家符合软件企业要求的公司，成立于2019年3月。2019年当年亏损100万元，2020年盈利60万元，2021年预计盈利80万元，2022年预计盈利50万元，2023年预计盈利40万元。B公司从2023年开始申请享受软件企业优惠。那么，2023年当年应如何计算缴纳企业所得税？

2020年应纳税所得额＝60－100＝－40（万元）

2021年预计应纳税所得额＝80－40＝40（万元）

2022年预计应纳税所得额＝50（万元）

2023年预计应纳税所得额＝40（万元）

B公司2021年的应纳税所得额大于零，因此从2021年开始计算获利年度。2021年和2022年属于免税年度，但B公司不符合优惠条件（如软件收入比例不达标、研发费用比例不达标等），无法享受软件企业优惠。到2023年满足软件企业条件，申请享受软件企业优惠时，B公司只能享受减半（12.5%）的企业所得税优惠，且只能享受该优惠到2025年。

（二）重点软件企业优惠

按照45号公告的规定，国家鼓励的重点软件企业，自获利年度起，第一年至第五年免缴企业所得税，接续年度减按10%的税率缴纳企业所得税。重点软件企业清单由国家发展改革委、工业和信息化部会同财政部、税务总局等相关部门制定。

政策很好，但操作细节更需要引起重视。

1. 重点软件企业清单如何确定

按45号公告的规定，税收优惠采取清单进行管理，由国家发展改革委、工业和信息化部于每年3月底前按规定向财政部、税务总局提供上一年度可享受优惠的企业清单。

按照《关于做好享受税收优惠政策的集成电路企业或项目、软件企业清单制定工作有关要求的通知》（发改高技 [2021]413 号，以下简称"413 号文"）的规定，对于申请列入清单的企业，原则上每年 3 月 25 日至 4 月 16 日需要先在指定的系统中提交申请，并将有关申请表和必要佐证材料（电子版、纸质版）报各省、自治区、直辖市及计划单到市、新疆生产建设兵团的发展改革委和工信部门，地方发展改革委和工信部门对企业申报的信息进行初审推荐后，报送至发展改革委和工信部。

在清单印发前，企业可依据财政、税务有关管理规定，先行按照企业条件和项目标准享受相关国内税收优惠政策。

2. 已经享受重点软件企业 10% 税收优惠的公司是否可以再享受 5 年免税优惠

按照 45 号公告的规定，符合原有政策条件且在 2019 年（含）之前已经进入优惠期的企业或项目，2020 年（含）起可按原有政策规定继续享受至期满为止，如也符合该公告第一条至第四条规定，可按该公告规定享受相关优惠，其中定期减免税优惠，可按该公告规定计算优惠期，并就剩余期限享受优惠至期满为止。符合原有政策条件，2019 年（含）之前尚未进入优惠期的企业或项目，2020 年（含）起不再执行原有政策。

对上述政策要求，实务中需要分以下三种情况理解。

（1）重点软件企业自获利年度起至 2019 年度已经满 5 年。

如 A 公司设立于 2012 年，2014 年属于获利年度（当年应纳税所得额大于 0）并享受软件企业免税优惠，2016 年开始享受重点软件企业 10% 的税收优惠，到 2019 年度，获利年度已经超过 5 年，2020 年 A 公司就无法再享受 45 号公告所规定的重点软件企业自获利年度 5 年内免企业所得税的优惠，同时 2016 年至 2018 年按 10% 缴纳的企业所得税也不予退税。

（2）重点软件企业自获利年度起至 2019 年度还不足 5 年。

如 B 公司设立于 2012 年，2017 年属于获利年度（当年应纳税所得额大于 0）并享受软件企业免税优惠，2019 年开始享受重点软件企业 10% 的税收优惠，到 2019 年度，获利年度只有 3 年，没有超过 5 年，B 公司只要持续满足重点软件企业的要求，就可以在剩余的两年（2020 年和 2021 年）内享受 45 号公告所规定的重点软件企业自获利年度起 5 年内免企业所得税的优惠，同时 2019 年已经按 10% 缴纳的企业所得税也不予退税。

（3）**重点软件企业在 2019 年尚未进入获利年度。**

如 C 公司设立于 2013 年，2014 年开始满足重点软件企业条件，到 2019 年尚未进入获利年度，则从 2020 年开始，是否可以享受免税优惠直接适用 45 号公告的规定，不再执行原来的优惠政策。

二、软件企业应满足哪些条件

公司要想享受软件企业的优惠，需要满足哪些条件呢？

按照《中华人民共和国工业和信息化部 国家发展改革委 财政部 国家税务总局公告 2021 年第 10 号》的规定，可以享受税收优惠的软件企业（指一般软件企业）应同时满足以下七个条件。

（1）在中国境内（不包括港、澳、台地区）依法设立，以软件产品开发及相关信息技术服务为主营业务并具有独立法人资格的企业；该企业的设立具有合理商业目的，且不以减少、免除或推迟缴纳税款为主要目的。

该条款可从以下几个角度理解：

1）企业必须是具有独立法人资格的居民企业。分公司不具有独立法人资格，无法单独享受软件企业优惠，但可以由总公司按总分机构整体统一享受优惠。总公司计算应纳所得税后，按总分机构分摊的原则，由分公司间接享受软件企业优惠。

2）企业的主业是软件产品开发及相关信息技术服务。按照 413 号文的规定，相关信息技术服务是指实现软件产品功能直接相关的咨询设计、软件运维、数据服务。

对于主业的确定，通常情况下，当企业的软件收入及相关信息技术服务收入之和占企业当年收入总额的比例达到 50% 以上，则可判定为该企业的主营业务是软件产品开发及相关信息技术服务。

3）企业的设立具有合理商业目的，且不以减少、免除或推迟缴纳税款为主要目的。该项规定比原政策（指财税 [2016] 49 号文，下同）的要求更加严格。实务中，有些企业（尤其是硬件和软件组合销售的企业）为了更加便捷地享受软件企业的税收优惠，会将公司拆分为一家软件企业和一家设备企业。软件企业将软件产品销售给设备企业，设备企业组装后再统一销售给客户。

在这种模式下，软件企业和设备企业是关联企业，且软件企业的软件产品只销售给设备企业一家。这种交易安排是否满足"合理商业目的"的要求，实务中可能会存在很大的不确定性。

（2）汇算清缴年度具有劳动合同关系或劳务派遣、聘用关系，其中具有本科及以上学历的月平均职工人数占企业月平均职工总人数的比例不低于40%，研究开发人员月平均数占企业月平均职工总数的比例不低于25%。

该条款可从以下几个角度理解：

1）人员范围。软件企业的员工可以是签订劳动合同的人员，也可以是通过劳务公司派遣的人员。

2）比例要求。本科及以上学历人员占比要在40%以上，研发人员占比要在25%以上（比原来的政策高了5个百分点），更强调软件企业对高学历人才的重视。

3）职工总数。从文件表述的意思看，这里的职工总数应该既包括签订劳动合同的人员，也包括通过劳务公司派遣的人员。从某种意义上讲，这里的"职工总数"应是"从业人数"的概念。

4）统计口径。无论哪类人员，确定数量时，均要求按月平均数计算。月平均数计算方法：

月平均人数＝（月初人数＋月末人数）÷2

年度月平均数＝年度各月平均数之和 ÷ 企业当年存续月数

（3）拥有核心关键技术，并以此为基础开展经营活动，汇算清缴年度研究开发费用总额占企业销售（营业）收入总额的比例不低于7%，企业在中国境内发生的研究开发费用金额占研究开发费用总额的比例不低于60%。

该条款可从以下两个角度理解。

1）研发费用口径。目前我国的研发费用政策较多，有记账的研发费用口径，有高新认定的研发费用口径，有加计扣除的研发费用口径，还有申请课题经费的研发费用口径。在享受软件企业优惠时，有关政策明确是加计扣除的研发费用口径，具体包括《财政部 国家税务总局 科技部关于完善研究开发费用税前加计扣除政策的通知》（财税 [2015]119 号）和《国家税务总局关于研发费用税前加计扣除归集范围有关问题的公告》（国家税务总局公告2017 年第 40 号）等规定。

2）研发费用比例。政策要求汇算清缴年度研究开发费用总额占企业销售（营业）收入总额的比例不低于 7%（比原政策高了 1 个百分点）。这里的研发费用占销售收入的比例只计算享受税收优惠当年，不同于高新技术企业优惠，需要计算过去三年的研发费用占过去三年的销售收入的比例。

（4）汇算清缴年度软件产品开发销售及相关信息技术服务（营业）收入占企业收入总额的比例不低于 55%（嵌入式软件产品开发销售（营业）收入占企业收入总额的比例不低于 45%），其中软件产品自主开发销售及相关信息技术服务（营业）收入占企业收入总额的比例不低于 45%（嵌入式软件产品开发销售（营业）收入占企业收入总额的比例不低于 40%）。

该条款可从以下几个角度理解。

1）软件收入表述。软件收入包括"软件产品开发销售和相关信息技术服务（营业）收入"，和原政策相比，软件收入的表述更严谨，更容易被企业理解和把控。

2）软件收入占比。无论是自产软件收入占比还是全部软件收入占比，和原政策相比，都提高了 5 个百分点，突出了对软件收入的重视。

3）收入总额。这里的收入总额指的是《企业所得税法》第六条的收入总额概念，不要和上述计算研发费用占比所使用的"销售（营业）收入总额"的概念相混淆。

（5）主营业务或主要产品具有专利或计算机软件著作权等属于本企业的知识产权。

和原政策相比，该条款的表述更加具体。把企业拥有的知识产权限定为"专利"和"计算机软件著作权"。这里的专利是否仅指"发明专利"？

413号文中，对于重点软件企业，要求不少于2项发明专利。对于一般软件企业，是否也必须要拥有发明专利呢？

文件没有进一步明确。从文件表述看，对于一般软件企业，拥有的专利应该不限定为发明专利，也可以是实用新型专利或外观设计专利。同时需要注意的是，对于一般软件企业，并不要求其同时拥有专利和软件著作权，这一点和413号文中对重点软件企业的要求不同。

（6）具有与软件开发相适应的生产经营场所、软硬件设施等开发环境（如合法的开发工具等），建立符合软件工程要求的质量管理体系并持续有效运行。

和原政策相比，增加了对软件企业建立质量管理体系的要求。这个要求如何证明已经实现？

如果企业申请了类似ISO9000质量管理体系等类似的体系认证，并取得相应的证书，将该证书作为证明资料会比较可靠。

（7）汇算清缴年度未发生重大安全事故、重大质量事故、知识产权侵权等行为，企业合法经营。

和原政策相比，取消了"严重环境违法行为"的表述，增加了"知识产权侵权行为，企业合法经营"的表述，这种表述更加符合软件企业的经营实际。

三、软件企业如何享受税收优惠

1. 预缴所得税

按照《企业所得税优惠政策事项办理办法》（国家税务总局公告2018年第23号）的规定，软件企业在预缴所得税时可以享受所得税优惠。

2. 汇算清缴

按照《企业所得税优惠政策事项办理办法》（国家税务总局公告2018年第23号）的规定，软件企业应当在完成年度汇算清缴后，按照《企业所得税优惠事项管理目录（2017年版）》"后续管理要求"项目中列示的清单向税务机关提交资料。

对于上述政策，需要从以下两个方面把握：

（1）软件企业享受企业所得税优惠，先按优惠填报汇算清缴资料，然后再按照规定向税务机关提交资料。

（2）软件企业需要在汇算清缴期结束前（每年5月31日前）向税务机关提交以下资料：

1）企业开发销售的主要软件产品列表或技术服务列表。

2）主营业务为软件产品开发的企业，提供至少1个主要产品的软件著作权或专利权等自主知识产权的有效证明文件，以及第三方检测机构提供的软件产品测试报告；主营业务仅为技术服务的企业提供核心技术说明。

3）企业职工人数、学历结构、研究开发人员及其占企业职工总数的比例说明，以及汇算清缴年度最后一个月社会保险缴纳证明等相关证明材料。

4）经具有资质的中介机构鉴证的企业财务会计报告（包括会计报表、会计报表附注和财务情况说明书），以及有关软件产品开发销售（营业）收入、软件产品自主开发销售（营业）收入、研究开发费用、境内研究开发费用等的情况说明。

5）与主要客户签订的一至两份具有代表性的软件产品销售合同或技术服务合同复印件。

6）企业开发环境相关证明材料。

四、软件产品有哪些税收优惠

按照《财政部 国家税务总局关于软件产品增值税政策的通知》（财税[2011]100号）的规定，增值税一般纳税人销售其自行开发生产的软件产品，按13%的税率征收增值税后，对其增值税实际税负超过3%的部分实行即征即退政策。

对于上述政策，要从以下几个角度理解：

（1）享受即征即退优惠政策的纳税主体是增值税一般纳税人，小规模纳税人无退税优惠。

（2）享受优惠的一般纳税人不一定是软件企业，非软件企业只要销售的产品中有自行开发生产的软件产品，就可享受。

（3）销售的软件产品必须是自行开发（含进口软件本地化改造）的，销售外购的软件不能享受上述优惠。

（4）增值税实际税负超过 3% 的部分即征即退。不是交 3% 退 10%，而是实际税负超过 3% 的，才对超过的部分进行退税；实际税负不足 3% 的，不予退税。

那么，如何计算实际税负呢？

按照《国家税务总局关于调整增值税即征即退优惠政策管理措施有关问题的公告》（国家税务总局公告 2011 年第 60 号）的规定，增值税税负率的计算公式为：

$$增值税税负率 = \frac{本期即征即退货物和劳务应纳税额}{本期即征即退货物和劳务销售额} \times 100\%$$

【例 7-3】　甲公司是增值税一般纳税人，20X9 年 5 月实现软件销售收入（不含税价）100 万元，与该软件销售收入对应的进项税额为 6 万元。则甲公司销售软件的退税额按下列公式计算：

甲公司 20X9 年 5 月销售软件的增值税税负率

$= （100 \times 13\% - 6） \div 100 \times 100\% = 7\%$

甲公司 20X9 年 5 月可退增值税 $= 100 \times （7\% - 3\%） = 4$（万元）

（5）即征即退并非真的当时缴就当时退，一般要在企业提出申请后 2 个月左右才退（各地执行情况会有差异）。

（6）企业要享受该优惠政策，首先需要将自主开发生产的软件产品申请软件著作权，并将该软件著作权到主管税务机关报备。后续在签订合同及开具发票时，均应体现软件产品的价格及增值税税额。

同时，在日常会计处理时，需要对与软件销售有关的进项税额单独核算。不能单独核算的，也要按软件成本或销售收入比例确定软件产品应分摊的进项税额。实务中，通常按软件产品销售收入占营业收入的比例计算分摊比例。但对专用于软件产品开发生产设备及工具的进项税额，不得进行分摊。专用于软件产品开发生产的设备及工具，包括但不限于用于软件设计的计算机设备、读写打印器具设备、工具软件、软件平台和测试设备。

实务操作时，还可能出现下面的情况。

【例7-4】 A公司符合软件销售退税的条件，某年3月，销售自产软件产品100万元（不含税，下同），销售硬件20万元，当期可抵扣进项税额6万元。当年4月，销售自产软件产品50万元，销售硬件100万元，当期可抵扣进项税额总额18万元。A公司按月计算缴纳增值税，各月无上期留抵事项，进项税额按销售收入比例在软硬件产品中分摊。

3月A公司销售自产软件产品应纳增值税 $= 100 \times 13\% - 6 \times \dfrac{100}{120} = 8$（万元）

3月A公司销售自产软件产品退税额 $= 8 - 100 \times 3\% = 5$（万元）

4月A公司销售自产软件产品应纳增值税 $= 50 \times 13\% - 18 \times \dfrac{50}{150} = 0.5$（万元）

4月A公司销售自产软件产品实际税负为1%（0.5/50），不足3%，无退税。

3月和4月A公司销售自产软件共计退税5万元。如果把3月和4月合并计算，结果如下：

3～4月A公司销售自产软件产品应纳增值税 $= 150 \times 13\% - 24 \times \dfrac{150}{270} = 6.17$（万元）

3～4月A公司销售自产软件产品退税额 $= 6.17 - 150 \times 3\% = 1.67$（万元）

合并计算比单月计算少退税3.33万元！

在A公司按月计算缴纳增值税的情况下，用一年的数据综合测算，同样可能会出现这种差异！如果这种差异是合理的，实务中某些企业就可能人为调节各期进项税额，如在自产软件产品销售额较高的月份，尽可能减少当期进项税额；在自产软件产品销售额较低的月份，尽可能增加当期进项税额，从而让企业的实际退税额达到最大。

财税 [2011]100 号文并未对这种不合理行为做出限制性规定，但《营业税改征增值税试点实施办法》（财税 [2016]36 号）规定，对于不得抵扣的税额的计算，主管税务机关可以用年度数据按公式计算不得抵扣的进项税额。

因此，在实务中还是要谨慎操作，一切都按合同正常进行即可。年度结束，是否需要对退税额进行清算，由税务机关决定，企业没有主动申报的义务。

小提示

按照《财政部 国家税务总局关于进一步鼓励软件产业和集成电路产业发展企业所得税政策的通知》（财税 [2012]27 号）的规定，符合条件的软件企业按照《财政部 国家税务总局关于软件产品增值税政策的通知》（财税 [2011]100 号）规定取得的即征即退增值税款，由企业专项用于软件产品研发和扩大再生产并单独进行核算，可以作为不征税收入，在计算应纳税所得额时从收入总额中减除。

销售自产软件即征即退的增值税作为不征税收入，仅针对符合条件的软件企业。非软件企业即便有销售自产软件行为，并且取得了即征即退收入，该收入也属于征税收入。大家在实务操作中一定要注意这一点。

第四节　研发费用加计扣除的税收优惠

按照《企业所得税法实施条例》的规定，研发费用的加计扣除，是指企业为开发新技术、新产品、新工艺发生的研究开发费用，未形成无形资产计入当期损益的，在依据规定据实扣除的基础上，按照研究开发费用的 50% 加计扣除；形成无形资产的，按照无形资产成本的 150% 摊销。

为了促进产业升级，加快经济结构调整，国务院于 2015 年 5 月 8 日印发了《中国制造 2025》（国发 [2015]28 号），文件规定，实施有利于制造业转型升级的税收政策，推进增值税改革，完善企业研发费用计核方法，切实减轻制造业企业税收负担。

基于此，财政部、国家税务总局和科技部联合制定了《财政部 国家税务总局 科技部关于完善研究开发费用税前加计扣除政策的通知》（财税[2015]119号，以下简称"119号文"），国家税务总局单独配套发布了《国家税务总局关于企业研究开发费用税前加计扣除政策有关问题的公告》（国家税务总局公告2015年第97号，以下简称"97号公告"），助力企业享受研发费用加计扣除优惠。

2017年11月8日，国家税务总局发布的《国家税务总局关于研发费用税前加计扣除归集范围有关问题的公告》（国家税务总局公告2017年第40号，以下简称"40号公告"），对研发费用加计扣除的范围做了进一步规范。

按照《财政部 税务总局关于进一步完善研发费用税前加计扣除政策的公告》（财政部 税务总局公告2023年第7号）的规定，企业（注：所有符合条件的企业，不限于制造业和科技型中小企业）开展研发活动中实际发生的研发费用，未形成无形资产计入当期损益的，在按规定据实扣除的基础上，自2023年1月1日起（注：没有终止期），再按照实际发生额的100%在税前加计扣除；形成无形资产的，自2023年1月1日起（注：没有终止期），按照无形资产成本的200%在税前摊销。

按照《关于提高集成电路和工业母机企业研发费用加计扣除比例的公告》（财政部 税务总局 国家发展改革委 工业和信息化部公告2023年第44号）的规定，集成电路企业和工业母机企业开展研发活动中实际发生的研发费用，未形成无形资产计入当期损益的，在按规定据实扣除的基础上，在2023年1月1日至2027年12月31日期间，再按照实际发生额的120%在税前扣除；形成无形资产的，在上述期间按照无形资产成本的220%在税前摊销。

既然政策的支持力度越来越大，那么，是否所有企业只要发生研发投入，花费的每一笔资金都可以享受该政策优惠？

一、哪些企业发生了研发费用也不能享受税收优惠

按照119号文的规定，只有会计核算健全、实行查账征收并能够准确归

集研发费用的居民企业，才有资格享受研发费用加计扣除的优惠政策。换言之，属于下列情况之一的企业，不能享受该优惠政策：

（1）实行核定征收的居民企业。

（2）实行查账征收或核定征收的非居民企业。

（3）实行查账征收或核定征收的个体工商户、个人独资企业、合伙企业。

（4）实行核定征收的非企业性质的事业单位、社会团体。

在满足上述规定条件的情况下，按照119号文的规定，也不是所有企业发生研发活动都可申请研发费用加计扣除。该文件以"负面清单"的形式罗列了以下被排除在外的特定行业：

（1）烟草制造业。

（2）住宿和餐饮业。

（3）批发和零售业。

（4）房地产业。

（5）租赁和商务服务业。

（6）娱乐业。

（7）财政部和国家税务总局规定的其他行业。

如果企业不属于上述行业范围，在年度内发生研发费用支出，就可以申请研发费用加计扣除。

那么，是否只要企业所处行业属于上述行业，即便发生研发费用，也不能申请加计扣除呢？

如果企业所处行业属于上述行业，但其年度主营业务收入并非上述行业内收入，且该收入的比重远远超过公司的其他收入，则该企业发生的研发费用就可以申请加计扣除。那么，非上述行业内的收入比重达到多少才可以呢？

按照97号公告的规定，当企业以上述所列行业业务为主营业务时，如果其研发费用发生当年的主营业务收入占企业按税法第六条规定计算的收入总额，减除不征税收入和投资收益的余额在50%（不含）以上，则该企业发生的研发费用不能享受加计扣除优惠。反之，如果该比例不超过50%，该企业发生的研发费用就可以享受加计扣除优惠。

二、什么样的研发活动才算是真正的研发活动

如果企业不属于上述被排除在外的行业范围，是否意味着只要发生研发支出，就可以申请研发费用加计扣除呢？

答案同样是：不一定。

在企业实际经营中，企业的研发活动多种多样，有些研发活动层级相对较低，无法满足真正的研发活动要求，则该类研发活动所发生的费用就不可以申请加计扣除。

（一）符合要求的研发活动

按照 119 号文的规定，研发活动是指企业为获得科学与技术新知识，创造性地运用科学技术新知识，或实质性改进技术、产品（服务）、工艺而持续进行的具有明确目标的系统性活动。

（二）不符合要求的研发活动

按照 119 号文的规定，不适用税前加计扣除政策的研发活动包括：

（1）企业产品（服务）的常规性升级。

（2）对某项科研成果的直接应用，如直接采用公开的新工艺、材料、装置、产品、服务或知识等。

（3）企业在商品化后为顾客提供的技术支持活动。

（4）对现存产品、服务、技术、材料或工艺流程进行的重复或简单的改变。

（5）市场调查研究、效率调查或管理研究。

（6）作为工业（服务）流程环节或常规的质量控制、测试分析、维修维护。

（7）社会科学、艺术或人文学方面的研究。

（三）研发活动的实际界定

无论是符合要求的研发活动，还是不符合要求的研发活动，其政策规定都极具原则性，在实务操作层面，企业如何辨别某个研发项目发生的研发活动是否满足加计扣除政策要求呢？

作为管理研发费用加计扣除的税务机关，又如何对各企业申报的研发项目所发生的研发活动是否满足政策要求进行判断呢？

按照 119 号文的规定，税务机关对企业享受加计扣除优惠的研发项目有异议的，可以转请地市级（含）以上科技行政主管部门出具鉴定意见，科技部门应及时回复意见。企业承担省部级（含）以上科研项目的，以及以前年度已鉴定的跨年度研发项目，不再需要鉴定。

因此，只要企业承担的是省部级（含）以上科研项目，或以前年度已鉴定的跨年度研发项目，税务机关对该类项目就不会有异议。而对于企业自主研发的项目，尤其是时间短、金额小的研发项目，税务机关通常会有很大异议。另外，对于研发投入非常大的自主研发项目，由于其享受税收优惠的力度也大，税务机关也可能会对其产生较大的异议。

三、哪些研发费用可以加计扣除

在满足上述所有条件后，企业开展研发活动中实际发生的符合加计扣除范围的研发费用，未形成无形资产计入当期损益的，在据实扣除的基础上，再按相应的加计扣除比例从本年度应纳税所得额中扣除；形成无形资产的，根据当年无形资产的摊销额，在据实扣除的基础上，再按相应的加计扣除比例从本年度应纳税所得额中扣除。

需要注意的是，按照 97 号公告的规定，法律、行政法规和国务院财税主管部门规定不允许企业所得税税前扣除的费用和支出项目不得计算加计扣除。这也就意味着，如果一项支出按照规定不得在企业所得税税前扣除，则根本不可能加计扣除。

由于研发活动的特点不同，研发费用在具体范围上也有所差异。常见的研发活动包括自主开展的研发活动和特殊性质的研发活动。

（一）自主开展的研发活动可加计扣除的研发费用

1. 研发人员的人工费用

研发人员的人工费用包括直接从事研发活动的人员的工资薪金、基本养老保险费、基本医疗保险费、失业保险费、工伤保险费、生育保险费和住房公积金，以及外聘研发人员的劳务费用。

按照 40 号公告的规定，研究人员是指主要从事研究开发项目的专业人员；技术人员是指具有工程技术、自然科学和生命科学中一个或一个以上领域的技术知识和经验，在研究人员指导下参与研发工作的人员；辅助人员是指参与研究开发活动的技工；外聘研发人员是指与本企业或劳务派遣企业签订劳务用工协议（合同）和临时聘用的研究人员、技术人员、辅助人员。

对于上述政策，在实务操作中重点关注以下几项容易引起争议的事项。

（1）研发人员的福利费、补充养老和补充医疗加计扣除问题。对于企业为研发人员缴纳的福利费、补充养老和补充医疗，按照 40 号公告的规定，该类支出可以在"其他费用"中进行加计扣除，不能在"人工费用"里加计扣除。

（2）公司对研发人员的股权激励加计扣除问题。公司对研发人员进行股权激励发生的支出，是否可以加计扣除呢？按照 40 号公告的规定，工资薪金包括按规定可以在税前扣除的对研发人员股权激励的支出。

但需要注意的是，如果公司通过合伙企业间接对研发人员进行股权激励，则该股权激励支出不能在企业所得税税前列支，当然也就不能加计扣除。

（3）研发人员从事非研发活动加计扣除问题。按照 40 号公告的规定，直接从事研发活动的人员、外聘研发人员同时从事非研发活动的，企业应对其人员活动情况做必要记录，并将其实际发生的相关费用按实际工时占比等合理方法在研发费用和生产经营费用间分配，未分配的不得加计扣除。

（4）兼职研发人员劳务费的加计扣除问题。对于企业支付外聘研发人员的劳务费是否可以加计扣除需要慎重对待。

按照《国家税务总局关于发布〈企业所得税税前扣除凭证管理办法〉的公告》（国家税务总局公告 2018 年第 28 号）的规定，企业在境内发生的支出项目属于增值税应税项目的，对方为从事小额零星经营业务的个人，其支出以税务机关代开的发票或者收款凭证及内部凭证作为税前扣除凭证，收款凭证应载明收款单位名称、个人姓名及身份证号、支出项目、收款金额等相关信息。

小额零星经营业务的判断标准是个人从事应税项目经营业务的销售额不超过增值税相关政策规定的起征点。

按照《财政部 国家税务总局关于全面推开营业税改征增值税试点的通知》（财税 [2016]36 号）附件 1《营业税改征增值税试点实施办法》的规定，增值税起征点幅度为：按期纳税的，为月销售额 5 000～20 000 元（含本数）；按次纳税的，为每次（日）销售额 300～500 元（含本数）。

公司向兼职研发人员支付劳务费，个人按照《个人所得税法》规定的劳务范围提供的劳务，属于增值税应税项目。按照上述规定，如果企业支付金额超过起征点，则个人不满足从事小额零星经营业务的标准，个人需到税务机关代开发票，企业以取得的发票作为税前扣除凭证；如果支付金额未超过起征点，则个人满足从事小额零星经营业务的标准，企业可以要求个人到税务机关代开发票作为扣除凭证，也可以用收款凭证及内部凭证作为税前扣除凭证，但收款凭证应载明个人姓名、身份证号、支出项目、收款金额等相关信息。

问题是，增值税的起征点有按次和按月之分，个人取得劳务报酬，应该适用按期纳税的起征点还是按次纳税的起征点？

按照《个人所得税法实施条例》的规定，劳务报酬所得按次计算。劳务报酬所得、稿酬所得、特许权使用费所得，属于一次性收入的，以取得该项收入为一次；属于同一项目连续性收入的，以一个月内取得的收入为一次。

按照《个人所得税偷税案件查处中有关问题的补充通知》（国税函发 [1996]602 号）的规定，考虑属地管辖与时间划定有交叉的特殊情况，统一规定以县（含县级市、区）为一地，其管辖内的一个月内的劳务服务为一次；当月跨县地域的，则应分别计算。

税务机关是否会依据上述个人所得税法的规定，把个人取得的劳务报酬所得，按次确认增值税起征点呢？

按照国家税务总局 2019 年 4 月 18 日网上答疑的内容，个人向保险企业、证券企业、信用卡企业和旅游企业提供代理服务获取佣金可以按月计算销售额。

个人提供其他劳务服务，是否可以按月计算销售额，政策对此没有明确规定，具体如何处理，还要看各主管税务机关对政策的把控程度。从当前实际执行情况看，税务机关按次把控起征点的居多。这就意味着，企业向个人支付上述款项，只要单次支付额超过 500 元，多数税务机关都会要求个人按收入全额计算缴纳增值税！同时，也只有税务机关代开的发票，才可以作为税前扣除凭证。

在实务操作中，很少有企业在向个人支付劳务费时取得发票。按照上述规定，企业未取得发票，该项支出就不能税前列支，所以就不能申请加计扣除！

（5）通过劳务派遣解决研发人员不足并支付劳务费的加计扣除问题。政策规定，公司支付外聘研发人员的劳务费用可以作为研发人员的人工费用申请加计扣除。如果公司和劳务公司合作，劳务公司派遣研发人员到需求企业提供研发服务，需求企业向劳务公司支付劳务费用，劳务公司向需求企业开具发票，此时需求企业发生的劳务费用是否可以加计扣除？

按照 40 号公告的规定，接受劳务派遣的企业按照协议（合同）约定支付给劳务派遣企业，且由劳务派遣企业实际支付给外聘研发人员的工资薪金等费用，属于外聘研发人员的劳务费用。因此，外聘研发人员的劳务费用可以加计扣除。

2. 直接投入费用

直接投入费用包括以下内容：

（1）研发活动直接消耗的材料、燃料和动力费用。

（2）用于中间试验和产品试制的模具、工艺装备开发及制造费，不构成固定资产的样品、样机及一般测试手段购置费，试制品的检验费。

（3）用于研发活动的仪器、设备的运行维护、调整、检验、维修等费用，以及通过经营租赁方式租入的用于研发活动的仪器、设备租赁费。

在实务中，如果企业将研发过程中形成的下脚料、残次品、中间试制品等对外销售，该收入是否需要冲减研发费用？如果需要，应冲减研发活动发生当年的研发费用还是冲减实现销售收入当年的研发费用？

企业研发完成的产品实现了对外销售并取得收入，那么研发过程中投入的材料是否允许加计扣除？如果不允许，需要冲减研发活动发生当年的研发费用还是冲减实现销售收入当年的研发费用？

按照 40 号公告的规定，企业取得研发过程中形成的下脚料、残次品、中间试制品等特殊收入，在计算确认收入当年的加计扣除研发费用时，应从已归集研发费用中扣减该特殊收入；不足扣减的，加计扣除研发费用按零计算（不需要向以后年度结转）。

企业研发活动中直接形成产品或作为组成部分形成的产品对外销售的，研发费用中对应的材料费用不得加计扣除。产品销售与对应的材料费用发生在不同纳税年度且材料费用已计入研发费用的，可在销售当年以对应的材料费用发生额直接冲减当年的研发费用；不足冲减的，结转以后年度继续冲减。

3. 折旧费用

用于研发活动的仪器、设备，同时用于非研发活动的，企业应对其仪器、设备使用情况做必要记录，并将其实际发生的折旧费按实际工时占比等合理方法在研发费用和生产经营费用间分配，未分配的不得加计扣除。

如果一项仪器、设备按照有关税收政策规定，享受了"一次性税前列支"或"加速折旧"优惠政策，是否还可以同时享受"加计扣除"优惠政策呢？如果可以，该如何享受？

按照 40 号公告的规定，（从 2017 年度企业所得税汇算清缴开始）企业用于研发活动的仪器、设备，符合税法规定且选择加速折旧优惠政策的，在享受研发费用税前加计扣除政策时，就税前扣除的折旧部分计算加计扣除。

【例 7-5】 A 公司 20X9 年 6 月购买并投入使用一专门用于研发活动的设备，单位价值 400 万元，会计处理按 8 年折旧，税法规定的最低折旧年限为 10 年，不考虑残值。

若 A 公司按照《财政部 税务总局关于设备、器具扣除有关企业所得税政策的通知》（财税 [2018]54 号）的规定，选择对上述设备一次性税前列支，并享受加计扣除优惠。

20X9 年 A 公司会计折旧额 = 400 ÷（8 × 12）× 6 = 25（万元）

按国家税务总局、北京市税务局 2019 年 11 月 12 日发布的《企业所得税实务操作政策指引》的规定，对于研发专用的设备，可以按一次性列支的全部金额享受研发费用加计扣除优惠（北京以外的其他地区是否适用该优惠，请先咨询当地主管税务机关）。

按此要求可申请加计扣除的折旧额 = 400×75% = 300（万元）

4. 无形资产摊销

无形资产摊销指用于研发活动的软件、专利权、非专利技术（包括许可证、专有技术、设计和计算方法等）的摊销费用。用于研发活动的无形资产，同时用于非研发活动的，企业应对其无形资产使用情况做必要记录，并将其实际发生的摊销费按实际工时占比等合理方法在研发活动和生产经营活动之间分配，未分配的不得加计扣除。

如果该无形资产是通过购买取得且专门用于研发的，企业在购买时通常都会取得发票。无形资产入账后，企业正常按 10 年进行摊销，每年按摊销额的 50% 或 75% 申请加计扣除，一般不会存在障碍。

需要注意的是，如果企业通过自主研发形成无形资产，则无形资产在按 150% 或 175% 进行摊销时，是否可以按照企业原来资本化的全部金额以150% 或 175% 的比例进行摊销？

按照 97 号公告的规定，已计入无形资产但不属于 119 号文中允许加计扣除研发费用范围的，企业在摊销时不得加计扣除。也就是说，企业通过研发支出资本化，最终可能形成价值 100 万元并转入无形资产的研发成果。如果也按 10 年对其进行摊销，每年摊销 10 万元，则加计扣除的基数并不是 10 万元，而是先对转入无形资产的 100 万元进行拆分后，其中符合加计扣除要求的部分（可能只有 60 万元），然后再每年按照 150%（9 万元）或175%（10.5 万元）的比例进行摊销。

5. 新产品设计费、新工艺规程制定费、新药研制的临床试验费、勘探开发技术的现场试验费

企业在实际研发过程中发生的新药研制的临床试验费、勘探开发技术的现场试验费，凭借相关合同和合法有效凭证即可确认，正常申请研发费用加

计扣除应该不会存在什么障碍。

对于新产品设计费和新工艺规程制定费（以下简称设规费），到底应该把哪些费用归入设规费，目前还没有明确的文件依据。从以下实务角度来看，操作起来的确存在一定难度。

第一，设计和新工艺规程制定过程中发生的人工成本属于设规费吗？设计和新工艺规程制定活动必然需要人员的参与，人工成本当然可以算设规费。但设计和新工艺规程制定活动又属于研发活动的一部分，人工费用已经在人工成本中归集，当然也就无法在设规费中归集。除非是一些不符合研发人员定义的员工参与了设计和新工艺规程制定活动，则该类人员发生的人工成本应归入设规费。理论上当然存在这种可能，但这种情形在企业的实际情况中确实比较少见。

第二，设计和新工艺规程制定过程中发生的材料费属于设规费吗？有些设计和新工艺规程制定活动需要适当的材料投入，该材料费当然应归入设规费。但对于材料的投入，如果在前面已经归入直接投入费用，那么，再计入设规费的话，必然会重复计算。因此，还是归入直接投入费用比较合适。

第三，设计和新工艺规程制定过程中发生的设备或建筑物折旧费属于设规费吗？对于该部分费用的处理同上，放在设规费中是可以的，但不太合适，毕竟有专门的"折旧费用"科目进行归集。

第四，部分或全部设计和新工艺规程制定工作交由他人完成，并签订《设计或新工艺规程制定合同》，因此支付的费用属于设规费吗？从表面上看，该部分费用归入设规费好像是天经地义的，因为有专门的合同，且对方出具的发票也写得很清楚，就是设规费。但从实质效果上看，这样的合同其实更应该称为委托外部研发。毕竟，从形式到内容再到结果，合同与委托外部研发都是一致的。如果是这样，将该类费用归入设规费也不合适。

如此看来，凡是可以归入设规费的内容其实都有对应的其他科目可以进行专门归集，单独设置一个"设规费用"科目显得有些多余。那么，政策制定者希望通过该项目的设置达到什么样的效果呢？我们不得而知。

那么企业应该怎么进行实务操作呢？一般情况下，对该项目直接按 0 计算即可。有极端特殊的情况确实需要归集的，也应该在专家的指导下进行。

6. 其他相关费用

与研发活动直接相关的其他费用，包括技术图书资料费、资料翻译费、专家咨询费、高新科技研发保险费，研发成果的检索、分析、评议、论证、鉴定、评审、评估、验收费用，知识产权的申请费、注册费、代理费、差旅费、会议费等，此项费用总额不得超过可加计扣除研发费用总额的 10%。

在实务中计算 10% 的限额时，可加计扣除的研发费用总额是否包括"其他相关费用"？是按单个研发项目计算其他相关费用限额，还是按企业整体计算其他相关费用限额？

按照《国家税务总局关于进一步落实研发费用加计扣除政策有关问题的公告》（国家税务总局公告 2021 年第 28 号）的规定，根据企业在一个纳税年度内全部研发项目（包括当年费用化的项目和当年资本化结束的项目）计算其他相关费用扣除限额。公式如下：

全部研发项目的其他相关费用限额

= 全部研发项目的人员人工等五项费用之和 ×10% ÷（1 － 10%）

按上述公式计算逻辑，可加计扣除的研发费用总额包括其他相关费用。公式中五项费用包括：人员人工费用、直接投入费用、折旧费用、无形资产摊销和新产品设计费、新工艺规程制定费、新药研制的临床试验费、勘探开发技术现场的试验费。

当其他相关费用实际发生数小于限额时，按实际发生数计算税前加计扣除数额；当其他相关费用实际发生数大于限额时，按限额计算税前加计扣除数额。

另外，需要注意的是，当年资本化结束的项目的五项费用指的是该项目在资本化期间发生的全部五项费用，而不只是在资本化结束当年的五项费用。

某个资本化结束项目允许加计扣除的其他相关费用 = 该项目在资本化期间实际发生的其他相关费用 × 当年度允许扣除的其他相关费用总额 ÷ 当年度全部研发项目其他相关费用实际发生额合计。

【例7-6】 某公司在20X1年开始A项目的研发，并在当年进行了资本化处理。20X3年，A项目资本化完成，形成无形资产。20X3年该公司同时研发了B项目和C项目，均按费用化处理。

20X1年至20X3年，A项目的五项费用合计300万元；20X3年，B项目的五项费用合计120万元，C项目的五项费用合计150万元。

20X1年至20X3年，A项目的其他相关费用实际发生额为50万元。

20X3年，B项目和C项目的其他相关费用实际发生额为40万元。

20X3年该公司全部研发项目的其他相关费用限额＝（300＋120＋150）×10%÷（1－10%）＝63.33（万元）

63.33万元小于三个研发项目的其他相关费用实际发生额90万元，应按63.33万元确认三个研发项目在20X3年的其他相关费用金额。

A研发项目在20X3年允许扣除的其他费用费用＝50×63.33÷90＝35.18（万元）

B项目和C项目在20X3年允许扣除的其他费用费用＝63.33－33.33＝30（万元）

7. 财政部和国家税务总局规定的其他费用

对于可加计扣除的其他费用，财政部和国家税务总局尚未出台有关政策。

（二）特殊研发活动可加计扣除的研发费用

特殊研发活动包括委托外部研发、合作研发、企业集团统一研发、创意设计、政府补助研发这五种类型，针对不同的特殊研发活动，申请加计扣除时，在具体内容及金额上有所差异。

1. 委托外部研发

（1）委托境内研发。企业委托外部机构或个人进行研发活动所发生的费用，按照费用实际发生额的80%计入委托方研发费用并计算加计扣除额，受托方不得再进行加计扣除。委托外部研究开发费用实际发生额应按照独立交易原则确定。

委托方与受托方存在关联关系的，受托方应向委托方提供研发项目费用支出明细情况。

按照 97 号公告的规定，企业委托外部机构或个人开展研发活动发生的费用，可按规定税前扣除，加计扣除时按照研发活动发生费用的 80% 作为加计扣除基数；委托个人研发的，应凭借个人出具的发票等合法有效凭证在税前加计扣除。

实务中，假如委托方与受托方存在关联关系，委托方向受托方支付了 100 万元的研发费用，受托方向委托方开具了 100 万元的技术开发发票。委托方申请加计扣除时，受托方提供的明细显示研发费用为 70 万元，小于发生额的 80%（80 万元）！此时，委托方还能以 80 万元作为申请加计扣除的基数吗？

按照 40 号公告的规定，上述委托研发费用是指委托方实际支付给受托方的费用。因此，在加计扣除时，无须考虑受托方实际用于研发的金额。

（2）委托境外研发。按照《财政部 税务总局 科技部关于企业委托境外研究开发费用税前加计扣除有关政策问题的通知》（财税 [2018]64 号，以下简称"64 号文"）的规定，委托境外进行研发活动所发生的费用，按照费用实际发生额的 80% 计入委托方的委托境外研发费用。委托境外研发费用不超过境内符合条件的研发费用三分之二的部分，可以按规定在企业所得税前加计扣除。

上述费用实际发生额应按照独立交易原则确定。委托方与受托方存在关联关系的，受托方应向委托方提供研发项目费用支出明细情况。

对于企业发生的委托境外研发费用，在申报加计扣除时，需要注意如下问题：

1）境外的受托方不能是个人。按照 64 号文的规定，委托境外进行研发活动不包括委托境外个人进行的研发活动。因此，如果境内企业委托境外个人进行研发活动，所发生的研发支出不能申请加计扣除，但在取得合法税前扣除凭证的基础上，可以计入研发费用，正常税前列支。

2）委托方需进行技术合同备案。按照 64 号文的规定，委托境外进行研发活动应签订技术开发合同，并由委托方到科技行政主管部门进行登记。相关事项按技术合同认定登记管理办法及技术合同认定规则执行。

该规定和委托境内研发有很大区别。按照 97 号公告的规定，企业发生的委托境内研发费用，准备留存备查资料时，需提供经科技行政主管部门登记的委托、合作研究开发项目的合同。

按照《技术合同认定登记管理办法》(国科发政字 [2000]063 号) 的规定，技术开发合同的研究开发人、技术转让合同的让与人、技术咨询和技术服务合同的受托人，以及技术培训合同的培训人、技术中介合同的中介人，应当在合同成立后向所在地区的技术合同登记机构提出认定登记申请。

这意味着，企业委托境内机构或个人实施的技术开发，只能由受托方提出登记申请，委托方无法进行技术合同登记。

3）要按照实际发生额的 80% 和境内符合条件的研发费用的三分之二，取两者中的较小值申请研发费用加计扣除。

按照《国家税务总局关于进一步落实研发费用加计扣除政策有关问题的公告》(国家税务总局公告 2021 年第 28 号) 的规定，这里的"境内符合条件的研发费用"按下列公式计算：

境内符合条件的研发费用＝境内发生的五项费用＋经限额调整后的其他相关费用＋允许加计扣除的委托境内机构或个人进行研发活动所发生的费用（实际发生额的 80%）

4）留存备查资料有特殊要求。按照 64 号文的规定，企业应在年度申报享受优惠时，按照《国家税务总局关于发布修订后的〈企业所得税优惠政策事项办理办法〉的公告》(国家税务总局公告 2018 年第 23 号) 的规定办理有关手续，并留存备查以下资料：

A. 企业委托研发项目计划书和企业有权部门立项的决议文件。

B. 委托研究开发专门机构或项目组的编制情况和研发人员名单。

C. 经科技行政主管部门登记的委托境外研发合同。

D. "研发支出"辅助账及汇总表。

E. 委托境外研发银行支付凭证和受托方开具的收款凭据。

F. 当年委托研发项目的进展情况等资料。

G. 企业如果已取得地市级（含）以上科技行政主管部门出具的鉴定意见，应作为资料留存备查。

2. 合作研发

企业合作共同开发的项目，由合作各方就自身实际承担的研发费用分别计算加计扣除额。

3. 集团研发

企业集团根据生产经营和科技开发的实际情况，开发的技术要求高、投资数额大、需要集中研发的项目，其实际发生的研发费用，可以按照权利和义务相一致、费用支出和收益分享相匹配的原则，合理确定研发费用的分摊方法，然后在受益成员企业间进行分摊，由相关成员企业分别计算加计扣除额。

4. 创意设计

企业为获得创新性、创意性、突破性的产品进行创意设计活动而发生的相关费用，可按照规定进行税前加计扣除。

创意设计活动是指多媒体软件、动漫游戏软件开发，数字动漫、游戏设计制作；房屋建筑工程设计（绿色建筑评价标准为三星）、风景园林工程专项设计；工业设计、多媒体设计、动漫及衍生产品设计、模型设计等。

按照《企业所得税优惠政策事项办理办法》（国家税务总局公告 2018 年第 23 号）附件《企业所得税优惠事项管理目录（2017 年版）》的规定，创意设计活动发生的费用申请加计扣除时，需要准备以下留存备查资料：

（1）创意设计活动相关合同。

（2）创意设计活动相关费用核算情况的说明。

上述留存备查资料和企业开展研发活动申请研发费用加计扣除所需要的留存备查资料完全不同。可以看出，允许加计扣除的创意设计所发生的支出并不是研发费用，而是具有成本性质的支出。

5. 政府补助研发

对于企业接受政府资助进行的研发，研发投入是否可以享受加计扣除优惠政策？

按照 97 号公告的规定，企业取得作为不征税收入处理的财政性资金用于研发活动所形成的费用或无形资产，不得计算加计扣除或摊销。

如果企业取得了财政性资金用于研发并且作为征税收入处理，那就意味着发生的支出可以税前列支，只要该支出均符合研发费用加计扣除的政策要求，自然就可以申请加计扣除。

因此，在这种情况下，将企业获取的财政性资金作为征税收入对企业更有利。

但需要注意的是，按照 40 号公告的规定，企业取得的政府补助，会计处理时采用直接冲减研发费用的方法，且税务处理时未将其确认为应税收入的，应按冲减后的余额计算加计扣除金额。

四、加计扣除的研发费用要如何核算

如果企业满足行业条件，研发活动也满足要求，那么发生的研发费用是否一定可以申请加计扣除呢？

按照 119 号文的规定，只有在财务管理上满足以下条件的企业，才可以将发生的研发费用申请加计扣除。

（1）企业应按照国家财务会计制度要求，对研发支出进行会计处理。同时，对享受加计扣除的研发费用按研发项目设置辅助账，准确归集核算当年可加计扣除的各项研发费用实际发生额。企业在一个纳税年度内进行多项研发活动的，应按照不同研发项目分别归集可加计扣除的研发费用。

按照 97 号公告的规定，企业应按照国家财务会计制度要求，对研发支出进行会计处理。研发项目立项时应设置"研发支出"辅助账[⊖]，由企业留

⊖ "研发支出"辅助账模板可参考《国家税务总局关于进一步落实研发费用加计扣除政策有关问题的公告》（国家税务总局公告 2021 年第 28 号）附件。

存备查。

因此，企业应在日常核算研发费用时，按照会计政策（《企业会计准则》《小企业会计准则》或《企业会计制度》）的要求，对研发费用进行专账核算，具体核算方法可参见本书第五章第二节"无形资产的财税问题"中的有关会计处理。

（2）企业应对研发费用和生产经营费用分别核算，准确、合理归集各项费用支出，对划分不清的，不得实行加计扣除。

按照 40 号公告的规定，企业从事研发活动的人员和用于研发活动的仪器、设备、无形资产，同时从事或用于非研发活动的，应对其人员活动及仪器设备、无形资产使用情况做必要记录，并将其实际发生的相关费用按实际工时占比等合理方法在研发费用和生产经营费用间分配，未分配的不得加计扣除。

五、研发费用加计扣除的税收优惠如何享受

按照《财政部 税务总局关于进一步完善研发费用税前加计扣除政策的公告》（财政部 税务总局公告 2021 年第 13 号）的规定，企业预缴申报当年第三季度（按季预缴）或 9 月份（按月预缴）企业所得税时，可以自行选择就当年上半年研发费用享受加计扣除优惠政策，未选择享受研发费用加计扣除优惠政策的，可在次年办理汇算清缴时统一享受。

企业享受该优惠无须提前向税务机关报备。企业将自主研发发生的研发费用申请加计扣除并完成汇算清缴年度申报后，还需整理好以下资料留存备查：

（1）自主、委托、合作研究开发项目计划书和企业有权部门关于自主、委托、合作研究开发项目立项的决议文件。

（2）自主、委托、合作研究开发专门机构或项目组的编制情况和研发人员名单。

（3）经科技行政主管部门登记的委托、合作研究开发项目的合同。

（4）从事研发活动的人员和用于研发活动的仪器、设备、无形资产的费

用分配说明（包括工作使用情况记录）。

（5）集中研发项目研发费决算表、集中研发项目费用分摊明细情况表和实际分享收益比例等资料。

（6）"研发支出"辅助账。

（7）企业如果已取得地市级（含）以上科技行政主管部门出具的鉴定意见，应作为资料留存备查。

（8）省税务机关规定的其他资料。

对于企业委托研发发生的研发费用，申请加计扣除后，需要准备的留存备查资料，请参考《企业所得税优惠政策事项管理办法》（国家税务总局公告 2018 年第 23 号）和《财政部 税务总局 科技部关于企业委托境外研究开发费用税前加计扣除有关政策问题的通知》（财税 [2018]64 号）中的有关规定。

🎨 小提示

对于有研发投入的企业来说，不管是否申请研发费用加计扣除，研发费用的会计核算都是一项非常重要的工作，而该核算又不能仅靠财务一个部门完成。研发费用核算是一个系统工程，需要研发部门、人事部门、生产部门、采购部门、财务部门等各相关部门共同参与，做好研发项目的内控管理和流程控制。对于每一项涉及研发的投入都要从源头上把关，把所有的原始证据在业务发生的第一时间补充完整。在所有资料最后汇总到财务部门，财务部门进行正确会计核算后，研发工作才真正形成了一个闭环。

研发的结果不仅仅体现为取得了什么技术成果，更体现为会计核算是否准确、完整。研发投入的会计核算做好了，对于企业后续申请并享受高新技术企业、软件企业的税收优惠，技术转让、技术投资、研发费用加计扣除的税收优惠以及申请政府科研经费补贴都将发挥至关重要的作用！

可以说，把研发投入的内控和核算做好了，将为企业创造不可估量的价值！

第五节　技术转让的税收优惠

为了促进技术的推广和应用，促进国家经济结构调整，国家对技术转让制定了一系列的税收优惠政策。在实务操作中，正确理解和应用该优惠政策，可以为企业规避很大的税收风险，减轻企业的纳税负担。

一、技术转让是否一定可以享受增值税免税优惠

按照《营业税改征增值税试点实施办法》（财税 [2016]36 号），纳税人提供技术转让、技术开发和与之相关的技术咨询、技术服务免增值税。

试点纳税人申请免征增值税时，须持技术转让、开发的书面合同，到纳税人所在地省级科技主管部门进行认定，并持有关的书面合同和科技主管部门审核意见证明文件报主管税务机关备查。

因此，在实务操作中，享受税收优惠的纳税人一定要先持技术转让合同到所在地省级科技主管部门进行认定，未经认定的技术转让合同无法享受增值税免税优惠。

认定成功后，在实务操作中还需要注意以下问题。

（一）技术收入的计算方法

增值税政策中，没有针对技术转让收入的明确政策依据。实务中可以参考下列企业所得税政策中有关技术转让收入的界定。

按照《国家税务总局关于技术转让所得减免企业所得税有关问题的通知》（国税函 [2009]212 号）的规定，技术转让收入是指当事人履行技术转让合同后获得的价款，不包括销售或转让设备、仪器、零部件、原材料等非技术性收入。不属于与技术转让项目密不可分的技术咨询、技术服务、技术培训等收入，不得计入技术转让收入。

（二）增值税发票的开具

按照《营业税改征增值税试点实施办法》（财税 [2016]36 号）的规定，适

用免征增值税规定的应税行为，不得开具增值税专用发票。

因此，企业申请享受增值税免税优惠，则无法给购买方开具增值税专用发票，如果购买方是增值税一般纳税人，也就意味着取得企业开具的增值税普通发票后无法做进项税额抵扣。在这种情况下，购买方通常会提出异议。这就需要买卖双方对技术转让的价格提前做好协商，并对增值税发票的性质在合同中约定清楚，避免后续交易过程中产生不必要的纠纷。

二、技术转让有哪些企业所得税优惠

技术转让包括技术所有权的转让和技术使用权的转让。技术转让的所得税优惠是只针对技术所有权的转让还是两种形式的转让都可以适用？

按照《企业所得税法实施条例》的规定，一个纳税年度内，居民企业（非居民企业不适用）技术转让所得不超过 500 万元的部分，免征企业所得税；超过 500 万元的部分，减半征收企业所得税。

按照《财政部 国家税务总局关于将国家自主创新示范区有关税收试点政策推广到全国范围实施的通知》（财税 [2015]116 号）的规定，自 2015 年 10 月 1 日起，在全国范围内居民企业转让 5 年以上非独占许可使用权取得的技术转让所得，纳入享受企业所得税优惠的技术转让所得范围。居民企业的年度技术转让所得不超过 500 万元的部分，免征企业所得税；超过 500 万元的部分，减半征收企业所得税⊖。

因此，无论是转让技术所有权，还是转让技术使用权，只要满足政策规定的条件，都可以享受技术转让所得的企业所得税优惠。

⊖ 按照《财政部 税务总局 科技部 知识产权局关于中关村国家自主创新示范区特定区域技术转让企业所得税试点政策的通知》（财税 [2020]61 号）的规定，对中关村国家自主创新示范区特定区域技术转让企业所得税的优惠，在一个纳税年度内，居民企业将其拥有的专利、计算机软件著作权、集成电路布图设计权、植物新品种权、生物医药新品种，以及财政部和国家税务总局确定的其他技术的所有权或符合规定年限的全球独占许可使用权、符合规定年限的非独占许可使用权转让取得的所得，对其中不超过 2 000 万元的部分，免征企业所得税；超过 2 000 万元的部分，减半征收企业所得税。

需要注意的是，上述 500 万元免征企业所得税的技术转让所得，并不是针对单项技术和单个客户发生的转让所得，而是在一个纳税年度内，居民企业发生的全部技术对全部客户的技术转让所得。

三、有哪些技术可以享受税收优惠

根据上面的分析，企业发生技术转让，只要履行了正常的认定和报备手续，就可以享受增值税免税优惠和企业所得税减免优惠。那么这两类优惠政策所涉及的技术都包括哪些呢？

（一）增值税优惠涉及的技术

按照《营业税改征增值税试点过渡政策的规定》（财税 [2016]36 号）的规定，技术转让中的技术，包括专利技术和非专利技术。

专利技术包括哪些？非专利技术又包括哪些？文件没有做更进一步列举。实务中建议参考企业所得税规定中对技术的界定执行。

（二）企业所得税优惠涉及的技术

按照《财政部 国家税务总局关于居民企业技术转让有关企业所得税政策问题的通知》（财税 [2010]111 号）的规定，技术转让的范围，包括居民企业转让专利技术、计算机软件著作权、集成电路布图设计权、植物新品种、生物医药新品种，以及财政部和国家税务总局确定的其他技术。

其中专利技术，是指法律授予独占权的发明、实用新型和非简单改变产品图案的外观设计。

按照《财政部 国家税务总局关于完善股权激励和技术入股有关所得税政策的通知》（财税 [2016]101 号）的规定，技术成果是指专利技术（含国防专利）、计算机软件著作权、集成电路布图设计专有权、植物新品种权、生物医药新品种，以及科技部、财政部、国家税务总局确定的其他技术成果。

不难看出，上述列举的能够享受企业所得税税收优惠的技术都是拥有知识产权证书的技术，对于没有知识产权证书的技术（如技术秘密等），在发生技术转让时是否能够享受税收优惠，在相关政策中并未明确说明。科技部、财政部、国家税务总局也未对可以享受优惠的其他技术成果的具体表现形式进行政策规范。

所以，在实务操作中一定要注意，如果企业要享受技术转让的税收优惠，原则上还是要先申请知识产权，再做技术转让。

四、如何正确计算技术转让所得

由于技术转让既包括所有权转让，也包括使用权转让，计算两者的所得额时，方法不一致。企业在申请享受优惠时，一定要判断清楚自身属于哪种情况，然后再选择相应的政策计算技术转让所得。

（一）转让技术所有权的所得计算

按照《国家税务总局关于技术转让所得减免企业所得税有关问题的通知》（国税函 [2009]212 号）的规定，纳税人转让技术所有权时，技术转让所得按以下方法计算：

$$\text{技术转让所得} = \text{技术转让收入} - \text{技术转让成本} - \text{相关税费} - \text{应分摊的期间费用}$$

技术转让收入是指当事人履行技术转让合同后获得的价款，不包括销售或转让设备、仪器、零部件、原材料等非技术性收入。不属于与技术转让项目密不可分的技术咨询、技术服务、技术培训等收入，不得计入技术转让收入。

技术转让成本是指转让的无形资产的净值，即该无形资产的计税基础减除在资产使用期间按照规定计算的摊销扣除额后的余额。

相关税费是指技术转让过程中实际发生的有关税费，包括除企业所得税和允许抵扣的增值税以外的各项税金及其附加、合同签订费用、律师费等相关费用及其他支出。

上述文件同时规定，享受技术转让所得减免企业所得税优惠的企业，应单独计算技术转让所得，并合理分摊企业的期间费用；没有单独计算的，不得享受技术转让所得企业所得税优惠。

对于期间费用该如何合理分摊，文件未做进一步规定。在实务中常见的方法包括按资产比例、收入比例、成本费用比例等。享受优惠的企业在实际操作时，可根据实际情况选择使用。

（二）转让技术使用权的所得计算

按照《国家税务总局公告关于许可使用权技术转让所得企业所得税有关问题的公告》（国家税务总局公告 2015 年第 82 号）的规定，纳税人转让技术使用权，且签订的是 5 年以上非独占许可使用权技术转让合同，该技术转让所得按以下方法计算：

$$\text{技术转让所得} = \text{技术转让收入} - \text{无形资产摊销费用} - \text{相关税费} - \text{应分摊期间费用}$$

技术转让收入是指转让方履行技术转让合同后获得的价款，不包括销售或转让设备、仪器、零部件、原材料等非技术性收入。不属于与技术转让项目密不可分的技术咨询、服务、培训等收入，不得计入技术转让收入。技术许可使用权转让收入，应按转让协议约定的许可使用权人应付许可使用权使用费的日期确认收入的实现。

无形资产摊销费用是指该无形资产按税法规定当年计算摊销的费用。涉及自用和对外许可使用的，应按照受益原则合理划分。

相关税费是指技术转让过程中实际发生的有关税费，包括除企业所得税和允许抵扣的增值税以外的各项税金及其附加、合同签订费用、律师费等相关费用。

应分摊期间费用（不含无形资产摊销费用和相关税费）是指技术转让按照当年销售收入占比分摊的期间费用。

【例7-7】 甲公司是一家科技型企业，属于增值税一般纳税人。20X9年1月1日转让一项发明专利的所有权，转让价格1 000万元（不含税，下同），转让时该专利的账面价值为300万元（和税法确认的无形资产成本一致），技术转让时该技术的剩余摊销年限为6年。甲公司持该技术合同到省级科技部门做了认定，并到税务机关申请了增值税免税优惠。

20X9年该公司全年营业收入4 000万元，全年期间费用共计1 800万元。当年该公司未发生其他技术转让行为。转让过程中发生印花税5 000元，无其他费用发生。

请问，甲公司该如何计算20X9年发生的该技术转让所得应缴纳的企业所得税[一]？

假设甲公司选择按技术销售收入占收入的比例分摊期间费用。

甲公司20X9年转让该技术所有权应分摊的期间费用 = 1 800 × 1 000 ÷ (1 000 + 4 000) = 360（万元）

甲公司20X9年转让该技术所有权的所得额 = 1 000 - 300 - 0.5 - 360 = 339.5（万元）

该技术转让所得小于500万元，无须缴纳企业所得税。

如果甲公司转让的是技术使用权，且签订的是5年许可协议。转让价格仍然是1 000万元，平均每年200万元。在这种情况下[二]：

发明专利在20X9年的摊销额 = 300 ÷ 6 = 50（万元）

20X9年转让技术使用权应分摊的期间费用 = 1 800 × 200 ÷ 4 000 = 90（万元）

甲公司20X9年转让该技术使用权的所得额 = 200 - 50 - 90 - 0.5 = 59.5（万元）

技术使用权转让所得少于500万元，甲公司在20X9年就该转让专利使用权的行为不需要缴纳企业所得税。

[一] 转让技术所有权的收入属于营业外收入或资产处置收益，不属于"营业收入"。

[二] 转让技术使用权的收入属于"营业收入"。

🦉 **小提示**

同样是技术转让所得，所有权转让和使用权转让的所得额计算方法略有差异。转让技术所有权，扣减的是技术的账面价值（税会一致的情况下，下同）；转让技术使用权，扣减的是技术的摊销额。在实务中具体操作时，一定要认真区分。

五、减半征收是否可以按 15% 减半

如果一家企业是高新技术企业，适用 15% 的企业所得税税率，技术转让所得超过 500 万元的部分，减半征收是否可以按 15% 减半（相当于按 7.5%）缴纳企业所得税？

按照《国家税务总局关于进一步明确企业所得税过渡期优惠政策执行口径问题的通知》（国税函 [2010]157 号）的规定，居民企业取得《企业所得税法实施条例》第八十六条、第八十七条、第八十八条和第九十条规定可减半征收企业所得税的所得，是指居民企业应就该部分所得单独核算并依照 25% 的法定税率减半缴纳企业所得税。

因此，技术转让所得超过 500 万元的部分，即便是高新技术企业，也应按 12.5% 而不是 7.5% 的税率计算缴纳企业所得税。

六、享受技术转让所得优惠对会计核算有什么要求

按照《企业所得税法实施条例》的规定，企业同时从事适用不同企业所得税待遇的项目的，其优惠项目应当单独计算所得，并合理分摊企业的期间费用；没有单独计算的，不得享受企业所得税优惠。

按照《国家税务总局关于技术转让所得减免企业所得税有关问题的通知》（国税函 [2009]212 号）的规定，享受技术转让所得减免企业所得税优惠的企业，应单独计算技术转让所得，并合理分摊企业的期间费用；没有单独计算的，不得享受技术转让所得企业所得税优惠。

因此，企业发生了技术转让，如果在会计账簿上并未对该技术进行任何

核算，则很难享受该技术转让所得的所得税优惠。

【例7-8】 乙公司20X6年投资500万元研发一项新技术，20X6年12月31日开发完成并全部费用化处理。20X6年企业所得税汇算清缴时，该500万元均在税前列支，当年按高新技术企业的优惠税率缴纳企业所得税10万元。20X7年2月乙公司取得软件著作权并于同年7月1日将该软件著作权的所有权转让，转让收入1 500万元。该转让合同在技术市场备案，申请享受了增值税优惠。技术转让过程中发生的印花税等相关税费共计10万元。可分摊的期间费用为400万元。

请问，乙公司20X7年发生的该笔技术转让所得是否可以享受所得税优惠呢？

分析如下：

乙公司虽然就研发完成后取得的成果申请了软件著作权，但由于20X6年未做资本化处理，该资产的账面价值为0。则：

$$技术转让所得 = 1\ 500 - 0 - 10 - 400 = 1\ 090（万元）$$

乙公司是否可以就其中的590万元按12.5%的税率计算缴纳企业所得税73.75（590×12.5%）万元呢？

如果可以的话，对于乙公司而言，就相当于享受了双重优惠，一重优惠是20X6年的500万元研发投入在企业所得税税前列支，导致20X6年少缴纳了企业所得税；二重优惠是在计算技术转让所得时，由于没有扣减成本，导致多享受优惠，少缴纳了企业所得税。

因此，正确的计算方法应该是：

乙公司对20X6年度的企业所得税做补充申报，将研发投入500万元做纳税调增，补缴20X6年度企业所得税75（500×15%）万元。

20X7年7月技术转让时，

$$技术成本 = 500 - 500 \div（10 \times 12）\times 6 = 475（万元）^{\ominus}$$

$$技术转让所得 = 1\ 500 - 475 - 10 - 400 = 615（万元）$$

⊖ 无形资产按10年摊销计算。

技术转让应缴纳企业所得税＝（615－500）×12.5%＝14.375（万元）

正确计算后，乙公司通过补税和正常纳税，共需缴纳的企业所得税为89.375（75＋14.375）万元。

如果乙公司将技术成本按0确认并享受技术转让所得的所得税优惠，按73.75万元缴纳企业所得税，就意味着国家有15.625（89.375－73.75）万元的税款流失，这显然是政策所不允许的。由此也可以看出，企业自主研发形成的无形资产，如果未做资本化处理，发生技术转让时，就无法享受技术转让所得的企业所得税优惠政策。

七、母子公司之间转让技术是否可以享受所得税优惠

按照《财政部 国家税务总局关于居民企业技术转让有关企业所得税政策问题的通知》（财税 [2010]111 号）的规定，居民企业从直接或间接持有股权之和达到100%的关联方取得的技术转让所得，不享受技术转让减免企业所得税优惠政策。

因此，若母公司对子公司的持股未达到100%（如99%），则母公司对子公司发生的技术转让，只要满足规定条件，就可以享受技术转让所得的企业所得税优惠。

另外，在母公司对子公司持股达到100%的情况下，如果是子公司对母公司发生技术转让，是否也不可以享受税收优惠呢？上述政策并未做如此限制。

但在实务中，税务机关可能会对该政策按最严格的标准执行。即只要交易双方最终受相同股东（持股100%）或相同控制人100%控制，就不能享受技术转让所得的减免税优惠。对于这一点，大家在实务操作时尤其要引起足够的重视。

在中关村国家自主创新示范区特定区域内注册的企业就不会面临这种问题。按照《财政部 税务总局 科技部 知识产权局关于中关村国家自主创新示范区特定区域技术转让企业所得税试点政策的通知》（财税 [2020]61 号）的规定，如果居民企业注册地在中关村国家自主创新示范区特定区域内（包括朝阳园、海淀园、丰台园、顺义园、大兴—亦庄园、昌平园），其从直接或间

接持有股权之和达到 100% 的关联方取得的技术转让所得，可正常享受技术转让所得的减免税优惠。

八、技术转让税收优惠如何享受

按照《企业所得税优惠政策事项办理办法》（国家税务总局公告 2018 年第 23 号）的规定，居民企业发生技术转让享受企业所得税优惠，在预缴所得税时可以享受。企业在年度企业所得税汇算清缴时无须向税务机关进行报备，但在汇算清缴结束后需准备好以下资料留存备查。

（1）所转让的技术产权证明。

（2）企业发生境内技术转让：

1）技术转让合同（副本）。

2）省级以上科技部门出具的技术合同登记证明。

3）技术转让所得归集、分摊、计算的相关资料。

4）实际缴纳相关税费的证明资料。

（3）企业向境外转让技术：

1）技术出口合同（副本）。

2）省级以上商务部门出具的技术出口合同登记证书或技术出口许可证。

3）技术出口合同数据表。

4）技术转让所得归集、分摊、计算的相关资料。

5）实际缴纳相关税费的证明资料。

6）有关部门按照商务部、科技部发布的《中国禁止出口限制出口技术目录》出具的审查意见。

（4）转让技术所有权的，应准备其成本费用情况；转让使用权的，应准备其无形资产摊销费用情况。

（5）在技术转让年度中，转让双方股权的关联情况。

九、技术转让优惠的实务应用

某传统食品生产企业生产销售各类简易包装的速食品。为满足消费者多样化的需求，公司对食品配方进行了多次改良，并申请了实用新型专利。为了提高产品的视觉效果，还对产品包装申请了外观设计专利。该公司每年的销售收入为 1 亿元，税前利润为 1 500 万元左右。

为了降低企业税负，按常规操作，该公司应该申请高新技术企业认定，享受 15% 的企业所得税优惠税率。实际上，该公司在申请高新技术企业认定时，将面临一个非常致命的缺陷——产品的核心技术无法与《国家重点支持的高新技术领域》相匹配！这导致该公司在正常情况下无法通过高新技术企业认定（实务中有此类型公司通过了高新认定，但并不意味着该公司真的符合要求）。

可以考虑的策略是，再成立一家新的科技公司，科技公司与生产公司的最终控制人不完全相同。由科技公司负责产品配方、生产工艺、产品包装等各类知识产权的开发，并在满足资本化条件的前提下对开发支出进行资本化处理。科技公司取得知识产权后，和生产公司签订 5 年以上《技术许可协议》，按各项技术所对应产品销售额的比例收取技术使用费。

对于生产公司而言，向科技公司支付的技术使用费，增加了公司的营业成本，降低了税前利润，从而降低了本公司的企业所得税税负。对于科技公司而言，从生产公司收取的技术使用费计入本公司的技术许可收入，享受技术转让所得减免企业所得税的优惠。两家公司合计税前利润仍然是每年 1 500 万元左右，但合计后的企业所得税将大大降低！

当然，实务操作中，还涉及科技公司与生产公司的交易定价如何确定才能被税务机关认可的问题。有关此内容可参阅本书第二章第三节"卖给谁"。

第八章

税务稽查及策划

2015 年以来，国家税务总局连续发布《推进税务稽查随机抽查实施方案》（税总发 [2015]104 号）、《税务稽查案源管理办法（试行）》（税总发 [2016]71 号）、《税务稽查随机抽查对象名录库管理办法（试行）》（税总发 [2016]73 号）、《税务稽查随机抽查执法检查人员名录库管理办法（试行）》（税总发 [2016]74 号）和《国家税务局 地方税务局联合稽查工作办法（试行）》（税总发 [2016]84 号）等和税务稽查有关的"五道金牌"，为后续全面、规范的税务稽查奠定了政策基础。

2021 年 3 月，中共中央办公厅、国务院办公厅印发了《关于进一步深化税收征管改革的意见》。文件规定，到 2023 年，基本建成"无风险不打扰、有违法要追究、全过程强智控"的税务执法新体系，实现从经验式执法向科学精确执法转变；基本建成"线下服务无死角、线上服务不打烊、定制服务广覆盖"的税费服务新体系，实现从无差别服务向精细化、智能化、个性化服务转变；基本建成以"双随机、一公开"监管和"互联网＋监管"为基本手段、以重点监管为补充、以"信用＋风险"监管为基础的税务监管新体系，实现从"以票管税"向"以数治税"分类精准监管转变。

随着金税系统的不断升级，有关税务稽查的风声更是越来越紧。税务到底如何稽查？企业又该如何应对？

一、查谁

（一）如何选择稽查对象

按照《推进税务稽查随机抽查实施方案》（税总发 [2015]104 号）的规定，所有纳税人、扣缴义务人和其他涉税当事人都属于可能被稽查的对象。

全国有如此众多的纳税人、扣缴义务人和其他涉税当事人，如果一个个稽查，显然没有那么多人手，而且也不现实。税务稽查的目的更多地在于"威慑"，通过稽查，对违规者予以处罚，警示更多的纳税人要合法经营，依法纳税。

那么，面对如此众多的纳税人，如何选择被稽查对象呢？有以下两种方法。

对于线索明显涉嫌偷逃骗抗税和虚开发票等税收违法行为的纳税人，税务机关直接立案查处。

对于其他纳税人，一律通过摇号等方式，从税务稽查对象分类名录库和税务稽查异常对象名录库中随机抽取。

（二）名录库是什么库

分类名录库包括三大类名录库，分别是国家税务总局名录库、省税务局名录库和市、县税务局名录库。

国家税务总局名录库包括全国重点税源企业，相关信息由税务稽查对象所在省税务局提供。

省税务局名录库包括辖区内的全国、省、市重点税源企业。

市、县税务局名录库包括辖区内的所有税务稽查对象。

名录库录入的信息包括税务稽查对象税务登记基本信息和前三个年度经营规模、纳税数额以及税务检查、税务处理处罚、涉税刑事追究等情况。

异常对象名录库由省、市、县税务局在收集各类税务稽查案源信息的基础上建立，并实施动态管理。名录库包括长期纳税申报异常企业、税收高风险企业、纳税信用级别低的企业、多次被检举有税收违法行为的企业、相关部门列明违法失信联合惩戒企业等。名录库的内容包括各纳税人的税务登记基本信息以及涉嫌税收违法等异常线索情况。

（三）中签概率有多高

1. 重点税源企业

如果企业属于全国、省、市重点税源企业，每年被抽中的概率在 20% 左右，并且税务机关会每 5 年对重点税源企业轮查一遍。

这也就意味着，重点税源企业被税务稽查是板上钉钉的事，不能再像以前一样抱着侥幸的心理度日，要时刻有风险意识、危机意识，在日常经营中努力做好防范，尽可能杜绝任何重大税收风险的发生。

如何界定自己的公司是否属于重点税源企业呢？

按照《重点企业税源监控数据库管理暂行办法》（国税函 [2000]1010 号）[⊖] 的规定，纳入国家税务总局管理的重点税源企业是以各地增值税、消费税和营业税收入为标准，即以上一年度增值税和消费税年入库税款 1 000 万元以上，营业税[⊜]年入库税款 300 万元以上的作为重点税源企业。

省级以下各级重点税源企业的划分标准，由各省自行确定。但要求列入重点税源的企业纳税额要达到流转税的 60% 以上，并且还要兼顾行业分布，将工业、商业、金融保险业、交通运输业、邮电通信业、房地产业、建筑安装业和社会服务业作为重点行业予以监控。

2. 其他纳税人

对于非重点税源企业，每年抽查比例不超过 3%。

对于非企业纳税人，每年抽查比例不超过 1%。

对于列入税务稽查异常对象名录库的企业，政策要求加大抽查力度，提

⊖ 按照《国家税务总局关于公布全文失效废止、部分条款失效废止的税收规范性文件目录的公告》（国家税务总局公告 2011 年第 2 号）的规定，该文件已被废止，文件中关于纳税额的界定仅供参考。

⊜ "营改增"后，营业税不复存在。在目前尚无新界定标准的情况下，可将其理解为营改增应税行为的增值税纳税额。

高抽查比例和频次。

非重点税源企业和非企业纳税人，相比重点税源企业而言，要轻松不少，至少不用"惶惶不可终日"，担心被稽查。但也不能掉以轻心，尽管稽查概率低，但终归还是有被抽中的机会。所以，无论概率高低，无论企业大小，都需要对稽查引起足够的重视，合法合规经营。

被列入异常对象名录库的企业，则更要痛定思痛，前车之鉴不可复。守法才是真正的"王道"。

3. 是否会频繁中签

看到上面的分析，有读者想，如果自己的公司今年不幸被抽中，那万一明年又被抽中该怎么办呢？从理论上讲，年年都有被抽中的可能——尽管概率较低。如果真是如此，企业岂不是要年年应对税务稽查？还怎么能有心思进行经营？

这种担心大可不必。政策规定，3 年内被随机抽查抽中的税务稽查对象，不列入随机抽查范围。也就是说，如果今年被抽中，明年、后年可确保无虞。

二、谁查

有人说，我们企业非常善于搞公关，平常和各对口单位都非常熟悉，能够应对税务稽查。

过去可能如此，如今早已不复以往了！

现行政策规定，选派谁作为执法检查人员，也是随机抽选，即通过摇号的方式从执法检查人员名录库中随机选派。此外，也可以采取竞标等方式选派。

因此，当企业被抽中后，可能根本不知道是谁到企业来查！

三、查什么

2021 年 3 月，随着中共中央办公厅、国务院办公厅印发《关于进一步深化税收征管改革的意见》，税务监管的方式也将发生重大变化。到 2023 年，基本建成以"双随机、一公开"监管和"互联网＋监管"为基本手段、以重点监管为补充、以"信用＋风险"监管为基础的税务监管新体系，实现从"以票管税"向"以数治税"分类精准监管转变。

可以想象，随着更多的企业数据上网、上云，未来对企业的涉税监管将是全方位、多角度、无死角的。企业经营产生的各项数据（尤其是资金交易数据、对外公开报送的数据等）将会成为判定其是否及时、准确纳税的重要参考。

收入不确认、少确认或晚确认，虚列成本费用，违规享受税收优惠等都属于税务稽查的事项。税务稽查的重点有以下几个方面：

（1）税收优惠问题。按照《企业所得税优惠政策事项办理办法》（国家税务总局公告2018年第23号）的规定，对于企业享受的税收优惠事项是否真的满足政策要求，企业是否存在违规享受税务优惠的情形，税务机关会采取税收风险管理、税务稽查、纳税评估等不同的方式，对企业进行核查。

（2）发票问题。发票也是税务稽查的重点，查账必查票、查案必查票、查税必查票，这是税务稽查一直遵循的原则。找票抵税、买票抵税、虚开发票，其实都不过是掩耳盗铃的把式。按照《国家税务总局稽查局关于重点企业发票使用情况检查工作相关问题的补充通知》（稽便函[2011]31号）的规定，对企业列支项目为"会议费""餐费""办公用品""佣金"和各类手续费等的发票，须列为必查发票进行重点检查。税务机关在稽查时，对此类发票要逐笔进行查验比对，以发现企业是否存在利用虚假发票及其他不合法凭证虚构业务项目、虚列成本费用等问题。

（3）特殊行业更需要引起足够重视。如《2017年税务稽查重点工作安排》（税总稽便函[2017]29号）规定，对建筑安装业、房地产业、生活服务业及交通运输业等行业，国家税务总局统一选取了720户"营改增"行业虚开案源，下发各地组织检查。不同年度稽查的重点行业可能会有所差异，但一个共同的特点是：问题比较多的行业一定是税务关注的重点！

（4）利用税收洼地进行策划的业务。近几年，通过"税收洼地"进行税收策划已经成了路人皆知的操作方法。不管是不是真实业务，一律通过在"税收洼地"设立市场主体进行操作。在2020年疫情的特殊环境中，大部分税收收入都在下降，个人所得税却还能逆势增长 11.4%[⊖]！"税收洼地"对此所做的贡献应该不会太少。

《关于进一步深化税收征管改革的意见》指出，在未来几年，对逃避税问题多发的行业、地区和人群，根据税收风险适当提高"双随机、一公开"抽查比例。对隐瞒收入、虚列成本、转移利润以及利用"税收洼地""阴阳合同"和关联交易等逃避税行为，加强预防性制度建设，加大依法防控和监督检查力度。

四、怎么罚

通过稽查，发现纳税人少缴税款的，除补税、缴纳滞纳金之外，纳税人还可能被罚款甚至是被追究刑事责任。

按照《税收征收管理法》的规定，纳税人伪造、变造、隐匿、擅自销毁账簿、记账凭证，或者在账簿上多列支出或者不列、少列收入，或者经税务机关通知申报而拒不申报或者进行虚假的纳税申报，不缴或者少缴应纳税款的，是偷税。对纳税人偷税的，由税务机关追缴其不缴或者少缴的税款、滞纳金，并处不缴或者少缴的税款百分之五十以上五倍以下的罚款；构成犯罪的，依法追究刑事责任。

扣缴义务人应扣未扣、应收而不收税款的，由税务机关向纳税人追缴税款，对扣缴义务人处应扣未扣、应收未收税款百分之五十以上三倍以下的罚款。

…………

类似处罚的内容太多了，无法一一列举。如果偷税行为触犯《刑法》，就不仅仅是破财免灾的问题，搞不好可能就要坐牢了，在里面待多长时间，能不能出来，取决于你给自己挖了多大的坑。

当然了，看待事情也不要太悲观。触犯法律，就要承担责任，确实做错了，就坦然接受，即便被稽查后要补缴税款、缴纳滞纳金，按规定缴纳即可。一般情况下，把税补了，事情也就了了。

为了打消纳税人的疑虑，2009 年 2 月 28 日第十一届全国人民代表大会

⊖　数据来源：2021 年 1 月 28 日财政部 2020 年财政收支新闻发布会。

常务委员会第七次会议专门对《刑法》进行了修正，通过了《中华人民共和国刑法修正案（七）》。该文件规定，纳税人采取欺骗、隐瞒手段进行虚假纳税申报或者不申报，逃避缴纳税款数额较大并且占应纳税额百分之十以上的，处三年以下有期徒刑或者拘役，并处罚金；数额巨大并且占应纳税额百分之三十以上的，处三年以上七年以下有期徒刑，并处罚金。

文件同时规定，有上述行为的，经税务机关依法下达追缴通知后，补缴应纳税款，缴纳滞纳金，已受行政处罚的，不予追究刑事责任。但是，五年内因逃避缴纳税款受过刑事处罚或者被税务机关给予二次以上行政处罚的除外。

五、怎么办

打铁还需自身硬。应对税务稽查，最好的办法就是：规范经营，合理纳税。

其实，正是因为不了解税收政策，没有充分使用好税收政策，才导致很多企业多缴了税款。经营要"守法"，但更要"用法"，利用税法为企业提供的各种便利，达到合理纳税的目的。

如何利用税法，如何合理纳税，这就需要读者朋友认真学习本书前面各章节的内容，把本书所提到的问题结合本公司的业务实际，活学活用，只有把税收优惠政策用足、用好、用到，才能让企业真正步入持续、健康发展的轨道。如果说增加销售规模是帮企业做大，那么合理纳税、规范经营就是帮助企业做强。"大"而不"强"，就是无本之木、无源之水，就是空中楼阁，就是水中花、镜中月，迟早是要出问题的！

知易行难。怎么才能知道哪些有利的税收政策是适用于本企业的呢？单靠企业自身力量远远不够。术业有专攻，一定要选择综合实力强的专业人士（不一定是来自实力强的中介机构，牌子响和从业人员专业实力强是两个完全不同的概念，上当的企业会更加感同身受）为企业把脉，帮助企业认真排查存在的涉税风险，将国家的财税政策和企业经营实际有效结合，提出有针对性、可操作的实施方案，真正让企业的经营走上健康、合法、有序的发展轨道。